Exklusiv und kostenlos für Buchkäufer!

MIT ARBEITSHILFEN ONLINE

Und so geht's

➡ Einfach unter www.haufe.de/arbeitshilfen den Buchcode eingeben

➡ oder direkt per QR-Code über Ihr Smartphone bzw. Tablet auf die Website gehen

Buchcode: 3BM-9X6G

Ihre Arbeitshilfen online

- Rechner
- Checklisten
- Gesetze und Verordnungen

Bibliografische Information Der Deutschen Bibliothek

Die Deutsche Bibliothek verzeichnet diese Publikation in der Deutschen Nationalbibliografie; detaillierte bibliografische Daten sind im Internet über http://dnb.d-nb.de abrufbar.

Print: ISBN 978-3-648-03127-8 Bestell-Nr. 01170-0004
ePDF: ISBN 978-3-648-03134-6 Bestell-Nr. 01170-0150

4. Auflage 2013

Redaktionsanschrift: Fraunhoferstraße 5, 82152 Planegg/München
Telefon: (089) 895 17-0
Telefax: (089) 895 17-290
www.haufe.de
online@haufe.de
Produktmanagement: Dipl.-Kffr. Kathrin Menzel-Salpietro

Redaktion und DTP: Peter Böke, 10825 Berlin
Umschlag: RED GmbH, 82152 Krailling
Druck: Bosch-Druck GmbH, 84030 Ergolding

Belege richtig kontieren und buchen

von

Dipl.-Kfm. Elmar Goldstein

4. Auflage

Haufe Gruppe
Freiburg · München

Inhaltsverzeichnis

Vorwort

„Wohin verbuche ich nur diesen Beleg?" Jeder Buchhalter stellt sich diese Frage mehr oder weniger häufig. Trotz Kontierungs- und Buchungshinweisen aus der Fachliteratur erleben selbst bestausgebildete Buchhalter den Praxisschock eines Schuhkartons unsortierter Belege.

In diesem Buch haben wir über 80 häufige Buchungsfälle zusammengestellt – von A wie *Arbeitskleidung* bis Z wie *Zinserträge.* Auf der linken Buchseite ist jeweils der Originalbeleg abgebildet. Auf der gegenüberliegenden Seite erfahren Sie, wie Sie den Geschäftsvorfall den richtigen Konten zuordnen und buchen. Darüber hinaus finden Sie zu jedem Buchungsfall Hinweise, worauf Sie buchungstechnisch und rechtlich besonders achten müssen. Nutzen Sie dieses Buch als Nachschlagewerk: Wenn Sie Ihren Fall nicht im Buchungs-ABC finden, hilft Ihnen das ausführliche Stichwortverzeichnis am Ende des Buches weiter.

Die Belegsammlung kann ein Lehrbuch über Buchhaltung oder einen Kontierungsratgeber nicht ersetzen, aber durch Praxisbeispiele ergänzen. Zum Grundverständnis des DATEV-Systems und für Fragen zur richtigen Kontenzuordnung empfehlen wir den „Schnelleinstieg in die DATEV-Buchführung" und „Richtig Kontieren von A bis Z" aus dem Haufe Verlag.

Im einleitenden Kapitel „Worum geht es in der Buchführung?" erfahren Sie, was Sie beim Kontieren und Buchen grundsätzlich beachten müssen: Welcher Kontenrahmen ist der richtige? Wie werden Belege bearbeitet? Wie schreiben Sie korrekte Rechnungen? Welche Aufzeichnungspflichten müssen Sie beachten? Anhand dieser Fragen entwickeln Sie ein Gespür für die Belegprüfung und für die richtige Zuordnung in der Buchhaltung. Wir bitten um Verständnis, dass wir eine umfassende Behandlung der einzelnen Themen auf jeweils einer einzigen Seite nicht leisten können.

Der Anhang am Ende des Buches enthält zahlreiche Formulare, die Sie im Unternehmensalltag regelmäßig benötigen: Fahrtenbuch, Anlagekarte, Abschreibungstabelle, Reisekostenabrechnung u. v. m. Anhand von Beispielen erfahren Sie, wie Sie die Formulare korrekt ausfüllen und einsetzen. Alle Formulare finden Sie auch als Blanko-Vorlagen auf der CD-ROM zum Buch.

Im Anhang finden Sie Auszüge der Kontenrahmen SKR03 und SKR04 der DATEV eG Nürnberg. Die Original-Kontenrahmen sind im Internet unter www.datev.de kostenfrei erhältlich. Wenn Sie dort im Feld „Servicesuche" die Dokumenten-Nr. 0907800 eingeben, finden Sie alle DATEV-Kontenrahmen zum genannten Jahr.

Mein besonderer Dank gilt auch dem Bundesverband der Industrie für den Industriekontenrahmen (IKR). Der ungekürzte und erläuterte Industriekontenrahmen ist im Heider-Verlag, Bergisch-Gladbach, erschienen.

Die neuen Rechnungsvorschriften nach dem Umsatzsteuergesetz zwingen zur Offenlegung persönlicher Daten. Daher sind Aussteller, Empfänger und u. U. weitere Teile unserer Belege fiktiv oder geschwärzt. Herzlich danken möchten wir der Firma Terrashop, die mit der Namensnennung einverstanden war.

Bei der Fülle des Zahlenmaterials sind Druckfehler nicht auszuschließen. Verlag und Autor sind für diesbezügliche Hinweise und Anregungen dankbar. Kontierungsfälle, die Sie in unserem ABC nicht finden, bitten wir, mit Belegabbildung (tif-Format in 300 DPI) unter **konto@internetfibu.de** nachzufragen. Bei Vorlage und Veröffentlichungsfreigabe dieses Belegs werden wir jede Anfrage beantworten und diese Kontierung in der nächsten Auflage berücksichtigen.

Heppenheim, im November 2012 *Dipl.-Kfm. Elmar Goldstein*

Worum geht es in der Buchführung?

In diesem einleitenden Kapitel werden die wichtigsten Fragen zum Thema Buchführung behandelt. Zunächst stellen wir Ihnen die vier in Deutschland am meisten verwendeten Kontenrahmen sowie die unterschiedlichen Kontenfunktionen vor. Anschließend erfahren Sie, was Sie beim Kontieren und Buchen grundsätzlich beachten müssen. Ab Seite 34 finden Sie eine Anleitung, wie Belege in der Buchhaltung bearbeitet werden.

Kontenrahmen und Kontenplan

Postleitzahlen für die Konten

Ein Kontenrahmen stellt ein vorgegebenes System von gegliederten Konten dar, die Sie bei Ihrer Buchführung verwenden. Die (bis zu 1.200) Standardkonten sind in Kontenklassen und Kontengruppen geordnet. Wie eine Postleitzahl verweist die Kontonummer auf einen Bereich ähnlicher Konten. Die richtige Zuordnung – Kontierung – der Geschäftsvorfälle wird dadurch erleichtert.
Im DATEV-Kontenrahmen SKR04 bezeichnet z. B. die Kontenklasse 0 die Konten des Anlagevermögens, darunter 05 und 06 „Andere Anlagen", „Betriebs- und Geschäftsausstattung" und letztlich das Konto 0650 „Büroeinrichtung". Im Gegensatz zum Industriekontenrahmen und Großhandelskontenrahmen sind sämtliche Sachkontennummern vierstellig.
Aus dem Kontenrahmen wählen Sie je nach Umfang Ihrer Buchhaltung nach und nach die zu Ihrem Betrieb passenden Sachkonten aus. Dies können weniger als 50 oder auch mehr als 200 sein. So ersparen Sie sich eine Menge Arbeit für eigene Bezeichnungen und Kontenfunktionen. Der betriebliche Kontenplan besteht zum einen aus den für Ihre Buchhaltung ausgewählten Konten sowie aus zusätzlichen individuellen Konten.

Während der Kontenplan immer wieder neu den betrieblichen Änderungen angepasst wird, ist die grundsätzliche Wahl des Kontenrahmens nur schwer zu revidieren.

Welcher Kontenrahmen ist der richtige?

Die Kontierungstabelle berücksichtigt die vier in Deutschland am meisten verwendeten Kontenrahmen.

Kontenrahmen des Groß- und Außenhandels

Der Kontenrahmen des Groß- und Außenhandels wird von Handelsschulen, Volkshochschulen, IHK und anderen Einrichtungen zu Ausbildungszwecken gebraucht und ist von daher weitverbreitet. Er gilt den Einen als bewährter Standard, den Anderen trotz der Anpassung 1988 als veraltetes Kontensystem. Herausgeber ist der Bundesverband des Groß- und Außenhandels.

Kontenklasse	Kontenarten
0	Anlage- und Kapitalkonten
1	Finanz- und Privatkonten
2	Abgrenzungskonten
3	Wareneingangs- und Bestandskonten
4	Konten der Kostenarten
5	Konten der Kostenstellen
6	Konten für Umsatzkostenverfahren
7	Frei
8	Umsatzerlöse
9	Abschlusskonten

Industriekontenrahmen

Mit dem IKR wurde 1988 der frühere GKR an das geänderte Bilanzrecht angepasst. Er wird zumeist in der Industrie und im Handwerk eingesetzt. Der Bundesverband der Industrie entwickelte diesen Kontenrahmen mit integriertem Nummernkreis für die Betriebsbuchhaltung.

Kontenklasse	Kontenarten
0	Immaterielle Anlagen und Sachanlagen
1	Finanzanlagen
2	Umlaufvermögen und Rechnungsabgrenzung
3	Eigenkapitalkonten und Rückstellungen
4	Verbindlichkeiten und Rechnungsabgrenzung
5	Erträge
6	Betriebliche Aufwendungen
7	Weitere Aufwendungen
8	Ergebnisrechnungen
9	Kosten- und Leistungsrechnung

DATEV-Kontenrahmen

Die diversen DATEV-Kontenrahmen unterscheiden sich im Wesentlichen nur in der Anordnung der Konten, weshalb z. B. für das Konto „Raumkosten" im DATEV-Kontenrahmen SKR03 die Nummer 4200, im SKR04 hingegen die Nummer 6305 vorgesehen ist. Wenn Sie nicht nach dem DATEV-System buchen, stehen Ihnen die Automatikfunktionen nicht zur Verfügung. Gleichwohl kann es sinnvoll sein, einen der folgenden Kontenrahmen zu verwenden.

SKR03

Wenn Sie nach dem Kontenrahmen des Großhandels die Buchführung gelernt haben, so finden Sie im SKR03 die vertrauten Kontenklassen und bekannte Kontennummern.

Kontenklasse	Kontenarten
0	Anlage- und Kapitalkonten
1	Finanz- und Privatkonten
2	Abgrenzungskonten
3	Wareneingangs- und Bestandskonten
4	Betriebliche Aufwendungen
5 + 6	Frei für Kostenrechnung
7	Bestände an Erzeugnissen
8	Erlöskonten
9	Vortragskonten – Statistische Konten

SKR04

An den Positionen des Jahresabschlusses orientiert sich der SKR04 (Aktiva, Passiva, Erträge und Aufwendungen). Er ist übersichtlicher gegliedert und von daher für den Neueinsteiger zu empfehlen. Da sich die Gliederung an die HGB-Vorschriften für Kapitalgesellschaften anlehnt, sollten insbesondere GmbH-Buchhalter diesen Kontenrahmen verwenden.

Kontenklasse	Kontenarten
0	Anlagevermögen
1	Umlaufvermögen
2	Eigenkapitalkonten
3	Fremdkapitalkonten
4	Betriebliche Erträge
5 + 6	Betriebliche Aufwendungen
7	Weitere Erträge und Aufwendungen
8	Frei für Kostenrechnung
9	Vortragskonten – Statistische Konten

Kontenfunktionen

Automatische Umsatzsteuerfunktionen

Automatische USt.-Berechnung

Vom DATEV-System sind bereits etliche Konten im SKR mit Automatikfunktionen zu Umsatzsteuerberechnungen ausgestattet. Wenn Sie den Kontenrahmen zur Hand nehmen, sehen Sie zu Beginn etlicher Kontenklassen eine Box mit Kontenbereichen, markiert durch KU, M oder V. Unmittelbar vor den einzelnen Kontennummern stehen die Buchstaben AM und AV.

Das Kürzel AV vor der Kontonummer bedeutet, dass die Vorsteuer aus dem auf diesem Konto gebuchten Bruttobetrag herausgerechnet und automatisch auf dem Vorsteuerkonto verbucht wird. Das Kürzel AM steht für die automatische Verbuchung der Mehrwertsteuer, wenn Sie die so gekennzeichneten Erlöskonten ansprechen.

Als weitere Kontenfunktionen, eingearbeitet in den DATEV-Kontenrahmen, sind hier zu erwähnen:

USt.-Zusatzfunktionen

KU = Keine Umsatzsteuer
V = Nur Vorsteuerabzug/Korrektur möglich
M = Nur Mehrwertsteuer/Korrektur möglich

Fehlbuchungen verhindern

Die solchermaßen belegten Kontenbereiche verhindern Fehlbuchungen. So kann bei einer Privatentnahme aus der Kasse weder Vorsteuer abgezogen noch Mehrwertsteuer berechnet werden, und bei einer Warenrücksendung kann nur die Vorsteuer, nicht aber versehentlich die Mehrwertsteuer korrigiert werden.

Weitere Kontenfunktionen

Die Sammelfunktion S kennzeichnet Konten, auf denen Buchungsbeträge gesammelt werden, ohne durch Buchungssätze direkt angesprochen zu sein – so z. B. vom System errechnete Vorsteuerbeträge oder Mehrwertsteuer.
Eine Sonderrolle bilden die mit S gekennzeichneten Konten „Verbindlichkeiten“ bzw. „Forderungen aus Lieferungen und Leistungen“. Da auf diesen Konten automatisch die Salden der Personenkonten erscheinen, können sie als einzige Sammelkonten nicht direkt bebucht werden. Dieser Schutz verhindert eventuelle Differenzen zwischen dem Sachkonto und den entsprechenden Personenkonten.
Ebenfalls nicht bebucht werden können die mit R reservierten Konten. Hier behält sich die DATEV vor, zukünftig Konten mit neuen Merkmalen festzulegen. Beispielsweise wurden viele Konten mit 15 % und 16 % USt. für die Umsatzsteuererhöhung in 2007 gesperrt und neu belegt.
Konten mit dem Kürzel F machen auf spezielle Funktionen, z. B. die Abfrage und das Einsteuern in die Umsatzsteuervoranmeldung oder die Zusammenfassende Meldung aufmerksam. In Verbindung zu den Steuerprogrammen der DATEV (EÜR-Formular, Körperschaftsteuer, Gewerbesteuer) und der ab 2013 verbindlichen E-Bilanz bestehen zusätzliche Funktionen.

Buchungsschlüssel und Automatik

Bei der Eingabe des Gegenkontos in der DATEV-Buchhaltung hat man die beiden zusätzlichen Stellen für Korrektur- und Umsatzsteu-

erfunktionen vorgesehen. Realisiert werden diese Funktionen, wie so oft bei der DATEV, durch Schlüsselung. In den folgenden Beispielen wurde der SKR04 verwendet.
Barkauf von Bürobedarf (# 6815) zum 3. Juli:

Umsatz	Gegenkonto	Beleg 1	Datum	Konto	Text
23,88 –	906815	0	03.07.	1600	Schreibwaren

Im Bruttobetrag von 23,88 EUR sind 19 % Vorsteuer enthalten. Diese zu ermitteln und auf dem Vorsteuerkonto zu sammeln, überlassen wir dem Computer durch den Schlüssel 9.

Umsatzsteuerschlüssel

Die 2. Stelle (oder 6. von rechts) des Feldes Gegenkonto regelt also die Umsatzsteuerberechnung:

	Umsatzsteuerberechnung
1	Mehrwertsteuerfrei (mit Vorsteuerabzug)
2	Mehrwertsteuer 7 %
3	Mehrwertsteuer 19 %
5	Mehrwertsteuer 16 %
7	Vorsteuer 16 %
8	Vorsteuer 7 %
9	Vorsteuer 19 %

Wenn Sie sich noch an die Kontenfunktionen erinnern, so gibt es im DATEV-Kontenrahmen Konten, die bereits mit den Funktionen der automatischen Vorsteuer- oder Mehrwertsteuerberechnung belegt sind. Die Verwendung dieser Konten erspart die Mühe, bei jeder Buchung einen Umsatzsteuer-Schlüssel setzen zu müssen.
Der Warenverkauf zum 15.07. an den Kunden Hermann Hirsch (Deb. 12400) kann also sowohl auf dem Automatikkonto (AM) 4400 als auch auf dem Konto 4000 verbucht werden:

Umsatz	Gegenkonto	Beleg 1	Datum	Konto	Text
23.491,20 –	12400	846	15.07.	4400	Restposten

oder

Umsatz	Gegenkonto	Beleg 1	Datum	Konto	Text
23.491,20 +	304000	846	15.07.	12400	Restposten

An diesem Buchungsbeispiel sieht man auch, dass die Benennung von Konto und Gegenkonto frei wählbar ist – vorausgesetzt, man kommt mit Plus und Minus nicht durcheinander.

Achtung:
Aus Sicherheitsgründen lässt die DATEV die USt.-Schlüsselung bei der Verwendung von USt.-Automatikkonten nicht zu.

Buchungssätze, nach denen also nach Ihren Anweisungen Umsatzsteuerberechnungen doppelt durchzuführen sind, werden vom Rechenzentrum nicht verarbeitet.
Einen Sonderfall der USt.-Schlüsselung stellt die Verbuchung von EG-Umsatzsteuerfällen dar. Hier greift die DATEV auch auf die erste Stelle des Gegenkontos zurück. EG-Umsatzsteuer wird danach mit den Ziffern 10 bis 19 geschlüsselt:

	EG-Umsatzsteuer-Schlüssel
10	Erlöse aus einer in einem anderen EG-Land steuerpflichtigen Lieferung
11	Steuerfreie innergemeinschaftliche Lieferung
12	Erlöse aus einer im Inland steuerpflichtigen EG-Lieferung: 7 % MwSt.
13	Erlöse aus einer im Inland steuerpflichtigen EG-Lieferung: 19 % MwSt.
15	Erlöse aus einer im Inland steuerpflichtigen EG-Lieferung: 16 % MwSt.
17	Innergemeinschaftlicher Erwerb: 16 % (MwSt. und Vorsteuer)
18	Innergemeinschaftlicher Erwerb: 7 % (MwSt. und Vorsteuer)
19	Innergemeinschaftlicher Erwerb: 19 % (MwSt. und Vorsteuer)

§ 13b-Umsatzsteuer-Schlüssel

Auch für Leistungen, bei denen der Leistungsempfänger die Umsatzsteuer einbehalten und an das Finanzamt abführen muss (Bauleistungen, ausländische Unternehmer u. a.), ist die Erfassung auf Automatikkonten vorgesehen. Für die Buchung von Anzahlungen, die unter § 13b UStG fallen, hat die DATEV keine Automatikkonten zur Verfügung gestellt. Den Ausweis in der Umsatzsteuervoranmeldung erreichen Sie in diesen Fällen durch einen Umsatzsteuerschlüssel an der 1. und 2. Stelle.

46	Erbrachte Leistungen § 13b UStG
91	Erhaltene Leistungen 7 % Vorsteuer und Umsatzsteuer § 13b UStG
92	Erhaltene Leistungen o. Vorsteuer 7 % Umsatzsteuer § 13b UStG
94	Erhaltene Leistungen 19 % Vorsteuer und Umsatzsteuer § 13b UStG
95	Erhaltene Leistungen o. Vorsteuer 19 % Umsatzsteuer § 13b UStG

Berichtigungsschlüssel

Stornobuchung

Die erste Stelle des Gegenkontos ist mit den Ziffern 2 bis 9 für Korrekturen und die Aufhebung von Kontenfunktionen vorgesehen. Der Schlüssel „2“ kennzeichnet eine Stornobuchung (DATEV-Bezeichnung: Generalumkehr). Eine so geschlüsselte Habenbuchung erscheint mit negativen Vorzeichen auf der Sollseite, eine Sollbuchung erscheint mit Minus auf der Habenseite des bebuchten Kontos.

Der Warenverkauf zum 15.07. an den Kunden Hermann Hirsch (Deb. 12500) wurde versehentlich dem Modehaus Hans Hirsch (Deb. 12400) zugeschrieben und in der Juli-Buchhaltung verbucht. Zur Erinnerung die Fehlbuchung in der Juli-Buchhaltung:

Umsatz	Gegenkonto	Beleg 1	Datum	Konto	Text
23.491,20 +	304000	846	15.07.	12400	Restposten

Das Storno dieser Buchung erfolgt in der August-Buchhaltung unter dem gleichen Buchungsdatum:

Umsatz	Gegenkonto	Beleg 1	Datum	Konto	Text
23.491,20 –	2304000	846	15.07.	12400	

Hier der verkürzte Kontoauszug zum Debitor 12400, gebucht bis 31.08.:
Hans Hirsch

Datum	Gegenkonto	Buchungstext	Soll (Umsatz)	Haben
1507	4000	Restposten	23.491,20	
...				
1507	4000	Generalumkehr	- 23.491,20	
Sammelbuchung Anzahl 65			35.994,17	xx.xxx,xx

Der Umsatz muss ein zweites Mal, diesmal unter Angabe des richtigen Debitorenkontos, 12500 eingebucht werden. Dies kann man ebenfalls unter dem Datum 15.07. in der August-Buchhaltung (01.08. – 31.08.) erledigen.

Zu erwähnen ist noch, dass auch bei verdichteten Konten – also der Zusammenfassung aller Buchungen eines Tages bzw. Monats zur Sammelbuchung – die Generalumkehr gesondert ausgewiesen ist.

Warum macht man sich die Mühe, eigens einen Korrekturschlüssel zu setzen, wenn eine Fehlbuchung auch durch eine Buchung auf der Gegenseite korrigiert werden könnte? Sehen Sie sich den Kontoauszug von Hans Hirsch nochmals an. Die Stornobuchung löscht die Fehlbuchung auf der Sollseite.

Eine Korrektur per Habenbuchung würde nur den Kontosaldo richtigstellen. Die Summen der Sollseite sowie der Habenseite wären hingegen jeweils zu hoch ausgewiesen – gerade so, als habe Umsatz und Rechnungsausgleich stattgefunden. Für die Bemessung vom Jahresbonus kann dieser Unterschied aber wichtig werden.

Mit dem Stornoschlüssel können Sie beispielsweise auch Fehlbuchungen von Umbuchungen differenzieren.

- Falsches Kostenkonto verwendet: Storno durch Generalumkehr im Soll
- Kostenersatz durch Dritte: Umbuchung im Haben

Auch sollten Fehlbuchungen im Anlagen- und Privatkontenbereich mit Rücksicht auf den Bilanzbuchhalter immer mit dem Korrekturschlüssel storniert werden. Zum Jahresabschluss kann beim Anlagenspiegel und bei der Gewinnverteilung ansonsten das Datenchaos ausbrechen.

Den Korrekturschlüssel „4“ verwendet man, wenn die Automatikfunktion eines angesprochenen Kontos ausgeschaltet werden soll. Dies kann z. B. bei der Umbuchung zwischen zwei Wareneinkaufskonten mit automatischem Vorsteuerabzug sinnvoll sein.

Der Schlüssel „8“ kombiniert die Aufhebung der Automatik mit der Generalumkehr. Hier bleibt z. B. bei der Stornierung die Mehrwertsteuer unberührt:

Der Warenverkauf von brutto 11.900 EUR ist versehentlich auf dem Automatikkonto 4620 (Eigenverbrauch/Unentgeltliche Wertabgaben) anstatt auf 4400 verbucht worden:

Umsatz	Gegenkonto	Beleg 1	Datum	Konto	Text
11.900,00 –	1830	2	18.07.	4620	

Buchungszeile zur Stornierung:

Umsatz	Gegenkonto	Beleg 1	Datum	Konto	Text
10.000,00 +	8001830	2	18.07.	4620	

Richtige Verbuchung des Verkaufs:

Umsatz	Gegenkonto	Beleg 1	Datum	Konto	Text
10.000,00 +	4004400	2	18.07.	1830	Fehlbuchung 4620

Weitere Berichtigungsschlüssel können Sie dem Kontenrahmen entnehmen.

Bezeichnung individueller Konten

In jeder Buchhaltung sind neben den Standardkonten aus dem vorgegebenen Kontenrahmen individuelle Konten anzulegen. Ebenso werden sämtliche Personenkonten mit dem Namen des Kreditors oder Debitors bezeichnet.
Zusätzliche individuelle Konten sind eigens anzulegen für

- spezielle Anlagegüter,
- Darlehens-, Miet- und Leasingkonten,
- Bank, Sparkasse,
- Warengruppen beim Einkauf und Verkauf und
- eventuell andere Kosten- und Erlöskonten.

Da der Firmen-BMW zu 20 % und der geleaste Kombi zu 10 % privat genutzt wurden (Nachweis durch ein Fahrtenbuch), sollen die Kosten getrennt erfasst werden. Außerdem ist jeweils ein Konto für das Darlehen von Onkel Hugo, die Kreissparkasse Lüneburg, Einnahmen und Ausgaben der Eigentumswohnung einzurichten. Dem folgenden Kontenplan liegt der SKR04 zu Grunde.

Kontonummer	Bezeichnung
0521	BMW
1810	Kreissparkasse Lüneburg
2700	Aufwand Gräfenstraße
2750	Mieteinnahmen Gräfenstraße
3570	Privatdarlehen
6521	Kfz-Versicherung BMW
6522	Kfz-Versicherung Kombi
6531	Betriebskosten BMW
6532	Betriebskosten Kombi
6571	Leasingraten Kombi

Entweder sind bereits vorhandene Standardkonten neu zu bezeichnen (z. B. 1810 für Bank 1) oder freie Nummern in offenen Kontenbereichen zu besetzen (z. B. zwischen 6530 und 6540). Schlagen Sie im Kontenrahmen nach, ob diese Bereiche nicht etwa reserviert sind (im DATEV-Kontenrahmen mit R ausgezeichnet) und ob das Konto ggf. in die Umsatzsteuervoranmeldung und beim Jahresabschluss in die richtige Bilanzposition/GuV eingesteuert wird.

Zu viele Konten

Zu Beginn der EDV-Buchführung könnten auch Sie dem Rausch unterliegen, jeden Monat aufs Neue vermeintlich wichtige, spezielle Konten anzulegen. Der fehlende Überblick bestraft Sie damit, dass wiederkehrende Zahlungen einmal auf dem einen Konto, dann auf einem anderen verbucht werden und am Jahresende nur noch mühsam zusammengefügt werden können.

Tipp:

Fragen Sie sich jedes Mal, bevor Sie ein individuelles Konto einrichten, was Sie mit den Informationen aus der getrennten Erfassung anfangen wollen. Im obigen Beispiel macht die Trennung der Kfz-Kosten dann Sinn, wenn zum Jahresende eine unterschiedliche private Nutzung der Kfz berechnet wird. Eine getrennte Erfassung von Strom, Gas und Wasser bringt vielleicht nur die triviale Kenntnis am Jahresende, mehr Wasser als im Vorjahr verbraucht zu haben.

Personenkonten

Um Rechnungen gegenüber einzelnen Geschäftspartnern abzustimmen, Außenstände und Zahlungen zu überwachen, kann es

sinnvoll sein, für Kunden und Lieferanten eigene Konten anzulegen und zusätzlich zu bebuchen. Diese so genannten Personenkonten liegen außerhalb des Sachkontenrahmens in zwei eigenen Buchungskreisen.
Sämtliche Salden der Kundenkonten (Debitoren) erscheinen auf dem Sachkonto:

- Forderungen aus Lieferungen und Leistungen

Sämtliche Salden der Lieferantenkonten (Kreditoren) erscheinen auf dem Sachkonto:

- Verbindlichkeiten aus Lieferungen und Leistungen

Auf dem Sachkonto steht jeweils nur die Summe aller Debitoren und Kreditoren. Eine Saldenliste gibt Ihnen den Überblick über den aktuellen Stand jedes einzelnen Kontos.
Sofern Sie Kunden- und Lieferantenkonten bebuchen, muss von den jeweiligen Firmendaten zumindest der Name erfasst werden. Nach dem DATEV-System sind für Debitoren die fünfstelligen Konten 10000–69999 und für Kreditoren 70000 bis 99999 vorgesehen. Für das Mahnwesen und den Zahlungsverkehr sind Adressen, Ansprechpartner und Bankverbindungen sinnvolle Angaben, um z. B. Mahnbriefe oder Abbuchungen zu automatisieren.
Es hat sich bewährt, einzelne Personenkonten nur für Großkunden oder -lieferanten zu führen und andere Geschäftspartner gesammelt, beispielsweise über Diverse Kunden A Konto 10100 oder Diverse Lieferanten G – Z Konto 62000, abzuwickeln.
Die Anlage von individuellen Sachkonten und Personenkonten kann en bloc bei der Einrichtung der Buchhaltung erfolgen oder später beim Buchen ergänzt werden.

Kontieren und Buchen

Überflüssige Angaben vermeiden

Zur Kontierung war es früher üblich, in einem Stempel auf dem Beleg die Sollkonten und Habenkonten mit den jeweiligen Beträgen sowie das Buchungsdatum einzutragen. Heute wird in der EDV-Buchhaltung aus Zeitgründen auf „überflüssige“ Angaben verzichtet. Bei Kontierung auf einem Bankkontoauszug z. B. fehlt die Angabe des Kontos, Betrags und Datums, da dies ohnehin ersichtlich ist. Man vermerkt zu jeder Buchung lediglich das Gegenkonto und ggf.

den Schlüssel zur Umsatzsteuer. Ob die Bank im Soll oder im Haben bebucht wird, ergibt sich ebenfalls aus Eingang oder Ausgang. Erfassen Sie jede Buchung direkt vom Bankbeleg in den Computer, dient z. B. als Belegnummer die Nummer des Kontoauszugs. Um Rechnungen besser abstimmen zu können, ist es in diesen Fällen sinnvoller die Rechnungsnummer zu erfassen. Geben Sie zu Beginn des Buchungskreises den Banksaldo des Monatsanfangs vor, so haben Sie nach jedem Auszug die Kontrolle, dass selbst die Cent-Beträge richtig eingegeben sind.

Kontierung ist Ermessensfrage

Eine absolut richtige und eindeutige Kontierung ist nicht möglich. Denn wo endet das zulässige Ermessen, den Geschäftsvorfall als einmaliges Ereignis zu behandeln und ihn z. B. als „Sonstige Betriebliche Aufwendung" zu kontieren? Wann sollen Telefongebühren und Mobilfunk auf getrennten Konten, wann unter Telefonkosten zusammengefasst werden? Die Entscheidung können nur Sie treffen.

Mit der Kontierungstabelle steht Ihnen ein Arbeitsmittel für eine spezielle Kontierung zur Verfügung, mitunter auf ein neu anzulegendes Konto. Die vorgeschlagene Kontierung kann also genauso gut den Einzelfall treffen, wie auch die Entscheidung erleichtern, ein weniger spezielles Konto zu verwenden.

Als „Sonstige" Kosten- und Ertragskonten für die Buchung von Einzelfällen kommen folgende in Betracht:

Sonstige Konten	SKR03	SKR04	IKR	BGA	GuV-Position
Abgaben	4390	6430	6921	428	GuV 8.
Aufwendungen unregelmäßig	2309	6969	6992	4739	GuV 8.
Aufwendungen, betriebsfremd, regelm.	2307	6967	6991	202	GuV 8.
Beratungskosten	4950	6825	677	484	GuV 8.
betriebliche Aufwendungen	4900	6300	693	473	GuV 8.
betriebl. u. regelm. Aufwendungen	4905	6304	6900	231	GuV 7.
betriebliche Erträge	2700	4830	54	27	GuV 4.
betriebliche Erträge, regelmäßig	8600	4835	5410	241	GuV 4.
betriebliche Erträge, unregelmäßig	2709	4839	543	24	GuV 4.

Sonstige Konten	SKR03	SKR04	IKR	BGA	GuV-Position
Betriebsbedarf	4980	6850	6074	4725	GuV 8.
betriebsfr. regelm. Erträge, nicht a. o.	2707	4837	5415	242	GuV 4.
Erträge, betriebl. u. regelm. 19 % USt.	8640	4836	5412	242	GuV 4.
Grundstücksaufwendungen, betrieblich	2350	6350	6933	4732	GuV 8.
Kfz-Kosten	4580	6570	6886	4349	GuV 8.
Personalaufwendungen	4100	6000	623	4011	GuV 6a)
Provisionserträge	8570	4570	5412	8721	GuV 1.
Raumkosten, betrieblich	4280	6345	6933	4731	GuV 8.
Reparaturen/Instandhaltung	4809	6490	6065	4716	GuV 8.
soziale Abgaben	4140	6170	643	408	GuV 6b)
steuerfreie Betriebseinnahmen	2747	4982	5436	269	GuV 4.
steuerfreie Umsätze (§ 4 Nr. 2–7 UStG)	8150	4150	5056	8117	GuV 1.
steuerfreie Umsätze (§ 4 Nr. 8 ff. UStG)	8100	4100	506	8111	GuV 1.
steuerfreie Umsätze Inland	8110	4110	505	8112	GuV 1.
Steuern	4340	7650	78	424	GuV 19.
Zinsen und ähnliche Erträge	2650	7100	57	26	GuV 11.
Zinsertrag	8650	7110	579	266	GuV 11.
Zinsen und ähnliche Erträge aus verbundenen Unternehmen	2659	7109	570	2535	GuV 11.
Zinserträge aus verbundenen Unternehmen	2659	7119	570	2665	GuV 11.

Fehlkontierungen

Fehlkontierungen lassen sich fast alle folgenlos rückgängig machen. Vorsicht ist jedoch bei allen Buchungen geboten, mit denen Sie steuerliche Wahlrechte ausüben oder sonstige ungewollte Konsequenzen auslösen. Irrtümer können teuer werden bei Kontierungsfehlern im Zusammenhang mit

- besonderen Aufzeichnungspflichten (siehe unten): Geringwertige Wirtschaftsgüter, Geschenke, Reisekosten, Bewirtungen, Löhne und Gehälter,

- Vermögensgegenständen, die entweder dem Betriebsvermögen oder dem Privatvermögen zugeordnet werden können (gewillkürtes Betriebsvermögen),
- jeglichen Zahlungen in der GmbH, die durch falsche Zuordnung als verdeckte Leistungen an einen Gesellschafter gedeutet werden können.

Aufzeichnungspflichten

Damit die Betriebsausgaben steuerlich anerkannt werden bzw. auf Grund gesetzlicher Vorschriften, müssen sie auf gesonderten Konten zeitnah aufgezeichnet werden. Als zeitnah gilt eine Frist bis höchstens 1 Monat nach dem Geschäftsvorfall. Welche Aufzeichnungspflichten im Einzelnen gelten, erfahren Sie in dem Abschnitt „Welche Aufzeichnungsfristen müssen Sie beachten?" ab Seite 43.

Nachdem 2010 eine Fülle neuer Konten zum Bilanzrechtsmodernisierungsgesetz, kurz BilMoG, eingeführt wurden, sind 2011 lediglich folgende Konten in die Kontenrahmen eingefügt worden:

Neue DATEV-Konten 2011	SKR03	SKR04
Forderungen ggü. Krankenkassen aus Umlagen (AAG)	1520	1369
Erstattungen Krankenkassen aus Umlagen (AAG)	2749	4972
Miete Aufwendungen für doppelte Haushaltsführung	2749	6312
nicht abzugsfäh. Nebenleist. z. Steuern § 4 Abs. 5 EStG	2102	7302
offene Posten 2011	9081	9081

Nachdem der Gesetzgeber den Buchhaltern in 2011 eine Verschnaufpause gönnte, kommt es bei den Kontierungen ab 2012 umso schlimmer:

Änderungen in den DATEV-Kontenrahmen 2012

Der neu geschaffene § 5b EStG sah zunächst für die steuerliche E-Bilanz nur die elektronische Übermittlung des handelsrechtlichen Jahresabschlusses vor. Für die Ausarbeitung des Inhalts und Umfangs der Daten wurde das Bundesfinanzministerium ermächtigt. Herausgekommen ist eine Flut von zwingenden neuen Abschlusspositionen – kleine Unternehmen sind mit der zehnfachen der herkömmlichen Kontenaufgliederung belastet.

Neue DATEV-Konten 2012 zur E-Bilanz	SKR03	SKR04
Anteile an verbundenen Unternehmen, Personengesellschaften	501	803
Anteile an verbundenen Unternehmen, Kapitalgesellschaften	502	804
Anteile an herrschender/mehrheitlich beteiligter Personengesellschaft	509	805
Anteile an herrschender/mehrheitlich beteiligter Kapitalgesellschaft	503	808
Ausleihungen an verbundene Unternehmen, Personengesellschaften	506	813
Ausleihungen an verbundene Unternehmen, Kapitalgesellschaften	507	814
Ausleihungen an verbundene Unternehmen, Einzelunternehmen	508	815
Ausleihungen an Personengesellschaften, mit d. Beteiligungsverhältnis besteht	523	883
Ausleihungen an Kapitalgesellschaften, mit d. Beteiligungsverhältnis besteht	524	885
Ausleihungen an GmbH-Gesellschafter	582	961
Ausleihungen an persönlich haftende Gesellschafter	584	962
Ausleihungen an Kommanditisten	586	963
Ausleihungen an stille Gesellschafter	583	964
Forderungen gegen GmbH-Gesellschafter	1381	1307
Forderungen gegen GmbH-Gesellschafter, Restlaufzeit bis 1 Jahr	1382	1308
Forderungen gegen GmbH-Gesellschafter, Restlaufzeit größer 1 Jahr	1383	1309
Forderungen gegen persönlich haftende Gesellschafter	1385	1317
Forderungen gegen persönlich haftende Gesellschafter, Restlaufzeit bis 1 Jahr	1386	1318
Forderungen gegen persönlich haftende Gesellschafter, Restlaufzeit größer 1 Jahr	1387	1319
Forderungen gegen Kommanditisten und atypisch stille Gesellschafter	1373	1327
Forderungen gegen Kommanditisten und atypisch stille Gesellschafter, Restlaufzeit bis 1 Jahr	1374	1328
Forderungen gegen Kommanditisten und atypisch stille Gesellschafter, Restlaufzeit größer 1 Jahr	1375	1329
Forderungen gegen typisch stille Gesellschafter	1376	1337
Forderungen gegen typisch stille Gesellschafter, Restlaufzeit bis 1 Jahr	1377	1338
Forderungen gegen typisch stille Gesellschafter, Restlaufzeit größer 1 Jahr	1378	1339
Forderungen gegen Arbeitsgemeinschaften	1519	1391
Genussrechte	1522	1393
Einzahlungsansprüche zu Nebenleistungen oder Zuzahlungen	1524	1394
Rücklage für Zuschüsse	946	2988
Ausgleichsposten bei Entnahmen § 4g EStG	945	2995
Rückstellungen für Pensionen und ähnliche Verpflichtungen gegenüber Gesellschaftern oder nahestehenden Personen (10 % Beteiligung am Kapital)	952	3005

Neue DATEV-Konten 2012 zur E-Bilanz	SKR03	SKR04
Rückstellungen für Zuschussverpflichtungen für Pensionskassen und Lebensversicherungen	954	3011
Gegenkonto 0730-0789 und 1665-1678 und 1695-1698 bei Aufteilung der Konten 0790-0798	799	3599
Verbindlichkeiten gegenüber GmbH-Gesellschaftern	1665	3640
Verbindlichkeiten gegenüber GmbH-Gesellschaftern, Restlaufzeit bis 1 Jahr	1666	3641
Verbindlichkeiten gegenüber GmbH-Gesellschaftern, Restlaufzeit 1 bis 5 Jahre	1667	3642
Verbindlichkeiten gegenüber GmbH-Gesellschaftern, Restlaufzeit größer 5 Jahre	1668	3643
Verbindlichkeiten gegenüber persönlich haftenden Gesellschaftern	1670	3645
Verbindlichkeiten gegenüber persönlich haftenden Gesellschaftern, Restlaufzeit bis 1 Jahr	1671	3646
Verbindlichkeiten gegenüber persönlich haftenden Gesellschaftern, Restlaufzeit 1 bis 5 Jahre	1672	3647
Verbindlichkeiten gegenüber persönlich haftenden Gesellschaftern, Restlaufzeit größer 5 Jahre	1673	3648
Verbindlichkeiten gegenüber Kommanditisten	1675	3650
Verbindlichkeiten gegenüber Kommanditisten, Restlaufzeit bis 1 Jahr	1676	3651
Verbindlichkeiten gegenüber Kommanditisten, Restlaufzeit 1 bis 5 Jahre	1677	3652
Verbindlichkeiten gegenüber Kommanditisten, Restlaufzeit größer 5 Jahre	1678	3653
Verbindlichkeiten gegenüber stillen Gesellschaftern	1695	3655
Verbindlichkeiten gegenüber stillen Gesellschaftern, Restlaufzeit bis 1 Jahr	1696	3656
Verbindlichkeiten gegenüber stillen Gesellschaftern, Restlaufzeit 1 bis 5 Jahre	1697	3657
Verbindlichkeiten gegenüber stillen Gesellschaftern, Restlaufzeit größer 5 Jahre	1698	3658
Umsatzerlöse nach §§ 25 und 25a UStG 19 % USt.	8191	4136
Umsatzerlöse nach §§ 25 und 25a UStG ohne USt.	8193	4138
Umsatzerlöse aus Reiseleistungen § 25 Abs. 2 UStG, steuerfrei	8194	4139
Sonstige betriebliche Erträge von verbundenen Unternehmen	8606	4832
Andere Nebenerlöse	8607	4833
Erlöse aus Vermietung und Verpachtung, umsatzsteuerfrei § 4 Nr. 12 UStG	2751	4861
Erlöse aus Vermietung und Verpachtung 19 % USt.	2752	4862
Erträge aus der Auflösung einer steuerlichen Rücklage nach § 6b Abs. 10 EStG	2728	4928
Erträge aus der Auflösung einer steuerlichen Rücklage nach § 4g EStG	2737	4938
Erträge aus der Auflösung von steuerlichen Rücklagen nach § 52 Abs.16 EStG	2738	4939
Verrechnete sonstige Sachbezüge 19 % USt.	8613	4948

Neue DATEV-Konten 2012 zur E-Bilanz	SKR03	SKR04
Neue DATEV-Konten 2012 zur E-Bilanz	SKR03	SKR04
Erträge aus der Aktivierung unentgeltlich erworbener Vermögensgegenstände	2760	4987
Kostenerstattungen, Rückvergütungen und Gutschriften für frühere Jahre	2762	4989
Erträge aus Verwaltungskostenumlagen	2764	4992
Einkauf Roh-, Hilfs- und Betriebsstoffe 7 % Vorsteuer	3010	5110
Einkauf Roh-, Hilfs- und Betriebsstoffe 19 % Vorsteuer	3030	5130
Einkauf Roh-, Hilfs- und Betriebsstoffe, innergemeinschaftlicher Erwerb 7 % Vorsteuer und 7 % Umsatzsteuer	3060	5160
Einkauf Roh-, Hilfs- und Betriebsstoffe, innergemeinschaftlicher Erwerb 19 % Vorsteuer und 19 % Umsatzsteuer	3062	5162
Einkauf Roh-, Hilfs- und Betriebsstoffe, innergemeinschaftlicher Erwerb ohne Vorsteuer und 7 % Umsatzsteuer	3066	5166
Einkauf Roh-, Hilfs- und Betriebsstoffe, innergemeinschaftlicher Erwerb ohne Vorsteuer und 19 % Umsatzsteuer	3067	5167
Einkauf Roh-, Hilfs- und Betriebsstoffe 5,5 % Vorsteuer	3070	5170
Einkauf Roh-, Hilfs- und Betriebsstoffe 10,7 % Vorsteuer	3071	5171
Einkauf Roh-, Hilfs- und Betriebsstoffe aus einem USt-Lager § 13a UStG 7 % Vorsteuer und 7 % Umsatzsteuer	3075	5175
Einkauf Roh-, Hilfs- und Betriebsstoffe aus einem USt-Lager § 13a UStG 19 % Vorsteuer und 19 % Umsatzsteuer	3076	5176
Energiestoffe (Fertigung) 7 % Vorsteuer	3091	5191
Energiestoffe (Fertigung) 19 % Vorsteuer	3092	5192
Nachlässe aus Einkauf Roh-, Hilfs- und Betriebsstoffe	3701	5701
Nachlässe aus Einkauf Roh-, Hilfs- und Betriebsstoffe 7 % Vorsteuer	3714	5714
Nachlässe aus Einkauf Roh-, Hilfs- und Betriebsstoffe 19 % Vorsteuer	3715	5715
Nachlässe aus Einkauf Roh-, Hilfs- und Betriebsstoffe, innergemeinschaftlicher Erwerb 7 % Vorsteuer und 7 % Umsatzsteuer	3717	5717
Nachlässe aus Einkauf Roh-, Hilfs- und Betriebsstoffe, innergemeinschaftlicher Erwerb 19 % Vorsteuer und 19 % Umsatzsteuer	3718	5718
Erhaltene Skonti aus Einkauf Roh-, Hilfs- und Betriebsstoffe	3733	5733
Erhaltene Skonti aus Einkauf Roh-, Hilfs- und Betriebsstoffe 7 % Vorsteuer	3734	5734
Erhaltene Skonti aus Einkauf Roh-, Hilfs- und Betriebsstoffe 19 % Vorsteuer	3738	5738
Erhaltene Skonti aus Einkauf Roh-, Hilfs- und Betriebsstoffe aus steuerpflichtigem innergemeinschaftlichem Erwerb 19 % Vorsteuer und 19 % Umsatzsteuer	3741	5741

Neue DATEV-Konten 2012 zur E-Bilanz	SKR03	SKR04
Erhaltene Skonti aus Einkauf Roh-, Hilfs- und Betriebsstoffe aus steuerpflichtigem innergemeinschaftlichem Erwerb 7 % Vorsteuer und 7 % Umsatzsteuer	3743	5743
Erhaltene Boni aus Einkauf Roh-, Hilfs- und Betriebsstoffe	3753	5753
Erhaltene Boni aus Einkauf Roh-, Hilfs- und Betriebsstoffe 7 % Vorsteuer	3754	5754
Erhaltene Boni aus Einkauf Roh-, Hilfs- und Betriebsstoffe 19 % Vorsteuer	3755	5755
Erhaltene Rabatte aus Einkauf Roh-, Hilfs- und Betriebsstoffe	3783	5783
Erhaltene Rabatte aus Einkauf Roh-, Hilfs- und Betriebsstoffe 7 % Vorsteuer	3784	5784
Erhaltene Rabatte aus Einkauf Roh-, Hilfs- und Betriebsstoffe 19 % Vorsteuer	3785	5785
Bestandsveränderungen Waren	3950	5881
Bestandsveränderungen Roh-, Hilfs- und Betriebsstoffe	3955	5885
Fremdleistungen 19 % Vorsteuer	3106	5906
Fremdleistungen ohne Vorsteuer	3109	5909
Leistungen nach § 13b UStG mit Vorsteuerabzug	3160	5960
Leistungen nach § 13b UStG ohne Vorsteuerabzug	3165	5965
Löhne für Minijobs	4195	6035
Aufwendungen für Altersversorgung für Gesellschafter-Geschäftsführer	4166	6149
Außerplanmäßige Abschreibungen auf den Geschäfts- oder Firmenwert	4825	6209
Abschreibungen auf Roh-, Hilfs- und Betriebsstoffe/Waren (soweit unübliche Höhe)	4892	6278
Abschreibungen auf fertige und unfertige Erzeugnisse (soweit unübliche Höhe)	4893	6279
Abschreibungen auf Forderungen gegenüber Kapitalgesellschaften, an denen eine Beteiligung besteht (soweit unüblich hoch), § 3c EStG/§ 8b Abs. 3 KStG	2440	6290
Abschreibungen auf Forderungen gegenüber Gesellschaftern und nahe stehenden Personen (soweit unüblich hoch), § 8b Abs. 3 KStG	2441	6291
Vergütungen an Gesellschafter für die miet- oder pachtweise Überlassung ihrer unbeweglichen Wirtschaftsgüter	4222	6313
Zuführung zu Aufwandsrückstellungen	4808	6475
Vergütungen an Gesellschafter für die miet- oder pachtweise Überlassung ihrer beweglichen Wirtschaftsgüter	4958	6833
Vergütungen an Mitunternehmer für die miet- oder pachtweise Überlassung ihrer beweglichen Wirtschaftsgüter § 15 EStG	4959	6834
Einstellungen in die steuerliche Rücklage nach § 6b Abs. 3 EStG	2342	6922
Einstellungen in die steuerliche Rücklage nach § 6b Abs. 10 EStG	2343	6924
Einstellungen in die Rücklage für Ersatzbeschaffung nach R 6.6 EStR	2344	6928
Einstellungen in die steuerliche Rücklage nach § 4g EStG	2339	6929

Neue DATEV-Konten 2012 zur E-Bilanz	SKR03	SKR04
Erträge aus Beteiligungen an Personengesellschaften (verbundene Unternehmen)	2603	7004
Erträge aus Ausleihungen des Finanzanlagevermögens	2621	7011
Erträge aus Ausleihungen des Finanzanlagevermögens an verbundene Unternehmen	2622	7012
Erträge aus Anteilen an Personengesellschaften (Finanzanlagevermögen)	2623	7013
Erträge aus Anteilen an Personengesellschaften (verbundene Unternehmen)	2646	7016
Erträge aus anderen Wertpapieren des Finanzanlagevermögens an Kapitalgesellschaften (verbundene Unternehmen)	2647	7017
Erträge aus anderen Wertpapieren des Finanzanlagevermögens an Personengesellschaften (verbundene Unternehmen)	2648	7018
Zins- und Dividendenerträge	2640	7020
Erhaltene Ausgleichszahlungen (als außenstehender Aktionär)	2641	7030
Erträge aus Anteilen an Kapitalgesellschaften (verbundene Unternehmen) § 3 Nr. 40 EStG/§ 8b Abs. 1 KStG (inländische Kap.Ges.)	2656	7104
Abschreibungen auf Finanzanlagen (dauerhaft)	4870	7200
Abschreibungen auf Finanzanlagen (nicht dauerhaft)	4866	7201
Abschreibungen auf Finanzanlagen § 3 Nr. 40 EStG/§ 8b Abs. 3 KStG (inländische Kap. Ges.) (dauerhaft)	4871	7204
Abschreibungen auf Finanzanlagen verbundene Unternehmen	4877	7207
Abschreibungen auf Wertpapiere des Umlaufvermögens – verbundene Unternehmen	4878	7217
Zinsen für Gesellschafterdarlehen	2114	7316
Zinsen an Gesellschafter mit einer Beteiligung von mehr als 25 % bzw. diesen nahe stehenden Personen	2117	7317
Kreditprovisionen und Verwaltungskostenbeiträge	2141	7355
Zinsanteil der Zuführungen zu Pensionsrückstellungen	2142	7360
Erträge durch Verschmelzung und Umwandlung	2504	7451
Erträge durch den Verkauf von bedeutenden Beteiligungen	2506	7452
Erträge durch den Verkauf von bedeutenden Grundstücken	2507	7453
Gewinn aus der Veräußerung oder der Aufgabe von Geschäftsaktivitäten nach Steuern	2508	7454
Verluste durch Verschmelzung und Umwandlung	2004	7551
Verluste durch außergewöhnliche Schadensfälle	2006	7552
Aufwendungen für Restrukturierungs- und Sanierungsmaßnahmen	2007	7553
Verluste aus der Veräußerung oder der Aufgabe von Geschäftsaktivitäten nach Steuern	2008	7554

Neben diesen neu geschaffenen Konten sind Beschriftungen bestehender Konten geändert worden, um sie der Differenzierung für die E-Bilanz anzupassen. Auch wenn die Verpflichtung zur Übertragung einer E-Bilanz um ein weiteres Jahr, auf den Jahresabschluss zum 31.12.2013 verschoben wurde, wird von Seiten der DATEV die rechtzeitige Anpassung der unterjährigen Kontierungen angeraten. Es besteht jedoch die berechtigte Hoffnung, dass auch dieses Startdatum – so wie bereits bei früheren ambitionierten E-Government-Projekten wie ELENA, der elektronischen Gesundheits- und Lohnsteuerkarte – abermals verschoben oder „vorerst scheitern" wird.

Zusätzlich gibt es 2012 folgende weitere Konten:

Neue DATEV-Konten 2012	SKR03	SKR04
Transportanlagen und Ähnliches	260	450
Betriebsausstattung	400	630
Geschäftsausstattung	410	635
Vermögensgegenstände zur Saldierung von langfristigen Verpflichtungen zur Altersversorgung	1353	1382
Vermögensgegenstände zur Saldierung von langfristigen Verpflichtungen zur Altersversorgung § 246 Abs. 2 HGB	1354	1383
Vorsteuer des letzten Abnehmers aus Dreiecksgeschäften	1573	1436
Rückstellungen von langfristigen Verpflichtungen zur Altersversorgung	964	3076
Rückstellungen von langfristigen Verpflichtungen zur Altersversorgung § 246 Abs. 2 HGB	967	3077
Verbindlichkeiten gegenüber Arbeitsgemeinschaften	1691	3611
Ausgegebene Geschenkgutscheine	1796	3786
USt. aus Erwerb als letzter Abnehmer im Dreiecksgeschäft	1794	3819
Erlöse nach § 13b UStG, Mobilfunkgeräte Speicherchips	8335	4335
Gewährte Skonti Lieferung Mobilfunkgeräte und Speicherchips nach § 13b UStG	8738	4738
Erstattete Vorsteuer andere Länder	8604	4838
Sonstige Erlöse, betrieblich und regelmäßig, steuerfrei § 4 Nr. 8 UStG	4609	4841
Sonstige Erlöse, betrieblich und regelmäßig, steuerfrei § 4 Nr. 2-7 UStG	4625	4842
Erwerb Roh-, Hilfs- und Betriebsstoffe als letzter Abnehmer aus Dreiecksgeschäft § 13a UStG 19 % VSt./19 % USt.	3089	5189

Neue DATEV-Konten 2012	SKR03	SKR04
Erwerb Waren als letzter Abnehmer aus Dreiecksgeschäft § 13a UStG 19 % VSt./ 19 % USt.	3553	5553
Erhaltene Skonti aus Erwerb Roh-, Hilfs- und Betriebsstoffe letzter Abnehmer Dreieckgeschäft 19 % VSt./19 % USt.	3792	5792
Erhaltene Skonti aus Erwerb Waren letzter Abnehmer Dreieckgeschäft 19 % VSt./19 % USt.	3793	5793
Streuartikel	4605	6605
Geschenke abzugsfähig § 37b UStG	4631	6611
Zugaben mit § 37b EStG	4639	6629
Fahrten UN Wohnung-Arbeitsst. und Familienheimfahrten (Haben)	4680	6690
Verpflegungsmehraufwendungen bei dopp. Haushaltsführung	4681	6691

Was Sie beim Kontieren und Buchen beachten müssen

Sachkonten

In der doppelten Buchführung erfasst man auf Sachkonten sämtliche Geschäftsvorfälle eines laufenden Wirtschaftsjahres sowohl im Hinblick auf ihre Vermögens- als auch Erfolgswirkung. Dementsprechend werden die Sachkonten in Bestandskonten und Erfolgskonten unterschieden.

Tipp:

Als Geschäftsvorfall wird abstrakt jede Bewegung von Vermögenswerten innerhalb des Unternehmens oder mit seinem wirtschaftlichen Umfeld bezeichnet.

In der Buchhaltung müssen Sie sämtliche Geschäftsvorfälle erfassen, teilweise mit Auswirkungen auf mehrere Vermögenspositionen.

Was ist ein Geschäftsvorfall?

Hier handelt es sich z. B. um Geschäftsvorfälle:

- Mit dem Ausstellen einer Rechnung für erbrachte Leistungen erhebt das Unternehmen eine Forderung und erhöht gleichzeitig seine Umsatzerlöse sowie die Umsatzsteuerschuld.

- Mit dem Verkauf über den Ladentisch werden der Kassenbestand wie auch der Umsatzerlös und die Umsatzsteuerschuld erhöht.
- Bei Entnahme eines Firmenwagens durch den Unternehmer in sein Privatvermögen erhöhen sich der Entnahmeerlös und die Umsatzsteuerschuld, der Wert der Privatentnahmen und der Aufwand für den Abgang von Anlagevermögen. Schließlich vermindert dieser einzige Geschäftsvorfall noch den Fahrzeugbestand.

In den folgenden Fällen liegt kein Geschäftsvorfall vor:

- Sie erhalten von der Bank einen Brief, dass das beantragte Darlehen jederzeit bereitgestellt werden kann.
- Sie bekommen die Zusage: „Die Lieferung, der Scheck, die Bestellung, der unterschriebene Vertrag ist unterwegs“. Solche „schwebenden Geschäfte“ zu erfassen und zu bewerten ist Aufgabe des Jahresabschlusses. Erst dann müssen angefangene Arbeiten, unfertige Waren und drohende Risiken erkannt werden.
- Eine Bürgschaftserklärung wird so lange nicht als Geschäftsvorfall erfasst, wie sie nicht in Anspruch genommen wird.

Tipp:

Man kann auch sagen: Jeder Geschäftsvorfall verändert jeweils mindestens zwei Werte in der Bilanz.

Ergebnis, Bestands- und Erfolgskonten

Der Jahresgewinn oder -verlust wird zum Jahresende doppelt festgestellt:

1. Einmal in der Bilanz durch Vermögensvergleich zu Beginn und Ende des Jahres: Dazu werden sämtliche Bestandskonten abgerechnet. Hat sich das Vermögen vermehrt, schlägt sich der Jahresgewinn als Zuwachs im Eigenkapital nieder, umgekehrt wird bei Verlust das Eigenkapital vermindert.
2. In der Gewinn- und Verlustrechnung durch Gegenüberstellung von Aufwand und Ertrag. Hier fließen sämtliche Erfolgskonten ein. Der Unterschiedsbetrag (Saldo) entspricht dem Jahresergebnis.

Bestandskonten

Bestandskonten übernehmen vom Eröffnungsbilanzkonto zu Beginn des Jahres die Anfangsbestände. Nachdem im Laufe des Jahres sämtliche Bestandsveränderungen auf den jeweiligen Konten verbucht wurden, muss der errechnete Jahresendbestand mit dem Inventurwert zum Jahresende übereinstimmen.

Übersicht Bestandskonten	
Aktive Bestandskonten (Vermögenskonten)	Zugang im Soll – linke Seite Abgang im Haben – rechte Seite
Passive Bestandskonten (Kapitalkonten, Schulden)	Zugang im Haben – rechte Seite Abgang im Soll – linke Seite

Der Endbestand eines Bestandskontos bestimmt sich aus dem Unterschiedsbetrag zwischen beiden Seitensummen, dem Saldo. Wenn der Saldo verbucht wird, gilt das Konto als abgeschlossen. Es muss dann Summengleichheit herrschen.
Auf den Erfolgskonten erfassen Sie im Laufe des Jahres den betrieblichen Aufwand und Ertrag. Buchungen auf diesen Konten beeinflussen letztlich nur ein einziges Bestandskonto, das Eigenkapitalunterkonto „Jahresgewinn“. Zum Jahresende werden sämtliche Erfolgskonten abgeschlossen und über das Hilfskonto „Gewinn- und Verlustkonto“ saldiert. Der Saldo dieses Kontos wiederum entspricht dem Jahresgewinn/Jahresverlust.

Übersicht Erfolgskonten	
Aufwandskonten	Erfassung im Soll – linke Seite Erstattung im Haben – rechte Seite
Ertragskonten	Erfassung im Haben – rechte Seite Ertragsminderung im Soll – linke Seite

Kontierung: Welche Konten sind betroffen?

Die Verbuchung der Geschäftsvorfälle erfolgt in zeitlicher und sachlicher Anordnung jeweils auf mindestens zwei betroffenen Konten. Die Entscheidung, welche Konten tatsächlich betroffen sind, nennt man Kontierung.

Beispiel:

Der Barkauf von Schreibwaren am 06.07. in Höhe von 238 EUR brutto wird sowohl auf den Konten „Bürobedarf" und „Vorsteuer" im Eingang/Soll als auch auf dem Konto „Kasse" als Ausgang/Haben erfasst. Der Aufwand nimmt in dem Maße zu, wie das Vermögen abnimmt.

Um die Buchung zu beschreiben, formuliert man einen standardisierten Buchungssatz.

Buchung am 06.07.:

Vorsteuer	38 EUR	
Bürobedarf	200 EUR	
an Kasse		238 EUR

oder ganz allgemein:

Soll (Konto, Betrag)		
an Haben (Konto, Betrag)		

Im DATEV-System wird der Buchungssatz des Beispiels in folgender Buchungszeile erfasst (Konten nach SKR04). Der Endsaldo jedes Erfolgskontos wird zum Jahresende vom DATEV-System automatisch gegen das Gewinn- und Verlustkonto gebucht und ist damit ausgeglichen.

Soll	Haben	Gegen-konto	Beleg	Datum	Konto	Text
	238	906815		06.07.	1600	

Gewinn- und Verlustkonto

Auf dem Gewinn- und Verlustkonto erscheint sämtlicher Aufwand auf der linken Seite, sämtliche Erträge erscheinen auf der rechten Seite. Der Unterschiedsbetrag zwischen beiden Seiten entspricht dem Jahresergebnis. Ein Saldo auf der linken Seite bedeutet, dass die Erträge rechts den Aufwand links übersteigen. Dies bedeutet einen Gewinn. Steht der Saldo auf der rechten Seite, so war das Jahresergebnis negativ.

Wie werden Belege bearbeitet?

Keine Buchung ohne Beleg!

Ob nun manuell oder computergestützt – jede doppelte Buchführung gründet sich auf Belege. Auch in der EDV-Buchhaltung gilt der Grundsatz: **Keine Buchung ohne Beleg!**
In der Buchhaltung werden drei Belegarten unterschieden:

- **Fremdbelege:** z. B. eingegangene Rechnungen, Quittungen, Überweisungsscheine
- **Eigenbelege:** z. B. im eigenen Betrieb erstellte Abrechnungen, Rechnungskopien, Quittungen
- **interne Belege:** z. B. als Anweisungen über Umbuchungen oder Verrechnungen

Notbelege

Als Eigenbelege zählen auch so genannte Notbelege. Darunter werden Ersatzausfertigungen für fehlende Fremdbelege verstanden. Dies betrifft verloren gegangene Belege oder auch Fälle, in denen üblicherweise keine Belege anfallen, z. B. bei der Parkuhr oder bei Trinkgeldern. Die umgekehrte Vorstellung „Ohne Beleg keine Buchung“ ist somit ein Trugschluss. Da die Erfassung der Geschäftsvorfälle zeitnah erfolgen soll, sind zur Dokumentation bei Verzögerungen provisorische Belege auszustellen.

Beispiel:

Die bestellte Ware trifft ohne Rechnung ein. Auf telefonische Nachfrage offenbart sich ein Abrechnungschaos auf der Gegenseite. Wenn der Kaufpreis bekannt ist, wird ein Eigenbeleg erstellt und verbucht – zunächst ohne Vorsteuerabzug.

Belege werden für die Buchhaltung in vier Schritten bearbeitet:
1. Schritt: Belege vorbereiten
2. Schritt: Belege kontieren
3. Schritt: Belege buchen
4. Schritt: Belege ablegen

1. Schritt: Belege vorbereiten

Die Vorbereitung der Belege besteht aus drei Phasen:

1. **Eingang:** Datumsstempel auf Fremdbelegen

2. **Sortierung**: chronologisch in Buchungskreisen wie Kasse, Bank, Eingangs- und Ausgangsrechnungen.
3. **Prüfung**: Sind die Belege ordnungsgemäß?

Fehlende Angaben

Die Anforderungen an die Ordnungsmäßigkeit der Belege sind sehr umfangreich. Fehler können dazu führen, dass der Vorsteuerabzug und sogar der Abzug als Betriebsausgabe gefährdet ist. Wenn fehlende Angaben im Nachhinein vom Finanzamt bemängelt werden, dann dürfen sie nachgetragen werden. Allerdings nur vom ausstellenden Unternehmer, nicht von Ihnen als Rechnungsempfänger.
Nach dem Umsatzsteuersystem können Sie von der geschuldeten Umsatzsteuer die bereits an andere Unternehmer gezahlte Umsatzsteuer (Vorsteuer) abziehen. Ohne eine ordnungsgemäße Rechnung des anderen Unternehmers mit ausgewiesener Umsatzsteuer gibt es allerdings keinen Vorsteuerabzug. Ob eine Ausgabenrechnung Vorsteuer enthält oder nicht, sehen Sie demnach am MwSt.-Ausweis in einem Euro-Betrag und dem ausgewiesenen MwSt.-Prozentsatz.

Bestandteile einer ordnungsgemäßen Rechnung

Wie sieht eine Rechnung aus, die vor dem Finanzamt Bestand hat? Die folgende Checkliste gibt Ihnen einen Überblick, welche Bestandteile eine ordnungsgemäße Rechnung enthält:[1]

Bestandteile einer Rechnung

Checkliste: Bestandteile einer ordnungsgemäßen Rechnung		
1.	Vollständiger Name und vollständige Anschrift sowohl des leistenden Unternehmers also auch des Leistungsempfängers	
2.	Steuernummer des leistenden Unternehmers (ausgestellt vom Finanzamt) oder Umsatzsteuer-Identifikationsnummer (ausgestellt vom Bundesamt für Finanzen)	
3.	Ausstellungsdatum (= Rechnungsdatum)	
4.	Fortlaufende Nummer mit einer oder mehreren Zahlenreihen, die zur Identifizierung der Rechnung vom Rechnungsaussteller einmalig vergeben wird (Rechnungsnummer)	
5.	Menge und die Art (handelsübliche Bezeichnung) der gelieferten Gegenstände oder den Umfang und die Art der sonstigen Leistung	

[1] BMF-Schreiben vom 29.01.2004, IV B 7 – S 7280 – 19/04.

6.	Zeitpunkt der Lieferung oder sonstigen Leistung oder der Vereinnahmung des Entgelts oder eines Teils des Entgelts in den Fällen des Absatzes 5 Satz 1, sofern dieser Zeitpunkt feststeht und nicht mit dem Ausstellungsdatum der Rechnung identisch ist	
7.	Entgelt für die Lieferung oder sonstige Leistung (§ 10 UStG), das nach Steuersätzen und einzelnen Steuerbefreiungen aufgeschlüsselt sein muss, sowie jede im Voraus vereinbarte Minderung des Entgelts, sofern sie nicht bereits im Entgelt berücksichtigt ist	
8.	Angabe des anzuwendenden Steuersatzes sowie den auf das Entgelt entfallenden Steuerbetrag oder im Fall einer Steuerbefreiung einen Hinweis darauf, dass für die Lieferung oder sonstige Leistung eine Steuerbefreiung gilt	
9.	Hinweis auf die Aufbewahrungspflicht des Leistungsempfängers in den Fällen des § 14b Abs. 1 Satz 5 UStG (Danach haben auch Nichtunternehmer Baurechnungen zwei Jahre lang aufzubewahren.)	

1. Name und Anschrift des leistenden Unternehmers und des Leistungsempfängers

Vollständigkeit

In der Rechnung sind der Name und die Anschrift des leistenden Unternehmers und des Leistungsempfängers jeweils vollständig anzugeben. Dabei ist es ausreichend, wenn sich auf Grund der in die Rechnung aufgenommenen Bezeichnungen der Name und die Anschrift sowohl des leistenden Unternehmers als auch des Leistungsempfängers eindeutig feststellen lassen. Verfügt der Leistungsempfänger über ein Postfach oder über eine Großkundenadresse, ist es ausreichend, wenn diese Daten anstelle der Anschrift angegeben werden. Bei Unternehmern, die über mehrere Zweigniederlassungen, Betriebsstätten oder Betriebsteile verfügen, gilt jede betriebliche Anschrift als vollständige Anschrift.

Ungenauigkeiten

Ungenauigkeiten bei der Angabe von Namen und Adresse führen nicht zu einer Versagung des Vorsteuerabzugs, wenn z. B. bei Schreibfehlern im Namen oder der Anschrift des leistenden Unternehmers oder des Leistungsempfängers oder in der Leistungsbeschreibung eine eindeutige und unzweifelhafte Identifizierung der am Leistungsaustausch Beteiligten, der Leistung und des Leistungszeitpunkts möglich ist und die Ungenauigkeiten nicht sinnentstellend sind.

Beauftragung eines Dritten

Hat der Leistungsempfänger einen Dritten mit dem Empfang der Rechnung beauftragt und wird die Rechnung unter Nennung nur des Namens des Leistungsempfängers mit „c/o" an den Dritten adressiert, muss die Identität des Leistungsempfängers leicht und eindeutig feststellbar sein. Ansonsten könnte eine zusätzliche Steuerpflicht ausgelöst werden. Die Anschrift des Dritten gilt in diesen Fällen nicht als betriebliche Anschrift des Leistungsempfängers, wenn dieser unter der Anschrift des Dritten nicht gleichzeitig über eine Zweigniederlassung, eine Betriebsstätte oder einen Betriebsteil verfügt.[2]

2. Steuernummer oder USt.-IdNr. des leistenden Unternehmers

Steuernummer

Wenn das Finanzamt dem leistenden Unternehmer keine USt.-IdNr. erteilt hat, ist zwingend die Steuernummer anzugeben. Erteilt das Finanzamt dem leistenden Unternehmer eine neue Steuernummer (z. B. bei Verlagerung des Unternehmenssitzes), ist nur noch diese zu verwenden. Es ist nicht erforderlich, dass der Unternehmer die vom Finanzamt erteilte Steuernummer um zusätzliche Angaben (z. B. Name oder Anschrift des Finanzamts, Finanzamtsnummer oder Länderschlüssel) ergänzt.

Gutschriften

Im Fall der Gutschrift ist die Steuernummer bzw. die USt.-IdNr. des leistenden Unternehmers und nicht die des Leistungsempfängers, der die Gutschrift erteilt hat, anzugeben. Zu diesem Zweck hat der leistende Unternehmer (Gutschriftsempfänger) dem Aussteller der Gutschrift seine Steuernummer oder USt.-IdNr. mitzuteilen. Dies gilt auch für einen ausländischen Unternehmer, dem von einem inländischen Finanzamt eine Steuernummer oder vom Bundesamt für Finanzen eine USt.-IdNr. erteilt wurde.
Rechnet der Unternehmer über einen vermittelten Umsatz ab (z. B. Tankstellenbetreiber, Reisebüro), hat er die Steuernummer oder USt.-IdNr. des leistenden Unternehmers (z. B. Mineralölgesellschaft, Reiseunternehmen) anzugeben.

[2] BMF-Schreiben vom 28.03.2006, IV A 5 – S 7280 a – 14/06.

Mietverträge

Vor dem 01.01.2004 geschlossene Mietverträge müssen keine Steuernummer oder USt.-IdNr. des leistenden Unternehmers enthalten. Es ist nicht erforderlich, diese Verträge um die Steuernummer oder die USt.-IdNr. zu ergänzen. Bei Verträgen über Dauerleistungen, die nach dem 01.01.2004 abgeschlossen wurden, ist es ausreichend, wenn die Steuernummer oder die USt.-IdNr. des leistenden Unternehmers aufgeführt ist. Es ist nicht erforderlich, dass auf den Zahlungsbelegen die Steuernummer oder die USt.-IdNr. des leistenden Unternehmers angegeben ist.

3. Fortlaufende Nummer (Rechnungsnummer)

Einmaligkeit der Rechnung

Durch die fortlaufende Nummer (Rechnungsnummer) soll sichergestellt werden, dass die vom Unternehmer erstellte Rechnung einmalig ist. Bei der Erstellung der Rechnungsnummer ist es zulässig, eine oder mehrere Zahlen- oder Buchstabenreihen zu verwenden. (Auch eine Kombination von Ziffern mit Buchstaben ist möglich.)
Bei der Erstellung der Rechnungsnummer bleibt es dem Rechnungsaussteller überlassen, wie viele und welche separaten Nummernkreise geschaffen werden, in denen eine Rechnungsnummer jeweils einmalig vergeben wird. Dabei sind Nummernkreise für zeitlich, geographisch oder organisatorisch abgegrenzte Bereiche zulässig, z. B. für Zeiträume (Monate, Wochen, Tage), verschiedene Filialen, Betriebsstätten einschließlich Organgesellschaften oder Bestandsobjekte. Es muss jedoch gewährleistet sein (z. B. durch Vergabe einer bestimmten Klassifizierung für einen Nummernkreis), dass die jeweilige Rechnung leicht und eindeutig dem jeweiligen Nummernkreis zugeordnet werden kann und die Rechnungsnummer einmalig ist.

Gutschriften und Kleinbetragsrechnungen

Im Fall der Gutschrift ist die fortlaufende Nummer durch den Gutschriftsaussteller zu vergeben. Kleinbetragsrechnungen und Fahrausweise müssen keine fortlaufende Nummer enthalten.

4. Menge und Art der gelieferten Gegenstände oder Umfang und Art der sonstigen Leistung

Bezeichnung der Leistung und des Produkts

Die Bezeichnung der Leistung muss eine eindeutige und leicht nachprüfbare Feststellung der Leistung ermöglichen, über die abgerechnet worden ist.[3] Neben Markenartikelbezeichnungen sind auch

[3] BFH-Urteil vom 10.11.1994 – BStBl 1995 II S. 395.

handelsübliche Sammelbezeichnungen ausreichend, wenn sie die Bestimmung des anzuwendenden Steuersatzes eindeutig ermöglichen, z. B. Baubeschläge, Büromöbel, Kurzwaren, Schnittblumen, Spirituosen, Tabakwaren, Waschmittel.

Achtung:
Bezeichnungen allgemeiner Art, die Gruppen verschiedenartiger Gegenstände umfassen, z. B. Geschenkartikel, sind für eine ordnungsgemäße Rechnung nicht ausreichend.

5. Zeitpunkt der Leistung und Vereinnahmung des Entgelts

In der Rechnung ist der Zeitpunkt der Lieferung oder der sonstigen Leistung anzugeben. Dies gilt nicht bei einer Rechnung über Voraus- oder Anzahlungen, bei denen dieser Zeitpunkt noch nicht feststeht. Allerdings ist auf der Rechnung kenntlich zu machen, dass über eine noch nicht erbrachte Leistung abgerechnet wird.

Zeitpunkt der Lieferung oder Leistungserbringung

Als Zeitpunkt der Lieferung oder Leistungserbringung kann der Kalendermonat angegeben werden, in dem die Leistung ausgeführt wird. Wenn in einem Vertrag – z. B. Miet- oder Pachtvertrag, Wartungsvertrag oder Pauschalvertrag mit einem Steuerberater – der Zeitraum, über den sich die jeweilige Leistung oder Teilleistung erstreckt, nicht angegeben ist, reicht es aus, wenn sich dieser Zeitraum aus den einzelnen Zahlungsbelegen, z. B. aus den Überweisungsaufträgen oder den Kontoauszügen, ergibt. Dabei wird es nicht beanstandet, wenn der Zahlungsbeleg vom Leistungsempfänger ausgestellt wird.

6. Entgelt

In der Rechnung sind nach Steuersätzen und einzelnen Steuerbefreiungen aufgeschlüsselte Entgelte anzugeben, also z. B.:

Nettoumsatz zu 19 % USt.:	1.000,00 EUR	19 % USt.:	190,00 EUR
Nettoumsatz zu 7 % USt.:	500,00 EUR	7 % USt.:	35,00 EUR

Wenn Boni, Skonti oder sonstige Rabatte vereinbart worden sind, muss in der Rechnung auf die entsprechende Vereinbarung hingewiesen werden.

7. Steuersatz und Steuerbetrag oder Hinweis auf eine Steuerbefreiung

In der Rechnung sind der Steuersatz sowie der auf das Entgelt entfallende Steuerbetrag oder – im Fall der Steuerbefreiung – ein Hinweis auf die Steuerbefreiung anzubringen.

Hinweis auf eine Steuerbefreiung

Bei dem Hinweis auf eine Steuerbefreiung ist es nicht erforderlich, dass der Unternehmer die entsprechende Vorschrift des Umsatzsteuergesetzes oder der 6. EG-Richtlinie nennt. Allerdings soll in der Rechnung ein Hinweis auf den Grund der Steuerbefreiung enthalten sein. Dabei reicht eine Angabe in umgangssprachlicher Form aus (z. B. „Ausfuhr“, „innergemeinschaftliche Lieferung“, „steuerfreie Vermietung“, „Krankentransport“). Vor dem 01.01.2004 geschlossene Mietverträge müssen keinen Hinweis auf eine anzuwendende Steuerbefreiung enthalten.

Bestandteile von Kleinbetragsrechnungen

Rechnungen, deren Gesamtbetrag 150 EUR nicht übersteigt, werden als Kleinbetragsrechnungen bezeichnet. Die gesetzlichen Anforderungen für diese Rechnungen sind weniger streng. Die folgende Checkliste zeigt Ihnen, welche Angaben für Kleinbetragsrechnungen erforderlich sind.

Bestandteile Kleinbetragsrechnungen

Checkliste: Bestandteile von Kleinbetragsrechnungen		
1.	Vollständiger Name und vollständige Anschrift des leistenden Unternehmers	
2.	Ausstellungsdatum (= Rechnungsdatum)	
3.	Menge und die Art (handelsübliche Bezeichnung) der gelieferten Gegenstände oder den Umfang und die Art der sonstigen Leistung	
4.	(Netto-)Entgelt und der darauf entfallende Steuerbetrag in einer Summe	
5.	Angabe des anzuwendenden Steuersatzes („... enthält 19 % MwSt.")	
6.	Im Fall einer Steuerbefreiung: Hinweis, dass für die Lieferung oder sonstige Leistung eine Steuerbefreiung gilt.	

In Rechnungen über Leistungen mit unterschiedlichen Steuersätzen sind die jeweiligen Bruttosummen anzugeben.

2. Schritt: Belege kontieren

Die geordneten und geprüften Belege werden im 2. und 3. Schritt kontiert und gebucht. Ob Sie nun die Belege kontieren und sofort buchen oder sämtliche Belege zunächst komplett vorkontieren, bleibt Ihnen überlassen. Übliche Praxis ist es, bei einer Vielzahl gleichartiger Belege – soweit sinnvoll und gestattet – diese zusammenzufassen und die Einzelbeträge als Summe per Monatsletzten einzubuchen.

> **Achtung:**
> Kassenbelege sind erst unmittelbar vor dem Buchen fortlaufend zu nummerieren. Wenn Sie ein Kassenbuch führen (chronologische und einzelne Aufzeichnung), können Sie auch hier gleiche Vorgänge eines Monats zusammengefasst einbuchen, z. B. per 30. April Briefmarken April 235 EUR, Tankquittungen April 370 EUR etc. Addieren Sie sämtliche Einzelbeträge auf und heften Sie den Tippstreifen an die Einzelbelege.

Fortlaufende Nummerierung

Bei den Buchungskreisen der Eingangs- und Umsatzrechnungen verwenden Sie als fortlaufende Nummerierung den Eingangsstempel bzw. die von Ihnen vergebene Rechnungsnummer. Möglichst in dieser Reihenfolge sind auch die Buchungen zu erfassen.
Zur Kontierung war es früher üblich, in einem Stempel auf dem Beleg die Sollkonten und Habenkonten mit den jeweiligen Beträgen sowie das Buchungsdatum einzutragen. Heute wird in der EDV-Buchhaltung aus Zeitgründen auf „überflüssige“ Angaben verzichtet.

> **Achtung:**
> Bei Kontierung auf einem Bankkontoauszug z. B. fehlt die Angabe des Kontos, Betrags und Datums, da dies ohnehin ersichtlich ist. Man vermerkt zu jeder Buchung lediglich das Gegenkonto und ggf. den Schlüssel zur Umsatzsteuer. Ob die Bank im Soll oder im Haben bebucht wird, ergibt sich ebenfalls aus Eingang oder Ausgang.

Wenn Sie jede Buchung direkt vom Bankbeleg elektronisch erfassen, dient z. B. die Nummer des Kontoauszugs als Belegnummer. Um Rechnungen besser abstimmen zu können, sollten Sie in diesen

Fällen sinnvoller die Rechnungsnummer erfassen. Geben Sie zu Beginn des Buchungskreises den Banksaldo des Monatsanfangs vor. So haben Sie nach jedem Auszug die Kontrolle, dass selbst die Cent-Beträge richtig eingegeben sind.

Wie vermeiden Sie Kontierungsfehler?

Fehlkontierungen lassen sich fast alle folgenlos rückgängig machen. Vorsicht ist jedoch bei allen Buchungen geboten, mit denen Sie steuerliche Wahlrechte ausüben oder sonstige ungewollte Konsequenzen auslösen. Ein Irrtum kann teuer werden bei Kontierungsfehlern im Zusammenhang mit

- besonderen Aufzeichnungspflichten (siehe unten): Geringwertige Wirtschaftsgüter, Geschenke, Reisekosten, Bewirtungen, Löhne und Gehälter,
- Vermögensgegenständen, die entweder dem Betriebsvermögen oder dem Privatvermögen zugeordnet werden können (gewillkürtes Betriebsvermögen),
- jeglichen Zahlungen in der GmbH, die durch falsche Zuordnung als verdeckte Leistungen an einen Gesellschafter gedeutet werden können.

3. Schritt: Belege buchen

Die kontierten Belege werden nach dem jeweiligen Buchungskreis (Kasse, Bank, Ausgangsrechnungen usw.) dem Datum nach auf Buchungslisten oder direkt elektronisch erfasst. Im zweiten Fall hilft ein Buchungsprotokoll (Primanota), jede einzelne Buchung wiederzufinden.

4. Schritt: Belege ablegen

Bei der berüchtigten Schuhkartonablage verlieren Sie und – schlimmer noch – der Betriebsprüfer vom Finanzamt jeglichen Überblick und Kontrolle über die Buchhaltung.

Ablage nach Buchungskreisen

Die einfachste Ablage erfolgt chronologisch nach Buchungskreisen. Sie buchen für jeweils einen Monat nacheinander die Kasse, Bank, Sparkasse, Postbank usw. und heften die nummerierten Belege hinter den Kontoauszug/Kassenbericht. Bei größeren Buchhaltungen empfiehlt es sich, für jeden Buchungskreis eigene Aktenordner anzulegen. In die Bankordner können Listen über Daueraufträge, Einzugsermächtigungen und sonstige Verträge eingeheftet werden. Kunden- und Lieferantenrechnungen können Sie zusätzlich in Kopie, alphabetisch geordnet in separaten Ordnern ablegen. So ist eine Rechnung auch dann schnell zu finden, wenn Sie das Datum nicht genau kennen.

Welche Aufzeichnungspflichten müssen Sie beachten?

Betriebsausgaben müssen auf gesonderten Konten zeitnah aufgezeichnet werden. Wenn Sie die gesetzlichen Aufzeichnungspflichten verletzen, kann dies dazu führen, dass Ihre Betriebsausgaben steuerlich nicht anerkannt werden. Als zeitnah gilt eine Frist bis höchstens 1 Monat nach dem Geschäftsvorfall. Im Einzelnen gelten die folgenden besonderen Aufzeichnungspflichten:

- **Bewirtungskosten**: Angaben auf dem Beleg oder einem beigefügten Vordruck über bewirtete Personen, einschließlich des Unternehmers, daneben den Anlass der Bewirtung. Der Wirt muss die verzehrten Speisen und Getränke auf maschinellem Beleg mit Name und Anschrift der Gaststätte detailliert auflisten. Bei Beträgen über 150 EUR muss auch die Unterschrift des Unternehmers, MwSt.-Ausweis und Ausweis des Nettoentgelts sowie Rechnungsnummer, Rechnungs- und Lieferdatum enthalten sein.
- **Geschenke unter 35 EUR** an Geschäftsfreunde werden in einer Liste z. B. auf der Rückseite des Einkaufsbeleges dem jeweiligen Empfänger (Einzelperson, keine Firma) zugeordnet. Auch sie müssen auf einem separaten Konto erfasst werden.
- **Geringwertige Wirtschaftsgüter** (**GWG**) sind auf einem Sammelkonto zu erfassen.
- **Löhne und Gehälter**, auch von Aushilfen, sind auf einzelnen Lohnkonten und ggf. mit Aushilfsbelegen aufzuzeichnen. Die

Abrechnung können Sie auch von einem Lohnprogramm vornehmen lassen.
- **Reisekosten**: eine Reisekostenabrechnung muss enthalten:
  - Name des Reisenden,
  - Zeit, Dauer, Ziel und Zweck der Reise, ggf. gefahrene Kilometer,
  - Bemessungsgrundlage für den Vorsteuerabzug ,
  - ggf. Tankquittungen, Fahrscheine, Telefonkosten, Übernachtungs- und pauschale Verpflegungskosten, Bewirtungsbelege (separates Konto), Eigenbelege über Trinkgelder.

So schreiben Sie korrekte Rechnungen

Richtiges Rechnungsschreiben ist für viele Unternehmen von existenzieller Bedeutung. Hier verschaffen Sie sich die nötige Liquidität für Ihre Finanzierungen und legen den Grundstein dafür, bei schleppender Zahlung rechtlich abgesichert zu sein. Nach Leistungsabschluss bzw. einer möglichst kurzfristig eingeleiteten Abnahme der Arbeiten sollten Sie die Abschlussrechnung möglichst binnen eines Tages ausstellen. Es ist nur eine Frage der Organisation, dass Lieferung und Rechnung am gleichen Tag die Firma verlassen. Eine zügige Rechnungsstellung signalisiert übrigens keine Liquiditätsschwäche, sondern zeigt, dass Ihr Rechnungswesen gut funktioniert.

Inhalte der Rechnung

Pflichtangaben Rechnung

Eine richtige Rechnung enthält steuerliche und handelsrechtliche Pflichtangaben:
- **Firmenbriefbogen mit Sitz, Handelsregister, Geschäftsführer**
  Sollte es zu einem Rechtsstreit kommen, ist bei diesen Angaben (Pflichten nach § 37a HGB) Ihre Firma formell nicht angreifbar.
- **Anschrift des Kunden – Firmenname und Besteller/Geschäftspartner**
  Der korrekte Firmenname ist steuerlich und rechtlich von Bedeutung, da zunächst nur der genannte Rechnungsempfänger aus dem Geschäft verpflichtet wird. Bei einer falschen Schreibweise kommt Ihre Lieferung an, nur für die Rechnung wird sich

möglicherweise niemand verantwortlich fühlen. Der Besteller haftet in Fällen, in denen er ohne Vertretungsmacht handelt.

- Bei **steuerfreien innergemeinschaftlichen Lieferungen** nach § 6a Abs. 1 Satz 1 Nr. 3 UStG sind sowohl die USt.-IdNr. des Unternehmers als auch des Kunden anzugeben. Außerdem benötigen Sie einen Versandnachweis oder die Zusicherung, dass der Empfänger die Ware selbst außer Landes geschafft hat. Nach neuer Rechtslage ab dem 1.1.2012 wurde trotz umfassender Proteste aus der Wirtschaft die Nachweispflicht verschärft. Die Unterscheidung der Nachweise in Beförderungs- und Versendungsfälle wird aufgegeben. Eine so genannte Gelangensbestätigung soll als einziges relevantes Dokument die bisherigen Nachweise ersetzen. Ohne diese nachträgliche Bescheinigung wird die Lieferung steuerpflichtig, d. h. aus dem vereinbarten Netto sind 19 % Umsatzsteuer abzuführen. Nach mehrmaligen Aufschub ist jedoch die Bestimmung auf unbestimmte Zeit ausgesetzt.
- **Rechnungsdatum und Lieferdatum sowie ggf. der Kalendermonat der Leistung.**
- **Fortlaufende Rechnungsnummer**, bei Bedarf mehrere Nummernkreise, z. B. AG2051, Fd65, Fd66, AG2052, Fd67, AG2053, AG2054 usw.
- Die präzise **Aufschlüsselung und Bezeichnung der Ware oder Leistung mit Einzelpreis.**
- **Gesamte Nettoentgelte getrennt nach Steuersatz** ausweisen sowie die jeweils darauf entfallende Umsatzsteuer. Bei einer steuerfreien Lieferung/Leistung ist die Befreiungsvorschrift anzugeben, z. B. „steuerfreie innergemeinschaftlichen Lieferung § 6a Abs. 1 Satz 1 Nr. 3 UStG".
- **Gesamtpreis netto und Bruttopreis.**
- **Steuernummer oder USt.-IdNr.**

Bereits aus einer Missachtung der steuerlichen Vorschriften lässt sich böswillig ableiten, dass keine rechtsgültige Rechnung vorliegt, also auch nicht gezahlt werden muss.

Nicht pflichtig, aber notwendig sind folgende Angaben:

- **Kontonummer mit Bank und BLZ**
  Achten Sie auf Übereinstimmung Ihrer Geschäftsbezeichnung mit denen Ihrer Bankverbindung. So lässt z. B. die Deutsche Bank selbst bei geringen Abweichungen unter Berufung auf das Geldwäschegesetz Gutschriften über 5.000 EUR zurückgehen.

- **Kundennummer, Auftragsnummer und Bestellnummer des Kunden**
  Damit erleichtern Sie Ihrer Buchhaltung die Zuordnung bei Zahlung oder Rückfragen des Kunden.

- **Ansprechpartner für Rückfragen**
  Dadurch ersparen Sie Ihrem Kunden telefonische Odysseen und können auftretende Reklamationen und sonstige Kontakte zu Kundenpflege, Zusatzaufträgen u. a. nutzen.

- **Eigentumsvorbehalt auf gelieferte Ware**
  Dadurch können Sie bis zur vollständigen Zahlung des Kaufpreises auch noch im Insolvenzfall die Herausgabe der Ware verlangen.

  Erweiterter Eigentumsvorbehalt

  Ein erweiterter Eigentumsvorbehalt könnte lauten: »Der Eigentumsvorbehalt erstreckt sich auch auf die durch Verarbeitung der Vorbehaltsware entstehenden neuen Erzeugnisse zu deren vollem Wert.« Diese Klausel sollten Sie verwenden, wenn Ihre Ware in andere Sachen eingebaut wird oder einfließt, wie z. B. Deckenpaneelen, DVD-Laufwerke, Bodenfliesen.

  Verlängerter Eigentumsvorbehalt

  Beim „verlängerten Eigentumsvorbehalt" erstreckt sich die Sicherung auch auf die im Voraus abgetretenen offenen Forderungen aus dem Wiederverkauf.

- **Zahlungs- und ggf. Lieferkonditionen, Zahlungs- bzw. Fälligkeitsdatum**
  Machen Sie Angaben, bis wann gezahlt werden muss und ob der Kunde bei beschleunigter Zahlung Skonto abziehen darf. Hier

sollte der Hinweis für den privaten Verbraucher nicht fehlen, dass stets 30 Tage nach Fälligkeit und Zugang einer Rechnung der Verzug eintritt und gesetzliche Verzugszinsen verlangt werden. Unter Kaufleuten muss keine Einzelvereinbarung getroffen werden. Hier ist der Hinweis auf die beigefügten Allgemeinen Geschäftsbedingungen beim Vertragsabschluss ausreichend.

- **Verzugszinsen**
  Wenn Sie Angaben zu Verzugszinsen in Ihre Rechnungen aufnehmen wollen, sollten Sie keinen festen Zinssatz angeben. Da die Zinssituation schwankt, bietet sich eine variable Regelung an. Beispielsweise könnte diese lauten: „Wir berechnen bei Überschreiten der vereinbarten Zahlungsziele Verzugszinsen gemäß § 288 Abs. 1 BGB in Höhe von 5 Prozentpunkten über dem jeweiligen Basiszinssatz.“ (Dies bedeutet beispielsweise bei einem Basissatz von 0,12 % Verzugszinsen in Höhe von 5,12 %.) Falls Ihr tatsächlicher Schaden diesen Zinssatz überschreitet, z. B. bei Kontokorrentzinsen von 12,5 %, können Sie bei entsprechendem Nachweis auch Verzugszinsen in der tatsächlichen Höhe verlangen. Bei Geschäften unter Kaufleuten beträgt der Zinsaufschlag anstatt 5 % sogar 8 % (§ 288 Abs. 2 HGB).

Muster: Rechnung

Name:	Firma Schaltkreise GmbH ①			Datum:	18.05.12	
Adresse:	Industriestr. 12			Auftragsnr.:		
PLZ Ort	55548 Holzhausen			Verkäufer:		
Land:				Lieferdatum:		
				Lieferart:	UPS	
Vielen Dank für Ihren Auftrag		RECHNUNG			Nr.	8099675
					②	
Anzahl	Beschreibung ③			Einzelpreis	USt.	Gesamt
45	Schaltmuffen			234,00 EUR	19 %	10.530,00 EUR
23	Fressbackenverstärker			12,20 EUR	19 %	280,60 EUR
20	Blumensträuße			19,80 EUR	7 %	396,00 EUR
12	Dopplerzwingen			14,90 EUR	19 %	178,80 EUR
				Zwischensumme		11.385,40 EUR
				Versand	19 %	20,00 EUR
		Entgelte zu	19 % USt.	11.009,40 EUR	19 %	2.091,78 EUR
		Entgelte zu	7 % USt.	396,00 EUR	7 %	27,72 EUR
				Summe		13.524,90 EUR
Zahlungsbedingungen:	30 Tage rein netto					
Bei Zahlung bis	④ 28.05.07	Skonto	2 %	Skonto		228,11 EUR
		Skonto zu	19 % USt.	220,19 EUR	19 %	41,83 EUR
		Skonto zu	7 % USt.	7,92 EUR	7 %	0,55 EUR
				Skontobetrag		270,49 EUR

① Achten Sie im Interesse Ihres Kunden auf die richtige Bezeichnung des Empfängers. Nur dann ist für ihn der Betriebsausgabenabzug gewährleistet oder er könnte anderenfalls sogar die Zahlung verweigern.

② Tragen Sie hier den gültigen Steuersatz ein.

③ Achten Sie auf eine hinreichend genaue Beschreibung. „Diverse Ware" z. B. gefährdet den Abzug als Betriebsausgabe.

④ Voreingestellt sind 10 Tage nach Rechnungsdatum. Überschreiben Sie ggf. das Skontodatum.

Blanko-Formular: Rechnung

Name:			Datum:		
Adresse:			Auftragsnr.:		
PLZ Ort:			Verkäufer:		
Land:			Lieferdatum:		
			Lieferart:		
Vielen Dank für Ihren Auftrag		RECHNUNG		Nr.	
Anzahl	Beschreibung		Einzelpreis	USt.	Gesamt
			Zwischensumme		
	Entgelte zu	19 % USt.		19 %	
	Entgelte zu	7 % USt.		7 %	
			Summe		
Zahlungsbedingungen:	30 Tage rein netto				
Bei Zahlung bis	Skonto		Skonto		
	Skonto zu	19 % USt.		19 %	
	Skonto zu	7 % USt.		7 %	
			Skontobetrag		

Buchungsfälle von A bis Z

Medien-Service

Medien-Service · Postfach 6420

Tel.: 0
Fax: 0

Firma Elektro Zapp
Inh. Erwin Zapp
Daimlerstr. 3

46464 Neustadt

Anzeigen-Rechnung
sche Post

Bei Rückfragen:

Post

0 /

Rechnungs-Datum : 12.07.

Bei Zahlung u.Schriftverkehr stets angeben

Kunden-Nr.	Rechnungs-Nr.
10	R035

nz.Nr./ eil.Nr./ usgabe	Erschei- nungstag	Ru- brik	Auftrags-Nr./ Kurztext	Beleg	mm/ Zeilen/ Stück	Spal- ten	Preis je mm pro 1000 Stück	EUR
7685543	10.07.	0620	Buchhalterin gesucht		100	1	1,26	126,00

Netto	126,00
UST-pfl.Betrag	126,00
UST 19,00%	23,94
Rechnungsbetrag	149,94

Verlag und Druckerei GmbH

Geschäftsführer:
HRB Amtsgericht

USt-IdNr.: DE 1
Erfüllungsort und Gerichtsstand ist

Bankkonten:
Siehe Rückseite

Anzeigenwerbung

- Anzeigenwerbung in Tageszeitungen, Fachzeitschriften und Internet-Marktplätzen für Waren und Dienstleistungen gehören zu den Werbekosten.
- Kosten für Anzeigen, in denen Sie nach Mitarbeitern suchen, gehören dagegen zu den Personalkosten.

Beleg buchen

Beispiel

In der örtlichen Tageszeitung wird eine Buchhalterin in Teilzeit gesucht. Die Kosten für die Annonce wird vom Zeitungsverlag abgebucht.

Personalkosten	126,00 EUR	
Vorsteuer	23,94 EUR	
an Bank		149,94 EUR

Das richtige Konto

BGA (GHK)	IKR	SKR03	SKR04	Kontenbezeichnung (SKR04)
441	687	4610	6600	Werbekosten
40	62	4100	6000	Löhne und Gehälter
473	693	4900	6300	Sonstige betriebliche Aufwendungen

Hambächer Berufskleidung GmbH

Firma Elektro Zapp
Inh. Erwin Zapp
Daimlerstr. 3

46464 Neustadt

(an der)
6 n
Telefon (0
Telefax (0

R
Konto 60)
Fran e
K 02 01)

Konto N

~~Lieferschein~~ / Rechnung 10.2

Frankfurt/M., den 25.3.

Wir sandten Ihnen gem. Auftrag

Anzahl	Warengattung	Größe	Einzelpreis €	Gesamtpreis €
Sie	erhielten gemäss Lieferschein Nr.132 vom	20.3.	abgeholt	
1	Berufshose			24,14
1	dito			20,69
				44.83
		+19%	MWSt	8,52
				53,35
	Wir danken für Ihren Auftrag.			

GEBUCHT

Ust. IDNr.: D / Steuernum

Kondition: 10 Tage 2% Skonto, 30 Tage netto Kasse.
Erfüllungsort für Lieferung, Zahlung und Gerichtsstand Frankfurt/Main.

Skontoberechtigter Betrag
Die Ware bleibt bis zur völligen Bezahlung unser Eigentum.

Sitz der Gesellschaft: Fr ...schäftsfüh... h

Arbeitskleidung

- Als typische Berufsbekleidung gilt z. B. ein schwarzer Anzug oder Frack des Kellners oder der Büromantel des Architekten. Er kann als „Sonstiger Betriebsbedarf" erfasst werden.
- Erhält der Arbeitnehmer die Berufsbekleidung von seinem Arbeitgeber zusätzlich zum ohnehin geschuldeten Arbeitslohn, so ist anzunehmen, dass es sich um typische Berufskleidung handelt.[4]
- Wenn der Arbeitnehmer jedoch die Kosten der Berufsbekleidung selbst trägt, verweigert das Finanzamt die Anerkennung als Werbungskosten. So befindet das Sächsische Finanzgericht: Die von einem Baumaschinisten für die Tätigkeit auf dem Bau getragenen Jeanshosen, Latzhosen, Pullover, T-Shirts und Anoraks dienen vornehmlich dem Zweck des witterungsangemessenen Bekleidetseins und sind keine zum Werbungskostenabzug berechtigende „typische Berufskleidung".[5] Aufwendungen für die Reinigung typischer Berufskleidung stellen Werbungskosten dar; dies gilt auch dann, wenn die Berufskleidung zu Hause in der eigenen Waschmaschine gereinigt wird. Die Reinigungskosten sind zu schätzen. Die Schätzung der Reinigungskosten kann auch anhand repräsentativer Daten der Verbraucherverbände erfolgen.[6]

Beleg buchen

Die Arbeitshose wird bar bezahlt.

Beispiel

Arbeitskleidung	44,83 EUR	
Vorsteuer	8,52 EUR	
an Kasse		53,35 EUR

Das richtige Konto

BGA (GHK)	IKR	SKR03	SKR04	Kontenbezeichnung (SKR04)
405	6410	4140	6130	Freiwillige soziale Aufwendungen, lohnsteuerfrei
4725	6074	4980	6850	Sonstiger Betriebsbedarf

---

4 Vgl. R 20 und R 21c Lohnsteuerrichtlinien.

5 Urteil vom 27.04.2005 – 5 K 1031/04.

6 FG München Urteil vom 29.04.2005 – 10 K 1422/02.

GmbH
Postfach
3
Telefon 0
Telefax 05

Liefer- und Hausanschrift

AutFit
Reifen + Autoservice

GmbH

Tel 0 Fax 06

USt-IdNr.: DE
Steuernr 25/2

UGENHEIM

Firma Elektro Zapp
Inh. Erwin Zapp
Daimlerstr. 3

46464 Neustadt

BARVERKAUF Blatt 1

Es gelten ausschließlich unsere Ihnen bekannten Allg. Geschäftsbedingungen

Belegnummer	Kd.Nr.	Beleg-Datum
27 5/	090	12.07.

Bei Zahlung bzw. Rückfragen bitte angeben!

Lieferdatum: 12.07.

Unsere Fachkraft: R
Monteur ....: U

Kennzeichen:
KFZ: MINI MINI
Km-Stand: 19.585
TÜV-Termin: AU-Termin:

Pos	Artikel-Bezeichnung	Menge	Einzelpreis	Betrag EUR	UST
1	**W GNS** 15058133 Windschutzscheibe	1	163,00	163,00	2
2	**Clipse - seitlich** 159980170002850001	8	0,22	1,76	2
3	**Clipse - unten** 159980170002850002	8	0,17	1,36	2
4	**HAFTGRUND SCHEIBENMONTAGE** 10910223 DIENSTLEISTUNGEN	1	9,40	9,40	2
5	**Leiste oben** 159980170002850003	1	9,90	9,90	2
6	**Leiste unten** 159980170002850004	1	13,20	13,20	2
7	**KLEBESATZ WINDSCHUTZSCHEIBE** 10910224 DIENSTLEISTUNGEN	1	73,02	73,02	2
8	**ALTGLASENTSORGUNG PKW** 10917009 DIENSTLEISTUNG	1	4,31	4,31	2
9	**ARBEITSWERT SCHEIBE 12 AW / h** 10910225 DIENSTLEISTUNGEN	34	5,96	202,64	2
10	**KLEINMATERIAL UND REINIGUNGSMATERIAL** 10910227 DIENSTLEISTUNGEN	1	5,43	5,43	2
11	**RADWECHSEL PKW ALU** 10910511 DIENSTLEISTUNG	4	3,88	15,52	2
12	**AUSWUCHTEN STAT. PKW ALU** 10910538 DIENSTLEISTUNG	2	8,02	16,04	2
13	**GUTE-FAHRT-CHECK DURCHGEFUEHRT** 10910165 DIENSTLEISTUNG	1	0,00		2

12.07. Barzahlung 515.58 EUR

-N-a-t-i-o-n-a-l--
- 0800 /

-e-u-r-o-p-a-w-e-i-t-
- 00 800 /

ACHTUNG! Radmuttern nach 50-100 km, bei Zwillingsrädern nach 200 km, unbedingt nachziehen lassen.

WARE ERHALTEN	Warenwert	Steuerpfl. Betrag		Umsatzsteuer	Endbetrag	Wäh
END-BETRAG DANKEND ERHALTEN!	515,58	515,58	19,0%	97,96	613,54	EUR

Autoreparatur

- Die Entnahme eines dem Unternehmen zugeordneten Pkw, den ein Unternehmer von einem Nichtunternehmer und damit ohne Berechtigung zum Vorsteuerabzug erworben hat, unterliegt nicht der Umsatzbesteuerung.[7]
- Aufwendungen für Reparaturen, Pflege, Dienstleistungen, Ersatz eines Scheibenwischers oder einer Autobatterie und Wartung führen selbst im Fall eines Vorsteuerabzugs nicht zu einer Umsatzsteuerpflicht bei Entnahme des Pkw.

Beleg buchen

Die Reparaturrechnung der Firma AutFit über den Austausch der Windschutzscheibe kostet 613,54 EUR und wird bar bezahlt. Beispiel

Kfz-Reparaturen Vorsteuer	515,58 EUR 97,96 EUR	
an Kasse		613,54 EUR

Das richtige Konto

BGA (GHK)	IKR	SKR03	SKR04	Kontenbezeichnung (SKR04)
034	0841	0320	0520	Pkw
4714	6882	4540	6540	Kfz-Reparaturen

[7] BFH, Urteil vom 18.10.2001, V R 106/98.

CArTEc

Automotive Engineering

D-

TELEFON 0049 - (0)
TELEFAX 0049 - (0)
EMAIL info@ .de
INTERNET www.h de

e GmbH ·

Firma Elektro Zapp
Inh. Erwin Zapp
Daimlerstr. 3

46464 Neustadt

Nummer/ number:
Kunden Nr:
Datum/ date:
Auftragsnummer:

Rechnung

Fahrzeug/ Modell	**Amtl. Kennzeichen**	**Km/ Stand**	**Kundenberater**
M r S			

Wir bestellen, liefern, berechnen zu unseren AGB.

Rechnungsdatum entspricht Leistungsdatum

Menge quantity	Artikelnummer article number	Artikel article description	Einzel Preis single net	%	Gesamt Preis total net
1,00	1000	Leistungssteigerung 147 KW incl. TÜV-Eintrag	560,34	0,00	560,34
4,00	1000	Zündkerzen Beru UXF	4,60	0,00	18,40
1,00	1000	Luftfilter	13,50	0,00	13,50
1,00	1000	Fahrwerksfedern (Eibach) incl.Einbau u.TÜV-Eintr.	290,95	0,00	290,95
1,00	1000	Spurverbreiterungen incl. Montage	137,93	0,00	137,93
1,00	1000	Radschrauben	19,83	0,00	19,83

Warenwert	1.040,95
Porto	0,00
Verpackung	0,00
Nachnahme	0,00
Eilzuschlag/ Express	0,00

Summe Netto EURO/ net value:	1.040,95
19% MwSt. / V.A.T.	197,78
Summe Brutto EURO/ total amount:	1.238,73

Die Ware bleibt bis zur vollständigen Bezahlung Eigentum der Firma bH

Zahlung sofort in bar ohne Abzug

The goods remain property of e H until complete payment.

Payable after receiving

D-6
Tel.+49 (0 · Fax

Gebucht

BANK Sp
BLZ · Konto
SWIFT CODE
UST. ID NR. DE
GESCHÄFTSFÜHRER H
AMTSGERICHT

Autotuning (Sonderausstattungen)

- Anschaffungsnahe Einbauten von Sonderausstattungen, wie z. B. Standheizung, Klimaanlage, Diebstahlsicherung und eingebaute Navigationsgeräte, sind mit dem Pkw zu aktivieren.
- So sind ein eingebautes Autotelefon oder Autoradio keine Bestandteile des Kfz, da sie leicht vom Fahrzeug getrennt werden können.[8]
- Dagegen steht ein fest eingebautes GPS-Navigationsgerät in einem einheitlichen Nutzungs- und Funktionszusammenhang mit dem Kfz und kann nicht von der Nutzungsmöglichkeit des Kfz getrennt werden.[9]
- Schließlich kommt es auf die Nutzungs- und Funktionsmöglichkeit der Zusatzausstattung an: Ist die Gebrauchsmöglichkeit der in das Fahrzeug eingebauten zusätzlichen Gegenstände untrennbar mit der Art und Weise der Fahrzeugnutzung verbunden, ist eine vom Fahrzeug getrennte Beurteilung nicht möglich.

Beleg buchen

Unmittelbar nach dem Kauf wird der Mini auf eine höhere Leistung getuned und die Umbauten in den Fahrzeugbrief eingetragen. Die anschaffungsnahen Kosten werden zum Kaufpreis des Pkw hinzuaktiviert. Beispiel

Pkw	1.040,95 EUR	
Vorsteuer	197,78 EUR	
an Bank		1.238,73 EUR

Das richtige Konto

BGA (GHK)	IKR	SKR03	SKR04	Kontenbezeichnung (SKR04)
034	0841	0320	0520	Pkw
4714	6882	4540	6540	Kfz-Reparaturen

[8] BFH, Urteil vom 18.10.2001, V R 106/98.

[9] BFH, Urteil vom 16.02.2005, VI R 37/04.

bahn. DB IC/EC Fahrkarte
comf. CIV 80 NORMALPREIS

UMTAUSCH/ERSTATTUNG AB DEM
1.GELTUNGSTAG: 15 EURO

1 Erwachsener

H: am 18.03.0 R: am 18.03.0

			VON	->NACH			Kl/Cl
IC/EC			Bensheim	->Frankfurt-Höchst			2
IC/EC			Frankfurt-Höchst	->Bensheim			

VIA: DA*F

3214

1 BC 25

Preis EUR ***59,50

17671404 MWST D: ***59,50 19,0% =***9,50 32
130037084
13003708-95 Kreditkarte 504514601 Bensheim 00
15.03. 16:19

8030 63 02376

Bahnfahrkarten

- Bahnfahrkarten gelten auch dann als Rechnungen, wenn sie nicht die Bestandteile Steuernummer, Rechnungsnummer, Nettoerlöse und Leistungsempfänger enthalten.
- Anstelle des Steuersatzes kann die Tarifentfernung angegeben sein (§ 34 UStDV). Denn bei einer Fahrtstrecke unter 50 km beträgt der Vorsteuerabzug 7 %, darüber 19 %.
- Bei Zugreisen ins Ausland muss aus dem Fahrausweis der Anteil des Beförderungspreises und der Steuersatz hervorgehen, der auf die Strecke bis zur Grenze entfällt (ein ausländischer Streckenanteil von weniger als zehn Kilometer gilt als inländisch, § 3 UStDV). Nur aus diesem Betrag erhalten Sie den Vorsteuerabzug.

Beleg buchen

Beispiel

Die Bahnfahrkarte zum Preis von 59,50 EUR bezahlt der Unternehmer über Kreditkarte. Der Steuersatz von 19 % und der Vorsteuerbetrag sind ausgedruckt.

Reisekosten Unternehmer Fahrtkosten	50,00 EUR	
Vorsteuer	9,50 EUR	
an Kreditkartenabrechnung		59,50 EUR

Das richtige Konto

BGA (GHK)	IKR	SKR03	SKR04	Kontenbezeichnung
4450	6850	4663	6663	Reisekosten Arbeitnehmer Fahrtkosten
4460	68510	4673	6673	Reisekosten Unternehmer Fahrtkosten
174	4890	1730	3610	Kreditkartenabrechnung

Finanzamt
Außenstelle

Finanzamt Postfach

Firma
mann GmbH & Co. KG

Länderschlüssel:	
Finanzamtsnummer:	
Steuernummer:	
Sicherheitsnummer:	

Bitte bei Antwort angeben ☎0

Identifikationsnummer	Unser Aktenzeichen	Durchwahl:	Bearbeiter(in):	Zimmer	Datum
					10.09.2010

Freistellungsbescheinigung zum Steuerabzug bei Bauleistungen gemäß § 48 b Abs. 1 Satz 1 des Einkommensteuergesetzes (EStG)

Name, Anschrift	**Firma mann GmbH & Co. KG,**
Rechtsform	Personengesellschaft

wird hiermit bescheinigt, dass der Empfänger der Bauleistung (Leistungsempfänger) von der Pflicht zum Steuerabzug nach § 48 Abs. 1 EStG befreit ist.

Diese Bescheinigung gilt **vom 10.09.2010 bis zum 09.09.2011**

Wichtiger Hinweis:
Diese Bescheinigung ist dem Leistungsempfänger im Original auszuhändigen, wenn sie für bestimmte Bauleistungen gilt. Ist die Bescheinigung für einen Zeitraum gültig, kann auch eine Kopie ausgehändigt werden. Das Original ist mit Dienstsiegel, Unterschrift und Sicherheits-Nummer versehen.
Der Leistungsempfänger hat die Möglichkeit, sich durch eine Prüfung der Gültigkeit der Freistellungsbescheinigung über ein eventuelles Haftungsrisiko Gewissheit zu verschaffen. Diese Prüfung kann durch eine Internetabfrage beim Bundeszentralamt für Steuern (www.bzst.de) erfolgen. Dazu werden die Daten beim Bundeszentralamt für Steuern gespeichert und bei einer Internetabfrage den Leistungsempfängern bekannt gegeben. Bestätigt das Bundeszentralamt für Steuern die Gültigkeit nicht oder kann der Leistungsempfänger eine Internetabfrage nicht durchführen, kann er sich durch eine Nachfrage bei dem auf der Freistellungsbescheinigung angegebenen Finanzamt Gewissheit verschaffen. Das Unterlassen einer Internetabfrage beim Bundeszentralamt für Steuern oder einer Nachfrage beim Finanzamt begründet **für sich allein** keine zur Haftung führende grobe Fahrlässigkeit.
Die Befreiung von der Pflicht zum Steuerabzug gilt für Zahlungen, die innerhalb des o.g. Gültigkeitszeitraumes und/ oder für die o.g. Bauleistungen geleistet werden. Die Aufrechnung (Verrechnung) des Leistungsempfängers mit Gegenansprüchen gegenüber dem Leistenden steht einer Zahlung gleich.

Der Widerruf dieser Bescheinigung bleibt vorbehalten.

Mit freundlichen Grüßen

Höh

Dienstgebäude

Öffnungszeiten
Mo., Di. + Do. von 07.30 – 15.30 Uhr
Mittwoch von 07.30 – 18.00 Uhr
Freitag von 07.30 – 12.00 Uhr
im übrigen nach besonderer Vereinbarung

Telefax

Bankverbindung

Konto-Nr.
Bankleitzahl

Bauabzugssteuer

- Empfänger von Bauleistungen (ab 5.000 bzw. 15.000 EUR) sind verpflichtet, 15 % des Rechnungsbetrags einzubehalten und an das Finanzamt abzuführen (Bauabzugssteuer nach § 48 EStG).
- Der Steuerabzug muss nicht vorgenommen werden, wenn der Leistende dem Leistungsempfänger eine im Zeitpunkt der Gegenleistung gültige Freistellungsbescheinigung vorlegt.
- Der Abzugsbetrag ist bis zum 10. Tag nach Ablauf des Monats, in dem die Zahlung geleistet wurde, an das Finanzamt des „Bauunternehmers" anzumelden und abzuführen. Dort wird sie mit den Steuerschulden des Bauunternehmers verrechnet.

Beleg buchen

Beispiel

Bauunternehmer Hamann GmbH & Co KG erstellt Ende 2012 nachfolgende Rechnung (nicht abgebildet):

Nettobetrag:	100.000 EUR
zzgl. 19 % Umsatzsteuer:	19.000 EUR
Rechnungsbetrag:	119.000 EUR

Die Firma kann nur die abgebildete, bis zum 9.9.2011 befristete Freistellungsbescheinigung vorlegen. Nach Rücksprache mit dessen Finanzamt überweist der Leistungsempfänger an den Bauunternehmer lediglich 101.150 EUR (119.000 EUR abzgl. 15 % = 17.850 EUR) und meldet die Bauabzugssteuer bis zum 10. des Folgemonats an.

Geschäftsbauten im Bau	100.000 EUR	
Vorsteuer	19.000 EUR	
an Bank		101.150 EUR
an Verbindlichkeit aus Bauabzugssteuer		17.850 EUR

Das richtige Konto

BGA (GHK)	IKR	SKR03	SKR04	Kontenbezeichnung
36	95	180	710	Geschäfts-, Fabrik- u. and. Bauten im Bau
1919	4839	1749	3726	Verbindl. an FA abzuführender Bauabzug
1116	2633	1543	1456	Forderg. an FA aus abgeführtem Bauabzug

BGE
Berufsgenossenschaft
für den ....

BG für den Einzelhandel - 53 102 Bonn

Bezirksverwaltung Bonn
Mitglieder- und Beitragsabteilung

Firma
Horst Starke
Wiesengasse 3
55586 Neustadt

Telefon: (0228) ....
Telefax: (0228) ....
E-Mail: ....bonn@.....de
Datum: 12.06.....

Beitragsbescheid für 20

gem § 168 Abs. 1 Sozialgesetzbuch - Gesetzliche Unfallversicherung - (SGB VII)

Sehr geehrte Unternehmerin, sehr geehrter Unternehmer,
wir haben den Beitrag für Ihr Unternehmen gemäß den umseitig genannten Vorschriften wie folgt berechnet:

I. Beitrag zur Berufsgenossenschaft							
	Unternehmer Versicherungssumme	Ehegatte Versicherungssumme	Arbeitnehmer Arbeitsentgelt	Gefahrklasse	Beitragseinheiten	Beitragsfuß	Beitrag EUR
	a	b	c	d	e=(a+b+c)xd	f	g=(e x f):1000
Pflicht-Versicheru	22.080	6.850	61.526	3,9	352.778	3,43	1.210,03
Zusatz-Versicheru							
Freiwillige Versicheru							
II. Fremdbeiträge			Diese Beiträge sind von der Berufsgenossenschaft aufgrund gesetzlicher Vorschriften mit einzufordern und an Dritte abzuführen				
Ausgleichslast			Arbeitsentgelt wie I.c. abzüglich Freibetrag von 110.000 EUR				
Insolvenz für die Bundesanstalt für Arbeit			Arbeitsentgelt wie I.c.		61.526	2,34	143,97
Die Beitragsforderung für 20 wird festgesetzt auf							1.354,00
Bitte zahlen Sie (möglichst keine Schecks verwenden)							1.354,00

Der festgesetzte Betrag wird am **15. des nächstens Monats** fällig. Überweisen Sie den Beitrag bitte so frühzeitig, dass er bis zum Fälligskeitstag unserem Bankkonto gutgeschrieben wird. Dies gilt auch, wenn Sie Rückfragen haben oder Widerspruch einlegen.
Bitte benutzen Sie den beigefügten Überweisungsträger. Sie erleichtern uns die Arbeit und helfen uns, Kosten zu sparen. Sie können das Formular bei allen Banken, Sparkassen und der Post, auch für Bareinzahlungen, verwenden.
Sollte die Zahlung nicht bis zum **Fälligkeitstag unserem Bankkonto gutgeschrieben sein**, ist nach § 24 Sozialgesetzbuch - Gemeinsame Vorschriften - (SGB IV) in Verbindung mit § 31 unserer Satzung ein Säumniszuschlag zu zahlen. Er beträgt für jeden angefangenen Monat der Säumnis (SGB IV) 1 v.H. des Rückstandes.
Außerdem haben Sie die Möglichkeit, am **Lastschriftverfahren** teilzunehmen. Falls Sie hiervon Gebrauch machen wollen, füllen Sie bitte, falls noch nicht geschehen, die beigefügte Einzugsermächtigung aus und senden diese so rechtzeitig zurück, dass sie **spätestens 10 Tage vor Fälligkeit bei der Berufsgenossenschaft vorliegt.**

Mit freundliche Grüßen
Berufsgenossenschaft für den Einzelhandel

Berufsgenossenschaften (Beiträge)

- Beiträge an Berufsverbände sind abziehbare Betriebsausgaben, wenn die Mitgliedschaft in dem Verband beruflich veranlasst ist (z. B. IHK, Handwerkskammer).
- Beiträge zu Berufsgenossenschaften zählen hingegen zu den sozialen Abgaben.
- Aus den Beiträgen ist kein Vorsteuerabzug möglich.

Tipp:

Beiträge zur Berufsgenossenschaft werden nur ausnahmsweise im Voraus erhoben. Bilden Sie in diesem Fall in der Bilanz eine sonstige Rückstellung.

Beleg buchen

Auf Basis der gemeldeten Arbeitsstunden und der Gefahrenklasse wird der Berufsgenossenschaftsbeitrag in Euro festgesetzt. Beispiel

Berufsgenossenschaftsbeiträge	1.354,00 EUR	
an Bank		1.354,00 EUR

Das richtige Konto

BGA (GHK)	IKR	SKR03	SKR04	Kontenbezeichnung (SKR04)
427	692	4380	6420	Beiträge
4041	642	4138	6120	Beiträge zur Berufsgenossenschaft
428	6921	4390	6430	Sonstige Abgaben

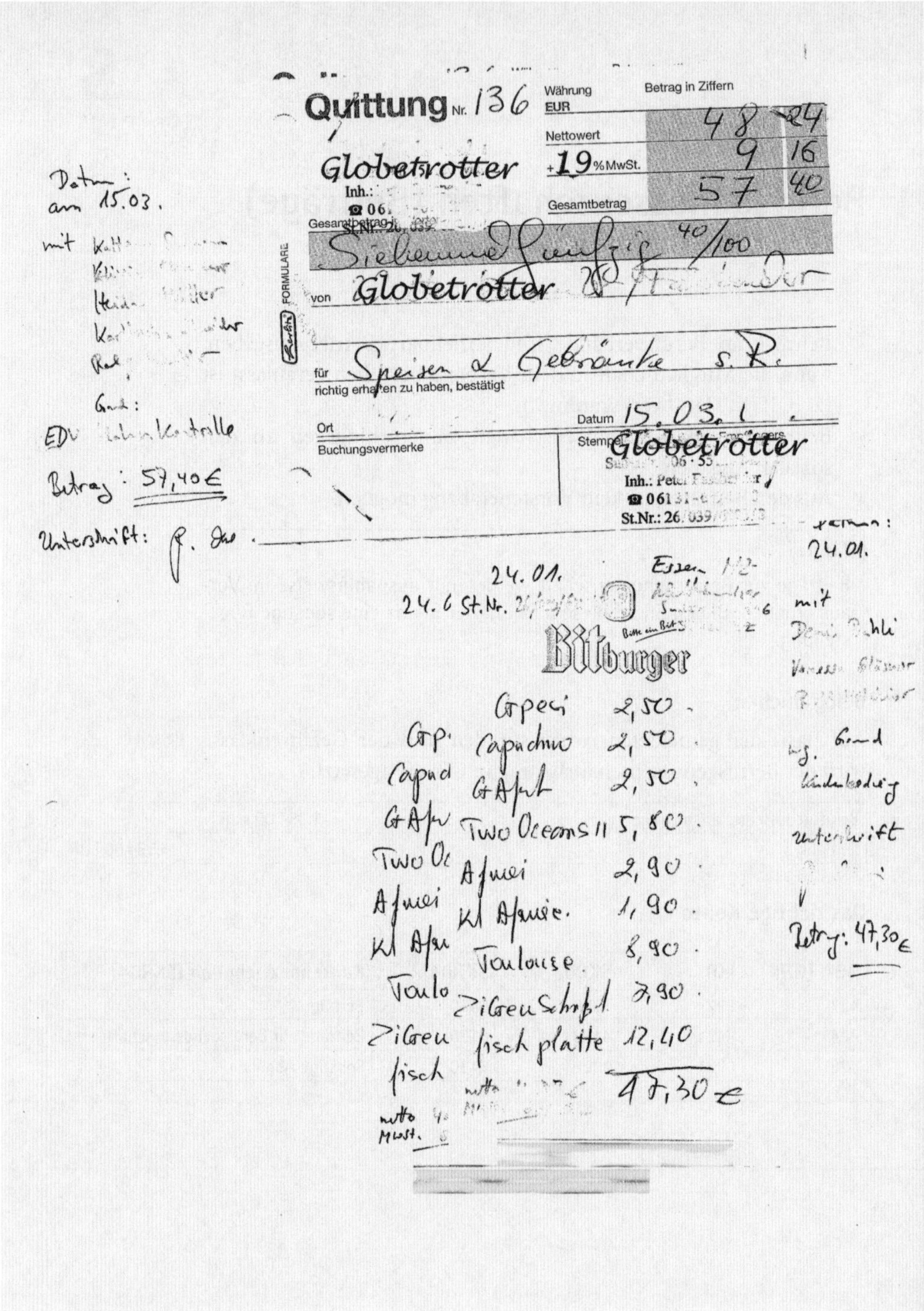

Quittung Nr. 136

Währung EUR

Betrag in Ziffern

Nettowert 48,24

+19 % MwSt. 9,16

Gesamtbetrag 57,40

Gesamtbetrag in Worten: Siebenundfünfzig 40/100

von Globetrotter

für Speisen & Getränke s. R.

richtig erhalten zu haben, bestätigt

Ort

Datum 15.03.

Buchungsvermerke

Stempel/Unterschrift des Empfängers

Globetrotter

Inh.: Peter

St.Nr.: 26

Datum: am 15.03.

mit

Grund:

EDV

Betrag: 57,40 €

Unterschrift:

24.01.

Essen

Bitburger

Gr.pesi	2,50
Capuchino	2,50
G Apfel	2,50
Two Oceans 11	5,80
Apfel	2,90
Kl Apfel	1,90
Toulouse	8,90
Zigeuner Schnitzel	7,90
fisch platte	12,40
	47,30 €

netto

MwSt.

Datum: 24.01.

mit

Grund

Kinderkochkurs

Unterschrift

Betrag: 47,30 €

Bewirtung von Mitarbeitern

- Sachleistungen des Arbeitgebers, die auch im gesellschaftlichen Verkehr üblicherweise ausgetauscht werden und zu keiner ins Gewicht fallenden Bereicherung der Arbeitnehmer führen, gehören als bloße Aufmerksamkeiten nicht zum Arbeitslohn.
- Als Aufmerksamkeiten gehören auch Getränke und Genussmittel, die der Arbeitgeber den Arbeitnehmern zum Verzehr im Betrieb unentgeltlich oder teilentgeltlich überlässt, nicht zum Arbeitslohn. Dasselbe gilt für Speisen, die der Arbeitgeber den Arbeitnehmern anlässlich und während eines außergewöhnlichen Arbeitseinsatzes überlässt und deren Wert 44 EUR nicht überschreitet.[10]
- Die Bewirtung eigener Arbeitnehmer durch den Arbeitgeber außerhalb von herkömmlichen Betriebsveranstaltungen führt in der Regel zu einem Zufluss von Arbeitslohn. Bei einem außergewöhnlichen Arbeitseinsatz kann ausnahmsweise der Belohnungscharakter verneint werden, wenn die unentgeltliche Überlassung des Essens für den Arbeitgeber von erheblicher Wichtigkeit ist.[11]

Beleg buchen

Die Arbeitsbesprechung zu den aktuellen organisatorischen Problemen mit dem Mahnwesen findet in der Gaststätte *Globetrotter* statt. Beispiel

Achtung:

Der Inhaber der Gaststätte *Globetrotter* kann offensichtlich keine maschinelle Rechnung erstellen. Bei einer Bewirtung von Geschäftsfreunden wäre deshalb der Betriebsausgabenabzug gefährdet.

Freiwillige Soziale Aufwendung lohnsteuerfrei	57,40 EUR	
an Kasse		57,40 EUR

Das richtige Konto

BGA (GHK)	IKR	SKR03	SKR04	Kontenbezeichnung (SKR04)
405	6410	4140	6130	Freiw. soziale Aufwendung, LSt.-frei

[10] Vgl. R 73 Lohnsteuerrichtlinien.
[11] BFH, Urteil vom 04.08.1994 – VI R 61/92.

[redacted]
Tel.: 061[redacted]
St.Nr.5[redacted]

RESTAURANT DELPHI
GRIECHISCHE SPEZIALITÄTEN
mit Biergarten

Öffnungszeiten:
11.30-14.30 Uhr, 18.00-0.30 Uhr
Samstag von 18.00-0.30 Uhr

RECHNUNG

*** Rechnung 9**
Tisch # 5

1 Kalbsnieren	17,50
3 Flensburger 0.33	7,80
2 Medoc 0.2	7,00
1 DIVERSES	13,50
1 DIVERSES	17,50
1 DIVERSES	8,50
9 Total	71,80
Netto MWST 19%	60,33
MWST 19%	11,44
BAR	**71,80**

Mon 14-11-2 23:52:17
#0062 L0001 Bediener 2

Vielen Dank
für Ihren Besuch

Tischreservierung erbeten.
Alle Speisen auch zum Mitnehmen.
Ab 15 € Lieferung frei Haus.
Vielen Dank für Ihren Besuch!

Kein Ruhetag,
durchgehend
warme Küche

Angaben
zum Nachweis der Höhe und
der betr. Veranlassung von
Bewirtungsaufwenmdungen
(§ 4 Abs. 5 Ziff. 2 EStG)

Tag und Ort der Bewirtung:

Bewirtete Person(en):
[redacted]

Anlass der Bewirtung:
wg. Einkauf [illegible] [redacted]
[illegible]

Höhe der Aufwendungen
x bei Bewirtung in Gaststätte x i
lt. umseitiger / beigefüg Rechnung

71,80 €

Ort Datum Unterschrif
[redacted] 14.11. [redacted]

Rechnungsempfänger:
[redacted]

****

Angaben zum Nachweis der Höhe und der betrieblichen Veranlassung von Bewirtungsaufwendungen (§ 4 Abs. 5 Ziff. 2 EStG)

Tag der Bewirtung

Ort der Bewirtung

Bewirtete Person(en)

Höhe der Aufwendungen

☐ Bei Bewirtung in Gaststätte* lt. Umseitiger/beigefügter Rechnung .... €

☐ In anderen Fällen* .... €

*Zutreffendes bitte ankreuzen

Ort/Datum/Unterschrift

Bewirtungskosten

- Die angemessenen Aufwendungen für die Bewirtung von Geschäftsfreunden aus geschäftlichem Anlass sind nur dann abziehbar, wenn sie einzeln und getrennt von den sonstigen Betriebsausgaben zeitnah aufgezeichnet werden (§ 4 Abs. 7 EStG). Von den Bewirtungskosten sind 30 % nicht abzugsfähig. Nach einem Urteil des Bundesfinanzhofs können Sie gleichwohl in voller Höhe Vorsteuer abziehen.[12]
- Hat die Bewirtung in einer Gaststätte stattgefunden, genügen Angaben zum Anlass und zu den Teilnehmern der Bewirtung. Es muss sich um eine maschinell erstellte Rechnung handeln, auf der Bewirtungsleistungen nach Art, Umfang, Entgelt und Tag der Bewirtung in der Rechnung gesondert bezeichnet werden. Die Angabe „Speisen und Getränke" reicht nicht aus. Die Rechnung muss den Namen der Gaststätte und des Gastgebers enthalten, das Nettoentgelt und die ausgewiesene Umsatzsteuer, die Rechnungsnummer und die Steuernummer des Gastwirts. Dies gilt nicht bei Kleinbetragsrechnungen bis 150 EUR (bis 2006: 100 EUR).

Achtung:
Als zeitnahe Erfassung wird der Zeitraum von 10 Tagen gesehen. Bereits im Urteil vom 19.08.1980 hat der Bundesfinanzhof eine monatliche Aufgliederung schon als nicht mehr ausreichend angesehen.

Beleg buchen

Bewirtung der Geschäftsfreunde im Restaurant *Delphi*. Beispiel

Bewirtungskosten Nicht abzugsfähige Bewirtungskosten Vorsteuer	42,33 EUR 18,00 EUR 11,47 EUR	
an Kasse		71,80 EUR

Das richtige Konto

BGA (GHK)	IKR	SKR03	SKR04	Kontenbezeichnung (SKR04)
		4650	6640	Bewirtungskosten
2082	6868	4654	6644	Nicht abzugsfähige Bewirtungskosten

[12] BFH, Urteil vom 10.02.2005, Az. V R 76/03.

Buchführungsbüro Pro-Account

Steuerfachgehilfin Erika Sommer
62631 Oppenheim, Daimlerstr. 3 Postfach 1301
info@pro-account.de

Pro-Account 62631 Oppenheim Postfach 1301

Firma
Horst Starke
Wiesengasse 3
55586 Neustadt

Seite:	1 von 1
Kd.b.Lief.:	
Kundennr.:	12370
Bearbeiter:	
Bestellnr:	
Ust.Id.Nr.:	
ProjektNr.:	
Steuernr.:	
Lieferdatum:	05.10.20
Datum:	02.12.20

Rechnung Nr. 2200515

Vielen Dank für Ihren Auftrag !

Pos	Menge		Artikel-Nr.	Text	Einzelpreis	Rabatt	Gesamtpreis
1	2,00		1023	Kontierung lfd. Monatsbuchhaltung September, Oktober 20	100,00		200,00
6	13,00		1055	Lohnabrechnung September 20 13 AN	6,90		89,70
8	18,00		1055	Lohnabrechnung Oktober 20 18 AN	6,90		124,20
7	5,00		1060	Einrichtung Lohnkonten	11,50		57,50
Gesamt Netto							471,40
zzgl. 19,00 % USt. auf						471,40	89,57
Gesamtbetrag							€ 560,97

Vielen Dank für Ihren Auftrag !

Buchführungskosten

- Die Kosten für die Buchführung durch selbstständige Buchhalter oder Steuerberater sind als Betriebsausgabe abziehbar.
- Buchführungskosten für den Monat Dezember bzw. das 4. Quartal gehören wirtschaftlich in das abgelaufene Jahr und sind als Verbindlichkeiten zu bilanzieren. Die Vorsteuer kann jedoch nicht im alten Jahr abgezogen werden, weil die Buchführungsarbeiten frühestens im Januar des Folgejahres ausgeführt und abgerechnet werden können.

Beleg buchen

Die Rechnung für die Finanz- und Lohnbuchführung September und Oktober in Höhe von 560,97 EUR werden überwiesen: Beispiel

Buchführungskosten	471,40 EUR	
Vorsteuer	89,57 EUR	
an Bank		560,97 EUR

Das richtige Konto

BGA (GHK)	IKR	SKR03	SKR04	Kontenbezeichnung (SKR04)
484	677	4950	6825	Rechts- und Beratungskosten
4845	6771	4957	6827	Abschluss- und Prüfungskosten
4846	6176	4955	6830	Buchführungskosten

βETA

Computer & Bürobedarf
Top in Preis und Leistung!

unsere Bestellhotline : 065
unsere Faxnummer : 06

Rechnung

Firma
Horst Starke
Wiesengasse 3
55586 Neustadt

	Seite 1
Rechnungsnummer	10
Rechnungsdatum	18.05.20
Kundennummer	100

Sachbearbeiter	Susanne
Durchwahl	DW:-30 (FAX 8
Versandart	Standard
Versandtarif	Internet
UST-ID-Nr.	
Reklamationshotline	06
Fibu - Hotline	06
Zahlungsart	Bankeinzug
e-Mail	

Ihre Internetbestellung

Pos.	Artikel-Nr.	Artikelbezeichnung	Menge	Preis	Rab% 1 / Rab% 2	Gesamt/EUR
		SAMMELBELEG -> WA-Aufträge Übernahme von Auftrag Nr. 24086759 / 18.05.20				
1	1400471	Papier A4 80g weiß ECONOMY - 5.000 Blatt Packung, Testpreis: Gilt nur 1x je Kunde - Mehrmengen werden zu den aktuellen Staffelpreisen berechnet. Bitte beachten: Bei diesem Papier kaufen wir für Sie immer günstigst zu einer guten Qualität ein. Daher können die Sorten von Lieferung zu Lieferung variieren. - Qualitätspapier im Economy-Bereich mit ansprechender Weiße und ordentlicher Stabilität - mit guten Abbildungs- und Laufeigenschaften auf allen modernen Bürogeräten, auf Hochleistungskopierern inkl. Sorter, Heftung und Falzung - dank seiner universellen Eigenschaften immer dann eine gute Wahl, wenn ökonomische Aspekte absolut im Vordergrund stehen	1	14,90 PE : 5000	2,00	14,60
2	1399905	Canon PIXMA iP 4200 Tinte schwarz (0620b001/CLI-8BK) ...... ohne Umkarton... Canon / PIXMA:MP 800-iP 4200-IP 5200-iP 6600-; - Kapazität: bis zu 450 Seiten bei 5 Prozent Seitendeckung A4	1	7,80	2,00	7,64

* Lieferdatum : 19.05.20

Warenwert	Fracht/Porto	MMZ	Nachnahme	Versicherung
72,68	2,49			
Nettoentgelt	**MwSt 19%**		**Gesamt MwSt**	**Rechnungsbetrag/EUR**
75,17	***14,28***		***14,28***	***89,45***

Zahlungsbedingung
25.05.200 Netto / 89,45 EUR

Bankverbindung
Bankleitzahl
Kontonummer

Der Betrag wird innerhalb von 7 Tagen abgebucht. 2% Bankeinzugsrabatt sind bereits im Feld 'Rab% 2' berücksichtigt.

Gerichtsstand für beide Seiten ist r. Es gilt erweiterter Eigentumsvorbehalt. Steuernummer : 11 UST-ID : DE 8

zbank BLZ 5 Kto. 3 Eingetragen beim AG

Es gelten ausschl. unsere Ihnen bekannten Allgemeinen Verkauf- und Lieferbedingungen. Diese sind unter www. .de abrufbar.

Bürobedarf

Unter Bürobedarf versteht man alle Wirtschaftsgüter, die Verbrauchsmaterial darstellen und deren Anschaffungskosten weniger als 150 EUR/Stück betragen.
Dazu zählen z. B. Aufwendungen für

- allgemeines Papier und Briefpapier,
- Schreibgeräte und Minen,
- Mappen und Ordner,
- Mülleimer,
- Post-it-Blöcke,
- Radiergummis, Tesa, Klebestifte etc.

Diese Aufwendungen werden unter „Bürobedarf" gebucht.

Tipp:

Achten Sie darauf, dass die gekauften Büroartikel vollständig ausgezeichnet sind, damit sich der Steuersatz eindeutig bestimmen lässt.

Beleg buchen

Die Firma *Beta* liefert Druckertoner und Briefkuverts. Beispiel

Bürobedarf	75,17 EUR	
Vorsteuer	14,28 EUR	
an Bank		89,45 EUR

Das richtige Konto

BGA (GHK)	IKR	SKR03	SKR04	Kontenbezeichnung (SKR04)
481	6800	4930	6815	Bürobedarf

Tel. (04
Fax (04

Firma Elektro Zapp
Inh. Erwin Zapp
Daimlerstr. 3

46464 Neustadt

Ihre Bestell-Daten:
Auftr.-Nr. ▶ 08/15
vom ▶ 14/02/20

RECHNUNG

Seite 1

Bei Zahlung bitte angeben

Kunden-Nr. ▶ 123456 | **Rechnungs-Nr.** ▶ 7894512 | **Tag** ▶ 14/02/20

Wir lieferten Ihnen und berechnen wie folgt:

Best.-Nr.	Bezeichnung	Farbe	Anzahl	Preis per 100		Preis ges.
D-020	Drahtbindemaschine eco II	weiß	1			599,00
	12 Monate Garantie					
	Birkenbihl "27 Erfolge"	we/r	1	kostenlos		
			1	kostenlos		
	Das Rechnungsdatum entspricht dem Lieferdatum					
***	Vielen Dank für Ihren Auftrag – und empfehlen Sie uns bitte weiter. ***					

▶ Die gelieferte Ware bleibt bis zur vollständigen Bezahlung unser Eigentum.

▶ Zahlung innerhalb 8 Tagen abzüglich 2% Skonto oder innerhalb 30 Tagen netto ohne Abzug.

▶ Unsere UST ID-NR. DE 116

Netto-Warenwert	599,00
Versandspesen einschl. Versicherung	0,00
netto EUR	599,00
zzgl. **19%** Mwst.	113,81
gesamt EUR	712,81

-/. 2 %
698,55

tan 753808

Anschrift | Handelsregister | Telefon | Telefax | Postbank | Bank

Büromaschinen

- Büromaschinen unter 150 EUR sind den „Werkzeugen und Kleingeräten“ zuzuordnen.
- Büromaschinen wie Kopierer, Faxgeräte, Bindemaschine als selbstständig nutzungsfähige Geräte sind bei Anschaffungskosten unter 1.000 EUR als Geringwertige Wirtschaftsgüter (GWG) in einen Sammelposten einzustellen, ansonsten als „Sonstige Betriebs- und Geschäftsausstattung“ zu aktivieren.
- Für Geringwertige Wirtschaftsgüter gilt seit 01.01.2010 wieder die Anschaffungswertgrenze von 410 EUR. Sind die Wirtschaftsgüter teurer, müssen sie zusammen mit sämtlichen GWG des Kalenderjahres in einen Sammelposten eingestellt oder aktiviert werden.
- Nicht selbstständig nutzungsfähige Bürogeräte, wie z. B. Drucker und Computermonitore, sind selbst bei Anschaffungskosten unter 1.000 EUR nicht als GWG zu behandeln. Sie sind über die betriebsgewöhnliche Nutzungsdauer von drei Jahren abzuschreiben.

Beleg buchen

Beispiel

Die Drahtbindemaschine kostet 599 EUR. Bei Zahlung innerhalb von 8 Tagen kann jedoch 2 % Skonto abgezogen werden, also wird unmittelbar der skontierte Rechnungsbetrag von 698,55 EUR überwiesen.

GWG Sammelkosten	587,02 EUR	
Vorsteuer	111,53 EUR	
an Bank		698,55 EUR

Das richtige Konto

BGA (GHK)	IKR	SKR03	SKR04	Kontenbezeichnung (SKR04)
033	087	0490	0690	Sonstige Betriebs- und Geschäftsausstattung
037	089	0480	0670	GWG bis 410 EUR
037	089	0485	0675	GWG Sammelposten
472	603	4985	6845	Werkzeuge und Kleingeräte

FirmenService

Lieferadresse
Firma
Horst Starke
Wiesengasse 3
55586 Neustadt

Rechnungsanschrift
Firma
Horst Starke
Wiesengasse 3
55586 Neustadt

Rechnung Nr.

Order Nr. 07 -1

Datum 25.02.2

Kunden Nr:

Katja Lenz (Firmenservice

A Service Tel: 0(

Ihre Lieferung 25.02.2

M	Anz.	Beschreibung	Art.Nr.	Preis	Gesamt
	2	101-00 0		2.500,00	5.000,00
	1	E 60 SCHW	3486	4.520,00	4.520,00
	2	EE	74	190,00	380,00
	10	E BU	848	200,00	2.000,00

Warenwert gesamt	11.900,00
Gesamtbetr.d. Rechnung Waren u. Service total	11.900,00
MwSt. 19%: EUR 1.900,00 Netto total	10.000,00
Mit Firmen Konto Nr: 11290 werden verrechnet	11.900,00

Liebe -Kundin, lieber Kunde,
hiermit bestätigen wir Ihre Bestellung.

Die Anlieferung erfolgt tagsüber ab 7.00 Uhr.

Ihr

d Ver &Co. Nio ren.
Sitz Jos idelberg. B 6

Büromöbel

- Nach der amtlichen AfA-Tabelle beträgt die betriebsgewöhnliche Nutzungsdauer von Büromöbeln 13 Jahre.
- Selbstständig nutzungsfähige Büromöbel zwischen 150 EUR und 1.000 EUR Anschaffungskosten sind als Geringwertige Wirtschaftsgüter (GWG) in einen Sammelposten einzustellen.
- Für Geringwertige Wirtschaftsgüter gilt seit 01.01.2010 wieder die Anschaffungswertgrenze von 410 EUR. Sind die Büromöbel teurer, müssen sie zusammen mit sämtlichen GWG des Kalenderjahres in einen Sammelposten eingestellt oder aktiviert werden.
- Etwas anderes gilt z. B. für Stahlregalteile, die Sie neu kombinieren könnten. Ausschlaggebend ist der Wert des zusammenhängenden Regals am Jahresende.

Beleg buchen

Beispiel

Bei den Büromöbeln sind neben den Schränken auch die Schreibtischkombinationen und Regalteile anzusetzen. Die Stühle und Beistelltische sind als GWG zu erfassen.

GWG	2.000,00 EUR	
Büroeinrichtung	8.000,00 EUR	
Vorsteuer	1.900,00 EUR	
an Bank		11.900,00 EUR

Das richtige Konto

BGA (GHK)	IKR	SKR03	SKR04	Kontenbezeichnung (SKR04)
0332	087	0420	0650	Büroeinrichtung
037	089	0480	0670	GWG bis 410 EUR
037	089	0485	0675	GWG-Sammelposten

LANDRATSAMT BUSSGELDST.
FAX
TEL.: (APP. SIEHE BEI SACHBEARB.)

Buchungs-/Aktenzeichen
Bitte stets angeben

LANDRATSAMT
Herrn, Frau, Firma

Horst Starke
Wiesengasse 3
55586 Neustadt

Schriftliche Verwarnung mit Verwarnungsgeld/Anhörung

RÜCKSENDUNG
INNERHALB EINER WOCHE ERBETEN
AN:

Sehr geehrte Dame, sehr geehrter Herr,

Ihnen wird zur Last gelegt, am , um Uhr in

als Führer/in des PKW,
folgende Ordnungswidrigkeit(en) nach § 24 StVG begangen zu haben:

Sie überschritten die zulässige Höchstgeschwindigkeit innerhalb geschlossener Ortschaften um 6 km/h.
Zulässige Geschwindigkeit: 30 km/h;
Festgestellte Geschwindigkeit (abzgl. Toleranz): 36 km/h.
§ 41 Abs. 2, § 49 StVO; § 24 StVG; 11.3.1 BKat

GESCHWINDIGKEITSMESSUNG/LICHTBILD

Hinweis: wenn Sie sich nicht äußern wollen, kann das Foto mit Ihrem im Pass-/oder Personalausweisregister hinterlegten Foto verglichen werden.

Beweismittel: Foto
FILM:

Zeuge/
Anzeigeerstatter:

Verwarnungsgeld	15,00 €

Wurde die Zahlung für obiges Aktenzeichen bereits geleistet, ist dieses Schreiben gegenstandslos.

Zahlbar innerhalb einer Woche nach Zugang. Verspäteter oder unvollständiger Zahlungseingang kann einen Bußgeldbescheid mit zusätzlichen Verfahrenskosten zur Folge haben.

Mit freundlichen Grüßen

Hinweis:
Keine Eintragung in das Verkehrszentralregister.

bitte wenden ➡

Bußgelder

- Für Bußgelder besteht ein steuerliches Abzugsverbot (§ 4 Abs. 5 Satz 1 Nr. 8 Satz 1 EStG).
- Übernimmt ein Arbeitgeber die Zahlung von Verwarnungsgeldern (oder sogar Geldstrafen), die einem Arbeitnehmer aus unterschiedlichsten Gründen auferlegt werden, handelt es sich um Arbeitslohn. Dies gilt z. B. auch für Geschwindigkeitsübertretungen auf Weisung des Arbeitgebers durch angestellte Taxifahrer oder für das Überladen eines Lkw, das Überschreiten von Lenkzeiten etc.
- Die Übernahme von Verwarnungsgeldern durch den Arbeitgeber kann ausnahmsweise nicht zu einem Arbeitslohn führen, wenn sie im eigenbetrieblichen Interesse des Arbeitgebers liegt.[13] In diesem Sonderfall musste ein Paketzusteller Nachteile betroffener Fahrer ausgleichen, die in Städten ohne Ausnahmegenehmigungen für das Halten in Verbotszonen auslieferten.

Beleg buchen

Die Geschwindigkeitsüberschreitung Ihres Mitarbeiters von 6 km/h innerorts auf dem Weg zur Post kurz vor Schalterschluss wird mit 15 EUR geahndet. Im eigenen Interesse übernehmen Sie das Bußgeld, müssen aber die Geldbuße als zusätzlichen Sachbezug ansetzen. Beispiel

Gehalt Nicht abzugsfähige Betriebsausgaben	15,00 EUR 15,00 EUR	
an Bank an verrechnete Sachbezüge		15,00 EUR 15,00 EUR

Das richtige Konto

BGA (GHK)	IKR	SKR03	SKR04	Kontenbezeichnung
2082	6868	4645	6645	Nicht abzugsfähige Betriebsausgaben
40	62	4100	6000	Löhne und Gehälter
279	5190	8590	4940	Verrechnete sonstige Sachbezüge

[13] BFH, Urteil vom 07.07.2004, VI R 29/00.

Ges. für Computernetze und Systemlösungen mbH

Firma
Horst Starke
Wiesengasse 3

55586 Neustadt

Zentrale
D
6 eim
Tel.
Fax 06

B
Im
69
Tel. 0
Fax 0

http://www.gr
e-Mail: info@g

Geschäftsführer
Dipl-Informati

H
Ust ID-Nr. D

Bankverbindungen

Kto. 0

Volk
Kt

Rechnung Nr. 2

Rechnungsdatum=Lieferdatum

Kunden-Nr. Unser Zeichen den 22.04

Wir danken für Ihre Bestellung und berechnen wie folgt :

Pos.	Menge	Bezeichnung	Einzel-Pr.	Gesamt EUR
1	1,00 Stk.	Siemens L /P-III-1GHz/20GB/256MB/CD-Rom/ Windows 2000 Liz., Restgarantie 6 Mon.	269,00	269,00
2	1,00 Stk.	AVM FRITZ!Card, 32 Bit PCI, passiv inkl. Kommunikationssoftware f. Windows	69,00	69,00
3	1,00 Std.	Installation von Windows 2000 sowie Einrichtung als HAP1 - pauschal	120,00	120,00
4	1,00 Stk.	Fahrtkostenpauschale bis 30 km Anfahrt	30,00	30,00

Betrag netto	EUR	488 , 00
MwSt 19,0%	EUR	92 , 72
Endbetrag	EUR	580 , 72

Zahlungsziel : 8 Tage rein netto
bis 30.04.2 EUR

Überw. 03.05.0
Je

Lieferung ausschließlich zu unseren allg. Geschäftsbedingungen, die unter www agb eingesehen oder bei uns angefordert werden können.

25. April 20 GS i.O.

Computer (Anschaffungskosten)

- Zu den Anschaffungskosten von Computern gehören neben dem Anschaffungspreis auch die einzelnen zurechenbaren Anschaffungsnebenkosten und die nachträglichen Anschaffungskosten.
- Nachträgliche Anschaffungskosten entstehen im Rahmen von Umbauten oder Erweiterungen der Anlage. Dabei kann die Abgrenzung zu Erhaltungsaufwand und Instandsetzung schwierig sein. Als Indiz für nachträgliche Anschaffungskosten dient die Erweiterung der Anlage in zeitlicher Nähe zur Anschaffung, ohne dass ihre Wesensart verändert wird.
- Computerzubehör, wie z. B. Maus, Drucker, Tastatur, Monitor, Scanner, können nicht selbstständig genutzt werden. Daher kommt die Einordnung als geringwertiges Wirtschaftsgut – auch wenn die Anschaffungskosten des einzelnen Gegenstandes zwischen 150 EUR und 1.000 EUR (netto) liegen sollten – im Regelfall nicht infrage.

Tipp

Beim nachträglichen Austausch von Computerteilen und bei Aufrüstung bzw. Anpassung an den technischen Fortschritt handelt es sich um Reparatur- und Wartungsaufwand, den Sie als Betriebsausgabe direkt abziehen können.

Beleg buchen

Beispiel

Für einen gebrauchten PC betragen die Anschaffungskosten inklusive der Nebenkosten durch Installation und Lieferung 488 EUR.

Sonstige Betriebs- und Geschäftsausstattung Vorsteuer	488,00 EUR 92,72 EUR	
an Bank		580,72 EUR

Das richtige Konto

BGA (GHK)	IKR	SKR03	SKR04	Kontenbezeichnung (SKR04)
033	087	0490	0690	Sonstige Betriebs- und Geschäftsausstattung
037	089	0480	0670	GWG bis 410 EUR
037	089	0485	0675	GWG-Sammelposten
4831	6165	4806	6495	Wartungskosten für Hard- und Software

EXtrasoft GmbH

Firma Müller GmbH
zHd Geschäftsführer Friedrich Müller
Industriestraße 10

43598 Staade

Gebucht

15.09.20

R E C H N U N G

Nummer : 33 200

Seite : 1

Bezeichnung	Anzahl	Einzelpreis	Gesamt
19" ACER TFT Displav AL1511s geliefert mit nach	2	199,80	399,60

Leistung erbracht bzw. Lieferung erfolgte im Monat der Rechnungsstellung.
Zahlungsbedingungen:
Zahlbar ohne Abzug bis 29.09.20

Netto EUR	399,60
19 % Mwst	75,92
Gesamt EUR	475,52

Die Ware bleibt bis zur restlosen Bezahlung Eigentum des Lieferanten. Es gilt der erweiterte Eigentumsvorbehalt.

Anschrift:
2
D
Telefon:
Telefax:

Internet:
http://www. soft-gmbh.de
E-Mail:
Info@ bh.de
Ust.ID-
DE 8

Registergericht:
Amtsgericht
HRB
Geschäftsführer:

Bankverbindungen:
Sparkas
Konto
Konto

Computermonitore

- Büromaschinen unter 60 EUR sind den „Werkzeugen und Kleingeräten" zuzuordnen.
- Büromaschinen wie Kopierer, Faxgeräte, Bindemaschine als selbstständig nutzungsfähige Geräte zwischen 150 EUR und 1.000 EUR Anschaffungskosten sind als Geringwertige Wirtschaftsgüter (GWG) in einen Sammelposten einzustellen oder bis 410 EUR sofort abzuschreiben, ansonsten als „Sonstige Betriebs- und Geschäftsausstattung" zu aktivieren.
- Nicht selbstständig nutzungsfähige Bürogeräte, wie z. B. Drucker und Computermonitore, sind selbst bei Anschaffungskosten zwischen 150 EUR und 1.000 EUR nicht als GWG zu behandeln. Sie sind über die betriebsgewöhnliche Nutzungsdauer von drei Jahren abzuschreiben.

Tipp

Wenn Sie die Bildschirme älteren Computern im Anlagenverzeichnis zuordnen, lassen sie sich über den verkürzten Abschreibungszeitraum absetzen.

Beleg buchen

Beispiel

Die Flachbildschirme von Extrasoft kosten 399,60 EUR. Da sie nur zusammen mit einem Computer, aber nicht selbstständig nutzungsfähig sind, stellen sie keine GWG dar. Die Monitore sind einzeln zu aktivieren.

Sonstige Betriebs- und Geschäftsausstattung	399,60 EUR	
Vorsteuer	75,92 EUR	
an Bank		475,52 EUR

Das richtige Konto

BGA (GHK)	IKR	SKR03	SKR04	Kontenbezeichnung (SKR04)
033	087	0490	0690	Sonstige Betriebs- und Geschäftsausstattung
037	089	0480	0670	GWG bis 410 EUR
037	089	0485	0675	GWG-Sammelposten
472	603	4985	6845	Werkzeuge und Kleingeräte

Software & Consulting GmbH

Postfach 3
D - 8

D - 8

Telefon 0
Telefax 08
e-mail info@ de
www de

Firma
Horst Starke
Wiesengasse 3
55586 Neustadt

Rechnung RE-0

Ihre Kunden-Nr.: 6
Ihre Bestellung: fax
Ihr Bestelldatum: 06.04.20
Es betreut Sie: St **Durchwahl -44**

06.04.20
Rechnungsdatum=Lieferdatum

Pos	Art.-Nr.	Bezeichnung	Menge	EP	Gesamt
1		KalcStar 7.30 Hersteller: Originalartikelnr:	1	743,46 EUR	743,46 EUR

2057-1

Summe netto	743,46 EUR
+ Versand	12,00 EUR
Zwischensumme netto	755,46 EUR
+ Mwst.	143,54 EUR
Endbetrag	899,00 EUR

Zahlungsbedingung: Bankeinzug
wird abgebucht von

***** Achtung - Neue Versandkosten ab Lieferung - Achtung! *****
***** Stellen Sie jetzt um auf Bankeinzug! Versand erfolgt d *****

Dokument-Nr. Seite 1
Die Ware bleibt bis zur vollständigen Bezahlung unser Eigentum.

Sitz der Gesellschaft Geschäftsführer Dipl.-Ir USt.-Id-Nr. DE1 sparkasse
HRB Kt.-Nr BLZ 72 Kt.-Nr BLZ Kt.-Nr BLZ Kt.-Nr BLZ

Computerprogramme (Software)

- Computerprogramme sind immaterielle Wirtschaftsgüter. Die Anschaffungskosten sind über eine betriebsgewöhnliche Nutzungsdauer von drei Jahren[14] bis fünf Jahren[15] abzuschreiben.
- Computerprogramme unter 410 EUR Anschaffungskosten dürfen als so genannte Trivialsoftware wie Geringwertige Wirtschaftsgüter (GWG) sofort abgeschrieben werden.
- Software zwischen 150 EUR und 1.000 EUR wird regulär abgeschrieben. Denn die neuen Sammelposten für GWG sind nur für materielle Wirtschaftsgüter vorgeschrieben.
- Eine mit wirtschaftlicher Abnutzung begründete kürzere Nutzungsdauer kann nur dann zu Grunde gelegt werden, wenn das Wirtschaftsgut vor Ablauf der technischen Nutzbarkeit objektiv wirtschaftlich verbraucht ist.[16]

Beleg buchen

Das Artikelkalkulationsprogramm kostet brutto 899 EUR. Beispiel

Software Vorsteuer	755,46 EUR 143,54 EUR	
an Bank		899,00 EUR

Das richtige Konto

BGA (GHK)	IKR	SKR03	SKR04	Kontenbezeichnung
14	23	27	135	Software
4831	6165	4806	6495	Wartungskosten Hard- und Software
492	651	4822	6200	Abschreibung immaterieller VG
4929	655	4826	6210	Außerplanmäßige Abschreibung immaterieller VG

[14] Schmidt/Weber-Grellet EStG § 5 Rdn. 270.

[15] Niedersächsisches Finanzgericht, Urteil vom 16.01.2003, AZ: 10 K 82/99.

[16] FG Münster, Urteil vom 18.02.2005, Az. 11 K 5218/03 E,U.

LEXWARE

545

Lexware GmbH & Co. KG, Pf 112, D-79001 Freiburg

Firma
Horst Starke
Wiesengasse 3
55586 Neustadt

120003382

Rechnungsnummer:	R20
Kundennummer:	
Rechnungsdatum:	12.01.0
Fälligkeitsdatum:	11.02.0
Lieferdatum:	12.01.0
Seite:	1

Rechnung R200

Artikel	Beschreibung	Menge		VK-Preis	Rabatt	Betrag
8871-020-0400	Lexware faktura plus Update Version 15.2	1	Stück	167,23 EUR		167,23 EUR
	Versandkostenanteil	1		5,90 EUR		5,90 EUR

• 20514

Total		173,13 EUR
19%MWSt		32,89 EUR
Total	**inkl. MWSt**	206,02 EUR

Bitte nicht überweisen! Abbuchung über: Kto. , BLZ
Zahlungsbedingung **30 Tage rein netto**

Bankverbindung Sparkasse
BLZ
Konto

Unsere USt.-IdNr. DE

Computerprogramme (Updates)

- Computerprogramme sind immaterielle Wirtschaftsgüter. Die Anschaffungskosten sind über eine betriebsgewöhnliche Nutzungsdauer von drei Jahren[17] bis fünf Jahren abzuschreiben.[18]
- Updates behandeln Sie in der Regel als Instandhaltungsaufwand, den Sie sofort als Betriebsausgabe absetzen können. Nur wenn die Updates in sich selbstständig lauffähige Programme sind, ohne Abhängigkeit zur Vorläuferversion, ist das Update zu aktivieren (sofern über 150 EUR) und die alte Version abzuschreiben.
- Beim Erwerb eines Updates einer Standard-Software kommt eine außerordentliche Abschreibung der alten Programmversion wegen technischer Abnutzung nicht in Betracht, weil dieses vor Aufspielen des Updates voll funktionsfähig war und jederzeit vom erworbenen Speichermedium wieder auf den PC installiert werden kann.[19]

Beleg buchen

Beispiel

Das Update 15.2 von Lexware Lohn und Gehalt kostet brutto 199 EUR. Auch die Versandkosten von 5,90 EUR werden den Wartungskosten für die Software zugeschlagen.

Wartungskosten Hard- und Software Vorsteuer	173,13 EUR 32,89 EUR	
an Bank		206,02 EUR

Das richtige Konto

BGA (GHK)	IKR	SKR03	SKR04	Kontenbezeichnung
14	23	27	135	Software
4831	6165	4806	6495	Wartungskosten Hard- und Software
492	651	4822	6200	Abschreibung immaterieller VG
4929	655	4826	6210	Außerplanmäßige Abschreibung immaterieller VG

[17] Schmidt/Weber-Grellet EStG § 5 Rdn. 270.

[18] Niedersächsisches Finanzgericht, Urteil vom 16.01.2003, Az. 10 K 82/99.

[19] Niedersächsisches Finanzgericht, Urteil vom 16.01.2003, Az. 10 K 82/99.

Lebensversicherungs-Aktiengesellschaft der [illegible]-Leben)

Versicherungsnehmer:

[illegible] GMBH
Personalbüro

Versicherungsschein
Nr. 900/60

Versicherte Person	
[illegible]	*09.1
Leistungsempfänger	
im Erlebensfall	S. Erkl. Direktv. v. 17.12.97
im Todesfall	S. Erkl. Direktv. v. 17.12.97
Tarif	A (Gemischte Versicherung)
Versicherungssumme	99.329 DM
Beginn/Ablauf der Versicherung	01.01.1998/01.01.2018 12 Uhr
Dauer der Beitragszahlung	20 Jahre
Tarifbeitrag jährlich	3.705,96 DM
Einlösungsbeitrag vom 01.01.1998 - 01.02.1998	324,27 DM
Folgebeitrag ab 01.02.1998 monatlich	324,27 DM

Der Beitrag wird jeweils zur Fälligkeit abgebucht.

Konto-Nr. | Kontoauszug 6
Sparkasse | Blatt 1

Datum Erläuterungen		Betrag
Kontostand in EUR am 28.04.20 , Auszug Nr. 5		997,86+
02.05 Lastschrift	Wert: 02.05.20 ELV KASSE 2	30,40-
02.05 Lastschrift -LEBENSVERS. AG LEBENSVERSICHERUNG	Wert: 02.05.20 BEITRAG F. 900/604916-D-71	153,10-
02.05 Lastschrift	Wert: 02.05.20 T 481426998.7 05/06 136,21	165,24-
02.05 Zahlungseingang	Wert: 02.05.20 RE. NR. 2200544	23,78+

199 116 03/2006 04002

Direktversicherung

- Eine Direktversicherung ist eine Lebensversicherung auf das Leben eines Arbeitnehmers, die durch den Arbeitgeber abgeschlossen worden ist und bei der der Arbeitnehmer oder seine Hinterbliebenen hinsichtlich der Leistungen des Versicherers bezugsberechtigt sind.
- Die Prämien für eine derartige Direktversicherung, die seitens der Gesellschaft an eine Lebensversicherung gezahlt werden, sind bei der Gesellschaft Betriebsausgaben. Das gilt auch für Einmalbeiträge.
- Versicherungsnehmer ist somit der Arbeitgeber. Versicherte Person und Berechtigter ist der Arbeitnehmer.
- Bei Verträgen mit Kapitalauszahlung, die vor 2005 abgeschlossen wurden, ist eine Pauschalierung der Lohnsteuer möglich. Die Prämien von Neuverträgen ab 2005 sind regulär zu versteuern.

Achtung:
Bei Versicherungsverträgen mit lebenslangen Rentenzahlungen sind die Versicherungsbeiträge zum Teil steuerfrei (2011: bis 2.640 EUR). Bei Verträgen ab 2005 erhöht sich der maximal steuerfreie Betrag um weitere 1.800 EUR.

Beleg buchen

Beispiel

Die monatliche Direktversicherungsprämie eines Vertrages aus 1998 wird abgebucht. Die Firma versteuert zu Gunsten ihres Arbeitnehmers die Prämien pauschal.

Aufwendungen für Altersversorgung	153,10 EUR	
Pauschale Lohnsteuer für Altersversorgung	30,62 EUR	
an Bank		183,72 EUR

Das richtige Konto

BGA (GHK)	IKR	SKR03	SKR04	Kontenbezeichnung (SKR04)
406	648	4160	6140	Aufwendungen für Altersversorgung
4064	6461	4167	6147	Pauschale Lohnsteuer für Versicherungen
4061	6481	4168	6148	Aufw. Altersversorg. Mituntern. § 15 EStG

Kaufmannsbank

Filiale

Horst Starke
Wiesengasse 3
55586 Neustadt

Ihr Ansprechpartner:
Alfred Neumann
Tel. 0815 3456-23

Neustadt, den 29.09.20

Auszahlung
Kontonummer
UNIVERSALDARLEHEN **über EUR 25.000,00**

Wir bestätigen Ihnen die Auszahlung Ihres Darlehens zum 06.10.20

Auszahlung	25.000,00 EUR
- Bearbeitungsentgelt	250,00 EUR
= Auszahlung netto	24.750,00 EUR

Die Auszahlung erfolgt zu Gunsten Konto
Somit ist Ihr Darlehen voll ausgezahlt.

Danach ergibt sich folgender Stand Ihres Darlehens: *

* Saldo	25.000,00 EUR
* Bearbeitungsentgelt gezahlt	250,00 EUR
Laufzeit bis	30.09.20
Anzahl der Annuitätsraten	060
Zinssatz fest vereinbart bis / % p. a.	30.09.20 / 5,10
Zinsmethode	Deutsch 30 / 360

Zahlungen

Annuitätsrate	451,68 EUR	am 30.10.20	
Annuitätsrate	472,93 EUR	ab 30.11.20	monatlich
letzte Rate	472,75 EUR	am 30.09.20	

Die Raten werden zu Lasten Konto gebucht.
Die am 30.09.20 fällige letzte Rate kann in der Höhe abweichend sein.

* geänderte Werte gegenüber dem letzten Buchungs-/Darlehensstand
Im Übrigen gelten die im Darlehensvertrag getroffenen Vereinbarungen.

Diese Mitteilung ist maschinell erstellt worden und ohne Unterschrift gültig.

Disagio

- Ein Disagio ist der Differenzbetrag zwischen dem ausbezahlten Betrag und dem Darlehensnennwert. Das Disagio stellt vorausbezahlte Darlehenskosten dar. Es ist als aktiver Rechnungsabgrenzungsposten in der Bilanz auszuweisen und auf die Darlehenslaufzeit zu verteilen.
- Seit 2006 müssen auch Einnahmen-Überschussrechner Disagios auf die Laufzeit der Darlehen verteilen, sofern sie über 5 Jahre laufen.

Beleg buchen

Beispiel

Die Kaufmannsbank schreibt am 06.10.2011 das zugesagte Darlehen über 25.000 EUR dem Girokonto gut, zieht jedoch eine Bearbeitungsgebühr von 250 EUR ab. Da das Darlehen über eine Laufzeit von 60 Monaten läuft, beträgt der monatliche Disagioanteil 4,17 EUR:

$$\frac{250\ \text{EUR}}{60\ \text{Monate}} = 4{,}17\ \text{EUR}$$

Bank	24.750,00 EUR	
Disagio	250,00 EUR	
an Darlehen		25.000,00 EUR

Für die verbleibenden 3 Monate 2011 wird zum Jahresende Disagio in Höhe von 3 × 4,17 EUR = 12,51 EUR aufgelöst.

Zinsaufwendungen für langfristige Verbindlichkeiten	12,51 EUR	
an Disagio		12,51 EUR

Das richtige Konto

BGA (GHK)	IKR	SKR03	SKR04	Kontenbezeichnung (SKR04)
092	290	0986	1940	Disagio
212	7511	2120	7320	Zinsaufwendungen für langfristige Verbindlichkeiten

ERSTSCHRIFT! Für den Zahlungspflichtigen bestimmt! Bitte Rückseite beachten!

Zollzahlstelle
(Dienststelle)

Block Nr. Blatt
183739-37

Quittung
Aufschubbescheinigung

Herr/Frau/Frl./Firma MediaCom GmbH

Straße, Hausnummer

PLZ, Ort Neustadt

hat entrichtet – hat bis zum ... aufschieben lassen:

Einzahlungsgrund	Betrag	
1	2	
Zoll - Euro	3	48
EUSt	19	28
ZP57		

Mit Scheck – Postscheck – über 23,26

– eingezahlt. Eingang vorbehalten.

Ohne Gewähr für rechtzeitige Vorlegung.

i. B.

Zollzahlstelle 8. 11.

(Dienststempelabdruck) (Ort) (Datum)

(Kassier) (Buchh./Abfert. Bea.)

Nichtzutreffendes und freibleibende Felder sind so zu streichen, daß nachträglich Eintragungen nicht vorgenommen werden können.

3307 Quittung

NH 740 747 87

VALUE

8.00

0.00

8.00

0466 Berechnung der Eingangsabgaben zur mündlichen Zollanmeldung – III B 4 – (1990)

I here ... is true and correct to the ... of my knowledge and that the merchandise described is of Hong Kong origin.

For an behalf of
Maruda Techvision Ltd

MARUDA TECHVISION LIMITED 馬瑞達有限公司

SIGNATURE

新界葵涌葵豐街33-39號華豐工業大廈第二期十樓E座
Unit E, 10/F, Block 2, Wah Fung Ind.Centre, 33-39 Kwai Fung Crescent,Kwai Chung, N.T.
Tel.: 24191159, 26159234
Fax: 26122964, 24207053

Einfuhrumsatzsteuer

- Die Einfuhrumsatzsteuer kann vom Unternehmer wie Vorsteuer abgezogen werden, wenn sie tatsächlich bezahlt wird und die Gegenstände für sein Unternehmen in das Inland eingeführt wurden.
- Bemessungsgrundlage ist das Entgelt für die gesamte Dienstleistung (Ware und Versandkosten).
- Soweit im Zollwert noch nicht enthalten, gehören zur Bemessungsgrundlage für die Einfuhrumsatzsteuer auch die Einfuhrabgaben (insbesondere Zölle), die Vermittlungskosten für die Lieferung und die Beförderungskosten bis zum ersten Bestimmungsort im Gemeinschaftsgebiet.
- Zum Abzug der Einfuhrumsatzsteuer ist in der Regel der Abnehmer berechtigt, wenn er im Zeitpunkt der Einfuhr bereits die Verfügungsmacht über den Gegenstand hatte.

Achtung:
Im Gegensatz zur Vorsteuer, die bereits bei Vorliegen einer ordnungsgemäßen Rechnung abziehbar ist, kann nur die tatsächlich gezahlte Einfuhrumsatzsteuer abgezogen werden.

Beleg buchen

Die Firma MediaCom GmbH lässt sich aus Taiwan mit der Post ein Warenmuster liefern. Eine Proforma-Rechnung liegt der Lieferung bei und dient dem Zollamt als Bemessungsgrundlage für die Zollabgaben und die Einfuhrumsatzsteuer. Das Paket wird gegen Barzahlung der Steuer und Abgabe direkt beim Zollamt ausgelöst. Beispiel

Bezahlte Einfuhrumsatzsteuer	19,28 EUR	
Zollabgaben	3,98 EUR	
an Kasse		23,26 EUR

Das richtige Konto

BGA (GHK)	IKR	SKR03	SKR04	Kontenbezeichnung (SKR04)
143	2628	1433	1433	Bezahlte Einfuhrumsatzsteuer
3022	6171	3850	5840	Zölle und Einfuhrabgaben

Finanzamt 6 24.02.

Telefon 0XXXXXXXXX
Telefax 0XXXXXXXXX

Steuernummer
0 XXXXXXXXX

Bei allen Zuschriften und Einzahlungen vollständig angeben ! **Blatt 1**

Finanzamt
Postf. 1
02.0 0.55 EUR

Herrn und Frau
Horst und Sabine Starke
Wiesengasse 3
55586 Neustadt

Konten des Finanzamts

***

Ausdruck lt. Kontostand v. 21.02. , 0.00 Uhr

Steuerart-(Abgabeart)	Zeitraum	Fälligkeitstag	Betrag €
Einkommensteuer	1.Vj. X	10.03. X	301 00
Kirchenst.ev	1.Vj. X	10.03. X	27 00
		Summe :	328 00

ZAHLUNGSHINWEIS

Sehr geehrte(r) Steuerzahler(in),

wir machen Sie schon jetzt darauf aufmerksam, daß die nebenstehenden Steuer-/ Abgabeforderungen in Kürze fällig werden.
Bitte zahlen Sie die betreffenden Beträge rechtzeitig auf eines der Konten der Finanzamts ein.

Sie erleichtern sich und uns die Arbeit, wenn Sie den vorbereiteten Zahlungsträger verwenden oder mit dem beigefügten Vordruck die Teilnahme am Einzugsermächtigungsverfahren erklären.

Diese Mitteilung ist gegenstandslos, wenn
Sie zwischenzeitlich am Einzugsermächtigungsverfahren teilnehmen.

Mit freundlichen Grüßen
Ihr Finanzamt

Kasse 254d (ED) - Zahlungshinweis - 04.2005 Bitte beachten Sie die Rückseite ! Hier abtrennen !

Einkommensteuerzahlungen

- Die Einkommensteuer ist eine Personensteuer. Besteuert wird das Einkommen natürlicher Personen. Aus diesem Grund hat die Einkommensteuer des Einzelunternehmers oder eines Gesellschafters nichts mit dem betrieblichen Bereich zu tun. Daher darf es keine Gewinnauswirkung geben – weder beim Bilanzierer noch für Einnahmen-Überschuss-Rechner.
- Wenn Einkommensteuer (Vorauszahlungen, Nachzahlungen und auch Erstattungen) über das betriebliche Bankkonto abgebucht oder per Überweisung bezahlt wird, erfolgt die Buchung über ein gesondertes Privatkonto.

Tipp:

Wenn Gesellschafter während des Jahres keine Entnahmen tätigen, wäre es unfair, sie mit der Steuer auf anteilig zugeordnete Gewinne (auf Papier) zu belasten. In diesem Fall sollte die Gesellschaft die persönlichen Einkommensteuerzahlungen der Gesellschafter übernehmen, soweit sie auf diese Gewinnanteile entfällt.

Beleg buchen

Die Einkommensteuervorauszahlungen des Gesellschafters B der Muster-GmbH & Co. KG werden als Privatentnahmen erfasst. Beispiel

Privatsteuern Gesellschafter B	328,00	
an Bank		328,00

Das richtige Konto

BGA (GHK)	IKR	SKR03	SKR04	Kontenbezeichnung (SKR04)
163	3022	1810	2150	Privatsteuern Einzelunternehmer
162	3022	1910	2550	Privatsteuern Teilhafter

ConEnergy GmbH

Hellers Restaurant
Siegfriedstraße 12

43527 Bergen

Ihr Kundenberater: XXXXXXXXXXXXXX
Telefon 062XXXX
Fax 062XXXX

Kundennummer 37XXXX
Rechnungsdatum 07.09.20
Sammelbesteller: 37XXXXX

Rechnung 20XXXXX

Lieferanschrift: Hellers Restaurant, Siegfriedstraße 12, 43527 Bergen

Wir berechnen Ihnen		Menge/Liter	Preis Euro p. 100 Liter		Gesamtpreis
			ohne MwSt.	inkl. MwSt.	Euro ohne MwSt.
Lieferschein 3	vom 07.09.20				
Heizöl		5.004	51,90		2.597,08
		Rechnungsbetrag			2.597,08
		Rechnungsbetrag inkl. MwSt.			3.090,52

Im Rechnungsbetrag enthalten sind 19 % MwSt. = 493,44 Euro Zahlung gemäß besonderer Vereinbarung
Die umseitig abgedruckten Allgemeinen Geschäftsbedingungen gelten nur für gewerbliche Abnehmer
Wir bedanken uns für Ihren Auftrag!

Energiekosten (Heizöl)

- Aufwand für Energiestoffe entsteht entweder in Handel, Verwaltung, Büro und Vertrieb oder als Materialeinsatz (Roh-, Hilfs- und Betriebsstoffe) in der Fertigung, in Werkstätten u. Ä.

Beleg buchen

Beispiel

In der Kfz-Werkstatt Schröder wird der 5.000-Liter-Heizöl-Tank zweimal jährlich gefüllt. Der zweimal jährliche Zugang wird auf einem Bestandskonto aufwandsneutral erfasst. Schröder ermittelt jeweils den monatlichen Verbrauch an Heizöl zur Beheizung der Werkstatt, des Lagers und des Büros (2/3) einerseits und seines Privathauses (1/3) andererseits und bucht den betrieblichen Teil als monatlichen Aufwand ein. Der monatliche betriebliche Anteil errechnet sich wie folgt:

$$\frac{\text{5.400 Liter (jährlicher Gesamtverbrauch)}}{\text{12 Monate}} \times \frac{1}{3} = \text{150 EUR (privater Anteil)}$$

Der monatliche betriebliche Anteil beträgt 300 EUR.

Roh-, Hilfs- und Betriebsstoffe (Bestand)	2.597,08 EUR	
Vorsteuer	493,44 EUR	
an Bank		3.090,52 EUR

Monatlich wird sowohl der Heizölverbrauch von insgesamt 450 EUR als auch die Privatentnahme von 150 EUR gebucht.

Heizung	450,00 EUR	
Privatentnahme	150,00 EUR	
an Roh-, Hilfs- und Betriebsstoffe (Bestand)		450,00 EUR
an Unentgeltliche Wertabgaben		150,00 EUR
an Umsatzsteuer		28,50 EUR

Das richtige Konto

BGA (GHK)	IKR	SKR03	SKR04	Kontenbezeichnung (SKR04)
431	6933	4230	6320	Heizung
396	20	3970	1000	Roh-, Hilfs- und Betriebsstoffe
871	542	8910	4600	Unentgeltliche Wertabgaben
3016	605	3090	5190	Energiestoffe

Antrag auf Erstattung nach dem Aufwendungsausgleichsgesetz (AAG) für Arbeitgeberaufwendungen bei Arbeitsunfähigkeit - U1

[illegible]

Angaben zum Arbeitgeber

Betriebsnummer

Beitragskontonummer

Name 1 [illegible] GmbH

Name 2

Straße [illegible]

PLZ [illegible] Ort [illegible]

Ansprechpartner/in [illegible]

Telefon [illegible] Telefax

E-Mail [illegible]@[illegible].de

Angaben zum Arbeitnehmer / zur Arbeitnehmerin

Name [illegible]

Rentenversicherungsnummer (falls nicht bekannt Geburtsdatum) [illegible]

Vorname Beata

☐ PKV versichert ☐ LKK versichert (jeweils bitte Kopie der AU-Bescheinigung beifügen) ☐ Geringfügige Beschäftigung (Minijob)

Beschäftigt seit dem 01.03.20

Bitte immer ausfüllen! Erstattungszeitraum vom 14.07.20 bis 11.08.20

☒ Endabrechnung ☐ Zwischenabrechnung ☐ Korrektur ☐ Stornierung

---

Ist die Arbeitsunfähigkeit auf einen Unfall oder eine Berufskrankheit zurückzuführen? ☐ Ja ☒ Nein

War der Arbeitnehmer wegen Schädigung durch einen Dritten arbeitsunfähig? ☐ Ja ☒ Nein

Wurde am 1. Tag der Arbeitsunfähigkeit noch gearbeitet? ☐ Ja, Stunden ☐ Nein

Letzter Arbeitstag / von Bord am

Stundenlohn Monatslohn 2.500,00 Akkordlohn

Monatliches Bruttoarbeitsentgelt / bei Seeleuten Durchschnitts-Heuer-Kennzahl Höhere BBG-RV KBS gilt ☐

Ausgefallene: Kalendertage 29 Arbeitstage Stunden Arbeitszeit: wöchentlich 40,00 täglich

Fortgezahltes Bruttoarbeitsentgelt (ohne Einmalzahlung, ohne Überstundenvergütung, ohne Arbeitgeberanteile) 2.416,67

Gegebenenfalls Beitragsanteil des Arbeitgebers (eventuell pauschaliert)

Erstattungssatz in vom Hundert 70,00 Erstattungsbetrag 1.691,67

Das Entgelt ist nach den Bestimmungen des EFZG gezahlt. Die Erstattung erfolgt seitens der Krankenkasse unter dem Vorbehalt der späteren Prüfung. Zu Unrecht erstattete Beträge werden zurückgezahlt. Der mit der Entgeltfortzahlung nach § 6 EFZG übergegangene Ersatzanspruch wird nach § 5 AAG an die Krankenkasse abgetreten. Der Erstattungsanspruch kann mit einem bestehenden Beitragsrückstand verrechnet werden. Die Angaben sind richtig, vollständig und stimmen mit den Entgeltunterlagen überein. Umlagebeträge werden abgeführt.

Der Erstattungsbetrag ☐ soll dem Beitragskonto gutgeschrieben werden.
☐ wird/wurde mit Beitragsnachweis für verrechnet.
☒ soll auf das untenstehende Konto überwiesen werden.

Name des Geldinstituts [illegible]im

Kontoinhaber [illegible]GmbH

IBAN

Bankleitzahl [illegible]

Kontonummer [illegible]

BIC

Verwendungszweck

04.08.20 [illegible]

Datum / Unterschrift / Stempel des Arbeitgebers oder des Bevollmächtigten

Entgeltfortzahlung

- Der Arbeitgeber ist gesetzlich verpflichtet, erkrankten Arbeitnehmern die vereinbarten Lohn- oder Gehaltsansprüche bis zur Dauer von sechs Wochen weiter zu bezahlen. Dauert die Erkrankung länger, so leistet die Krankenversicherung das sog. Krankentagegeld. Geleistete Zahlungen im Rahmen der Entgeltfortzahlung im Krankheitsfall sind Betriebsausgaben.
- Voraussetzung ist das Vorliegen einer unverschuldeten Erkrankung, die den Arbeitnehmer daran hindert, seine Arbeitsleistung zu erbringen.
- Gesetzlich vorausgesetzt ist, dass das Arbeitsverhältnis mindestens vier Wochen besteht.
- Die Entgeltfortzahlung gilt für Vollzeitbeschäftigte wie für Teilzeitbeschäftigte und Minijobber (400-Euro-Beschäftigte).
- Entsprechend dem Lohnausfallprinzip erhält der Arbeitnehmer den Betrag, den er regulär verdient hätte. Dies beinhaltet z. B. auch regelmäßig anfallende Überstundenentlohnungen, nicht aber in der Fehlzeit anfallende Sonderüberstunden.
- Da es sich um einen Bruttoanspruch handelt, müssen auch für das krankheitshalber weiterzuzahlende Entgelt Sozialabgaben und Steuern abgeführt werden.

Beleg buchen

Der Arbeiter Huber wird für 29 Tage krankgeschrieben. In dieser Zeit bezieht er den vereinbarten Bruttolohn von 29/30 von 2.500 EUR = 2.416,67 EUR, die als Betriebsausgaben abzugsfähig sind. Die Krankenkasse erstattet auf Antrag 70 % des Bruttoentgelts. Beispiel

Bank	1.691,67 EUR	
an Lohnfortzahlung – Erstattungen		1.691,67 EUR

Das richtige Konto

BGA (GHK)	IKR	SKR03	SKR04	Kontenbezeichnung (SKR04)
1186	2667	1520	1369	Forderungen ggü. Krankenkassen aus Umlagen (AAG)
2675	5432	2749	4972	Erstattungen Krankenkassen aus Umlagen (AAG)

terrashop.de Terrashop GmbH, Lise-Meitner-Str. 8, 53332 Bornheim Tel.: 02227-9292-0
Internet: www.terrashop.de E-Mail: service@terrashop.de Fax: 02227-9292-1

Firma

Firma
Horst Starke
Wiesengasse 3
55586 Neustadt

451

Rechnung
Nr. 4518
Kunden-Nr. 0005

Rechnungs-/Lieferdatum: 06.04.20
Vielen Dank für Ihre Bestellung vom 06.04.20

Bearbeiter: SPIM

Stk.	Bestell-Nr.	Gr.	Titel	Lagerpl.	MwSt %	Einzelpreis	Gesamtpreis
1	49961204		C# - Universell programmieren von Anfang an	A 02 3	7	1.95	1.95
1	82661392		Das Nukebook	C 02 1	7	5.99	5.99
1	81582436		VHS-Kasetten auf DVD	K 04 3	7	1.95	1.95
1	89996447	A	Alexander der Große	N 07 1	7	2.95	2.95
1	82726153		Perl - easy	O 03 1	7	1.95	1.95
1	90849094		Auf der Suche im Internet	O 03 5	7	1.00	1.00
1	81550504		ASP 3.0/ASP+ - WebBook	P 03 4	7	1.95	1.95
1	92664257	A	Lao-tzu	Q 01 2	7	2.95	2.95
1	BEST_ID		281735				

Gesamt EUR 20.69

abgebucht EUR 20.69

Enthaltene Mwst/Netto: 7.00% = 1.35/19.33

Gesamtstückzahl	Gewicht	Versandart
8	3.640	Postpaket

12 Komm. 5 Kontrolle

Steuer-Nr. 222/5718/1380 Handelsregister: Amtsgericht Bonn Bank: Kreissparkasse Köln
Geschäftsführer: Helmut Frey HRB 9379 - Ust-IdNr. DE 214366298 Konto 0184004087 BLZ 37050299 Bitte wende

Fachliteratur

- Für Zeitschriften, Zeitungen und Bücher gibt es ein separates Konto „Zeitschriften, Bücher".
- Der Vermerk „Fachliteratur" auf dem Beleg anstatt einer Titelangabe reicht in der Regel nicht aus, den betrieblichen Zweck nachzuvollziehen.[20] Mit Ausnahme der Zeitung „Handelsblatt" werden die Aufwendungen für eine (überregionale) Tageszeitung nicht als Betriebsausgabe anerkannt.
- Generell gilt: Je enger der betriebliche Zusammenhang mit dem Inhalt der Zeitschrift ist, z. B. Computerfachzeitschrift für ein IT-Unternehmen, medizinische Forschungsreview für Ärzte, desto leichter kann man eine Betriebsausgabe (sofortiger Aufwand) geltend machen.
- Fachbücher und -zeitschriften sind in der Regel mit 7 % besteuert.

Tipp:

Werbefachzeitschriften unterliegen der regulären Umsatzsteuer und sind unter Werbekosten zu erfassen.

Beleg buchen

Der Versandbuchhändler *Terrashop* GmbH liefert mehrere Restpostenbücher an den Programmentwickler Silbermann. Damit dieser in den Genuss einer versandkostenfreien Lieferung kommt, sind auch einige private Bücher dabei. *Terrashop* bucht den Rechnungsbetrag vom Bankkonto ab.

Fachliteratur Privatentnahme Vorsteuer	12,00 EUR 7,85 EUR 0,84 EUR	
an Bank		20,69 EUR

Das richtige Konto

BGA (GHK)	IKR	SKR03	SKR04	Kontenbezeichnung (SKR04)
4815	681	4940	6820	Zeitschriften, Bücher

[20] BFH, Urteil vom 16.02.1990, VI R 144/86, BFH/NV 1990 S. 763.

Hesse t
Forst

Betrieb und Dienstleistungen

Horst Starke
Wiesengasse 3
55586 Neustadt

Datum: 18.03.

Schulungskurs der schule
in der Zeit vom 08.03.20 bis 09.03.20

Verwaltungskostenordnung vom

Rechnung über Lehrgangsgebühren

Re.-Nr.: 11560503030

Für die Teilnahme an dem o. a. Lehrgang sind folgende Kosten zu berechen:	Anzahl	Satz €	Summe: €
Teilnehmer: Herr			
Lehrgangsgebühren (70,00 €/Tag)	2	70,00	140,00
	Rechnungsbetrag		140,00

Den Rechnungsbetrag bitte ich bis zum **08.04.** an

4900

Empfänger: **6**
Konto-Nr.: **9**
BLZ: **5 bank H**

unter Angabe der o.a. Rechungsnummer zu überweisen.

bez 6.4.

bei Rückfragen:

Fortbildungskosten

- Als Fortbildung bezeichnet das Bundesarbeitsgericht jede Maßnahme zur Erlangung von Fähigkeiten und Erfahrungen, die generell für einen Arbeitnehmer von Nutzen sind oder die darin besteht, bereits vorhandene Kenntnisse zu verbessern oder durch tatsächliche praktische Übungen zu vervollkommnen. Definition
- Zu den abziehbaren Kosten gehören insbesondere die Lehrgangskosten, Aufwendungen für Kurse, Repetitorien, Prüfungen, Kosten für die erforderlichen Fachbücher, Schreibmaterialien und andere Hilfsmittel. Fahrtkosten des Arbeitnehmers sind mit den tatsächlichen Kosten bzw. 0,30 EUR je gefahrenen Kilometer abziehbar. Auch Verpflegungsmehraufwendungen können bei entsprechend langer Abwesenheit von der Wohnung des Arbeitnehmers mit den gesetzlichen Pauschbeträgen berücksichtigt werden.[21]

Beleg buchen

Beispiel

Für eine berufliche Fortbildung beim staatlichen Forstamt an zwei Tagen betragen die Seminargebühren 140 EUR (umsatzsteuerfrei). Der Arbeitnehmer war jeweils mehr als 14 Stunden außer Haus und fuhr die Strecke von 100 km mit seinem eigenen Wagen. Der Arbeitgeber überweist die Lehrgangsgebühr und ersetzt dem Arbeitnehmer die Reisekosten von 2 × 12 EUR + 4 × 100 × 0,30 EUR = 144 EUR.

Fortbildungskosten	284,00 EUR	
an Bank (Forstamt)		140,00 EUR
an Bank (Arbeitnehmer)		144,00 EUR

Das richtige Konto

BGA (GHK)	IKR	SKR03	SKR04	Kontenbezeichnung (SKR04)
4855	6941	4945	6821	Fortbildungskosten

[21] § 4 Abs. 5 Satz 1 Nr. 5 EStG, 2007: 24/12/6 EUR bei Abwesenheit von 24 Std./14 Std. /8 Std.

Quittung

EINZAHLUNG V bank eG

Kto.-Inhaber	Unterschrift
Erwin Stein	E. Stein

Kto.-Nr.	Datum	PN-Nr./lfd. Nr.	Einz.	Betrag EUR
				2.000,00

Diese Quittung gilt nur mit dem Aufdruck der Kassenmaschine und der Unterschrift des Kassierers oder mit Zeichnung in der durch Aushang bekanntgegebenen Form.

bank eG

Geldtransit

Das Geldtransit-Konto ist ein Verrechnungskonto für Geld, das aus der Kasse bzw. vom Bankkonto entnommen, aber noch nicht auf dem jeweiligen Empfängerkonto gutgeschrieben ist. In der Buchhaltung braucht man dieses Hilfskonto Definition

1. zu Kontrollzwecken und
2. zur Vermeidung von doppelter Erfassung.

Mit diesem Konto gehen Sie sicher, dass das Geld im Transit von einem Konto auch beim anderen Konto ankommt.

- Wenn die Verrechnungsstelle „Geldtransit" nicht nachvollziehbar ausgeglichen wird, hakt es irgendwo. Eine Eintragung wurde vergessen, es liegen Additionsfehler oder Buchungsfehler vor oder es ist tatsächlich Geld abhanden gekommen.
- Ohne das Hilfskonto „Geldtransit" würden Sie ein und denselben Vorgang doppelt erfassen, zum einen auf dem Kassenkonto und ein zweites Mal beim Verbuchen der Bankbewegung.

Beleg buchen

Der Bankbeleg über 2.000 EUR dient als Auszahlungsbeleg für die Kasse. Beispiel

Geldtransit	2.000,00 EUR	
an Kasse		2.000,00 EUR

Bei der Eingangsbuchung des Kontoauszugs wird das Geldtransitkonto wieder glattgestellt.

Bank	2.000,00 EUR	
an Geldtransit		2.000,00 EUR

Das richtige Konto

BGA (GHK)	IKR	SKR03	SKR04	Kontenbezeichnung (SKR04)
159	2667	1360	1460	Geldtransit

BEZIRKSDIREKTION
STUTTGART

[redacted] Stuttgart
[redacted] AG Stuttgart (BLZ [redacted])
Konto [redacted]
Telefon: (07 11) 2[redacted]
Telefax: (07 11) 2[redacted]
Steuernummer: 2[redacted]

Stuttgart, 03.12.0

GEMA · Bezirksdirektion Stuttgart · [redacted]

Herrn

BITTE IMMER ANGEBEN
[redacted]

Ä N D E R U N G S M I T T E I L U N G zum Vertrag

Die Vergütungssätze haben sich geändert.
Die lt. Ziff.2 zu zahlende Pauschalrate beträgt ab 01.02.0 :

Pos.2.01 jährlich R I 1.a bis 100qm je Raum
im o.g. Betrieb

- GEÄNDERT! -

GEMA	WR	68,20
GVL	WR	17,73
VGW	WR	13,64

GEMA	GVL	VGW/ZWF	GSVT-NL	NETTO	7,0% UST	BRUTTO
68,20	17,73	13,64	19,91	79,66	5,58	85,24

Alle Beträge sind in EURO ausgewiesen.
- K E I N E Z A H L U N G S A U F F O R D E R U N G -
Ein Fälligkeitshinweis bzw. Abbuchung vom Konto erfolgt zur Fälligkeit.

GEMA-Abgaben

- Gaststätten, Kinos und Videotheken müssen Urheberrechtsabgaben an die GEMA zahlen.
- GEMA-Abgaben fallen auch an, wenn Sie z. B. eine Betriebsfeier musikalisch unterlegen.
- Möglicher Vorsteuerabzug: die Abgaben unterliegen dem ermäßigten Umsatzsteuersatz.
- GEZ-Gebühren sind dagegen umsatzsteuerfrei.

Beleg buchen

Beispiel

Die GEMA setzt neue Beiträge für 2011 fest und bucht sie ab. Diese Änderungsmitteilung berechtigt für sich alleine genommen nicht zum Vorsteuerabzug trotz Ausweis der Vorsteuer, da wesentliche Bestandteile einer Rechnung fehlen. Liegt ein Rahmenvertrag vor mit den Grundangaben wie u. a. der hier fehlenden Steuernummer der GEMA und Rechnungsnummer, ist die Vorsteuer abziehbar.

Beiträge	85,24 EUR	
an Bank		85,24 EUR

Das richtige Konto

BGA (GHK)	IKR	SKR03	SKR04	Kontenbezeichnung (SKR04)
427	692	4380	6420	Beiträge

Versand GmbH

Tel.: 097 Fax: 097
Internet: www. n eMail:

RECHNUNG

Horst Starke
Wiesengasse 3
55586 Neustadt

geben Sie bei Zahlung im Verwendungszweck 1 ausschliesslich diese Ziffernfolge ein: 00004

en-Nr.	Bestellangaben	Bestellart	Versandart	fällig bis	Rechnungsdatum	Rechnung Nr.
442	20-03-20	Fax-Schein	DPD-Paketd. 8.66 kg	10-04-20	20-03-20	490 Seite: 1/1

llt durch: Herrn

l	Produktbezeichnung	*VPE Anzahl	*VPE Preis EUR	Betrag EUR
	Sayung FAXoMAT 5.40	1	389.00	389.00

Beiliegend unser Aktionspräsent:
Voicerecorder 1
****

Warenwert netto	389.00
Versandspesen	10.00
Zwischensumme netto	399.00
MwSt. 19.0 %	75.81
Gesamtbetrag EUR	474.81

Verpackungseinheit

Bitte geben Sie bei Zahlung im Verwendungszweck 1 ausschliesslich diese Ziffernfolge ein:
00004

NGSDATUM = RECHNUNGSDATUM (siehe oben)
tten Sie, den oben stehenden Rechnungsbetrag
alb von 20 Tagen ohne Abzug zu begleichen.
nkäufe bei uns gelten grundsätzlich unsere ABG,
r Ihnen auf Wunsch gern schicken/faxen/mailen.
Sie Fragen haben oder telefonisch bestellen möchten: wir sind montags bis freitags zwischen
hr und 18 Uhr persönlich erreichbar. Danach nimmt der Anrufbeantworter Ihre Nachricht entgegen
erte Ware bleibt bis zur vollständigen Bezahlung der Rechnung in unserem Eigentum.
Steuer-Nr. (laut § 14 UStG) lautet: 37. Der Gerichtsstand ist n.

USt.-Ident-Nr.: DE8
Registergericht S B 2 Geschäftsführer sind:
Kto. (BLZ)

Geringwertige Wirtschaftsgüter

Bis Ende 2007 und wieder ab 2010 konnten bzw. können bewegliche abnutzbare Vermögensgegenstände des Anlagevermögens bis zu Nettoanschaffungskosten von 410 EUR (GWG) sofort im Jahr der Anschaffung abgeschrieben werden – unabhängig von ihrer tatsächlichen Nutzungsdauer.

Seit 2008 gilt eine alternative GWG-Regel:

- GWG mit Anschaffungskosten bis 150 EUR sind zwingend in voller Höhe als Betriebsausgaben abzusetzen.
- GWG zwischen 150 EUR 1.000 EUR sind in einen Sammelposten einzustellen, der über fünf Jahre mit jeweils einem Fünftel Gewinn mindernd aufzulösen ist. Scheidet ein Geringwertiges Wirtschaftsgut aus dem Betriebsvermögen aus, so vermindert sich der Sammelposten trotzdem nicht.
- Dabei ist zu beachten, dass pro Wirtschaftsjahr für jedes neu angeschaffte Wirtschaftsgut die gleiche Regel anzuwenden ist, d. h. wenn für ein Wirtschaftsgut die 410-Euro-Regel angewandt wird, so gilt dies für alle weiteren Wirtschaftsgüter in diesem Geschäftsjahr. Ein Wechsel innerhalb des Jahres zum Sammelposten wäre dann nicht mehr möglich.

Beleg buchen

Beispiel

Das neue Faxgerät kostet 399 EUR netto (zzgl. USt.) Der Rechnungsbetrag wird sofort überwiesen.

Geringwertige Wirtschaftsgüter Vorsteuer	399,00 EUR 75,81 EUR	
an Bank		474,81 EUR

Die Anschaffungskosten werden auf fünf Jahre verteilt.

Sofortabschreibung Geringwertige Wirtschaftsgüter	399,00 EUR	
an Geringwertige Wirtschaftsgüter		399,00 EUR

Das richtige Konto

BGA (GHK)	IKR	SKR03	SKR04	Kontenbezeichnung (SKR04)
037	089	0485	0675	GWG Sammelposten
037	089	0480	0670	GWG bis 410 EUR

Handelsvertretungen
Großhandel

Neumann

Brillant-, Gold- und Silberschmuck

Erwin Scholz
Generalvertretung
Mittelstr. 10

56728 Brohl

Telefon
Autotelefon
Faxnumme

RECHNUNG

Nr.872

,den 17. November 20

Rechnungsdatum gleich Lieferdatum

Stück	Nummer	Bezeichnung	Leg.	EZ-Preis	Ges-Preis in EUR
3	23.66275.6	Armband	925	65,00	195,00

Netto	195,00
zzgl. 19 % MwSt	37,05
Gesamt	232,05

Zahlungsbedingungen: 30 Tage 5 % Skonto

Bankverbindung Konto N (BLZ)
Steuernumme

Geschenke an Geschäftsfreunde

Geschenke an Geschäftsfreunde können Sie nach wie vor steuerlich geltend machen, wenn Sie die folgenden Punkte beachten:

- Entscheidend für den Abzug als Betriebsausgabe ist, wann das Geschenk überreicht wurde.
- Die beschenkte Person darf nicht Arbeitnehmer des Steuerpflichtigen sein. Handelsvertreter oder andere Personen in ständiger Geschäftsbeziehung (z. B. durch Werkverträge als Subunternehmer) gelten nach dieser Vorschrift nicht als Arbeitnehmer.
- Die Obergrenze von 35 EUR ist kein Freibetrag, sondern eine Freigrenze: Übersteigt die Summe der Geschenkaufwendungen je Empfänger den Betrag von 35 EUR im Wirtschaftsjahr, entfällt jeglicher Abzug.
- Seit dem 1. Januar 2007 gibt es die Alternative, einheitlich sämtliche Geschenke – auch die unter 35 EUR – mit einem Pauschalsteuersatz von 30 % (+ Solidaritätszuschlag + Kirchensteuer) zu versteuern (§ 37b EStG). Anstelle der Grenze von 35 EUR je Empfänger und Wirtschaftsjahr tritt der Betrag von 10.000 EUR.

Tipp:

Aufwendungen für Geschenke gleicher Art können in einer Buchung zusammengefasst werden, wenn die Namen der Empfänger der Geschenke aufgelistet werden.

Beleg buchen

Geschenke, nicht abzugsfähig	195,00 EUR	
Vorsteuer, nicht abzugsfähig	37,05 EUR	
an Bank		232,05 EUR

Das richtige Konto

BGA (GHK)	IKR	SKR03	SKR04	Kontenbezeichnung (SKR04)
442	6871	4630	6610	Geschenke, abzugsfähig
4422	6872	4631	6611	Geschenke, abzugsfähig § 37b UStG
2081	6875	4635	6620	Geschenke, nicht abzugsfähig

GETRÄNKE Kleinert

GMBH & CO KG
XXXXXXXXX
XXXXXXXXX
TEL. 0XXXXXXXXX
UST.-ID-NR. DE 11XXXXXX
ST.-NR. 0XXXXXXXXX
XXXXXXX BANK
BLZ 5XXXXX
KTO.-NR. 7XXXXXXX

Horst Starke
Wiesengasse 10

55586 Neustadt

STAMM-NR. 00XXXXXXX
DATUM 11.05.20
RECHNUNGS-NR.: 1 XXXXXXX
SEITE 001

TTE BEI ZAHLUNG ANGEBEN: STAMM-NR. 00XXXXXXX DATUM 11.05.20 RECHN.-NR.: 03XXXXXXX

TIKEL-. BEZEICHNUNG	EAN	MENGE	PREIS EUR	BRUTTO- EUR-BETR	NETTO- EUR-BETR	MW ST

DATUM 11.05.20 LIEFERSCHEIN-NR.: 1 XXXXXXX
REF-LIEFERSCHEIN:
CHNUNGS-SUMME: 1 LIEFERUNG(EN) BIS 11.05.20 , 1 LIEFERNACHWEIS(E) ANBEI

42 MEZZO MIX 24X0,50PETM	5449000101358	1	14,60		14,60	V
90 NESTEA LEM NR 12X0,50	5000112545845	1	7,62		7,62	V
89 NESTEA PEAC NR 12X0,50	5000112545869	1	7,62		7,62	V
88 NESTEA WALDFR NR 12X0,50	5000112545821	2	7,62		15,24	V
45 CHERRY COKE 12X0,50PETM	5449000026118	1	7,30		7,30	V
	WARENWERT ---------------------->				52,38	*

	GEL.	ZURÜCK	DIFF.			
35 KPL. LGT PET 05/24ER KI	1	1-	0	5,10	0,00	V
36 KPL. LGT PET 05/12ER KI	1	1-	0	3,30	0,00	V
74 KUNSTSTOFFKASTEN 24/0,33	0	2-	2-	1,50	3,00-	V
4' LEERGUT NR-PFAND 3,00EU	4	0	4	3,00	12,00	V
	LEERGUT ---------------------->				9,00	*

NETTO-BETRAG, GESAMT (V)	EUR	61,38	*
ZZGL. MEHRWERTSTEUER 19 %	EUR	11,66	V
RECHNUNGSBETRAG	EUR	73,04	*

HLUNG ERFOLGT DURCH BANKEINZUG VON IHREM KONTO 1[illegible]

LIEFER- UND LEISTUNGSZEITPUNKT ENTSPRICHT DEM LIEFERSCHEINDATUM

Getränke (Personal)

- Getränke für das Personal sind Annehmlichkeiten am Arbeitsplatz, die steuerfrei bleiben.
- Zu den freiwilligen sozialen Aufwendungen gehören auch Snacks und kleine Geschenke u. Ä. sowie die Anschaffung und Überlassung von typischer Arbeitskleidung an Arbeitnehmer. Bleibt der Besitz beim Unternehmen, buchen Sie auf das Konto „(sonstiger) Betriebsbedarf".
- Der steuerfreie geldwerte Vorteil bei Betriebsveranstaltungen darf beim einzelnen Arbeitnehmer 2 Mal pro Jahr jeweils 110 EUR nicht übersteigen.

Tipp:

Bei so genannten „Arbeitsessen" außerhalb von herkömmlichen Betriebsveranstaltungen liegt Arbeitslohn vor, wenn es in einer Gaststätte am Sitz des Unternehmens mit der Geschäftsführung und leitenden Angestellten ca. zehn Mal jährlich durchgeführt wird.[22] Diese Vorteile sind bei einzelnen Teilnehmern nur dann steuerfrei, wenn sie von auswärtigen Niederlassungen angereist waren.

Beleg buchen

Der Getränkehändler liefert in den Pausenraum Getränke für die Mitarbeiter und zieht den Rechnungsbetrag vom Bankkonto ein. Beispiel

Freiwillige soziale Aufwendungen	61,38 EUR	
Vorsteuer	11,66 EUR	
an Bank		73,04 EUR

Das richtige Konto

BGA (GHK)	IKR	SKR03	SKR04	Kontenbezeichnung (SKR04)
405	6410	4140	6130	Freiwillige soziale Aufwendungen, lohnsteuerfrei

[22] BFH, Urteil vom 04.08.1994 VI-R-61/92, BStBl II 1995, 59.

DER GEMEINDEVORSTAND
DER GEMEINDE

Gemeindevorstand

Firma

Firma Elektro Zapp
Inh. Erwin Zapp
Daimlerstr. 3

46464 Neustadt

Sprechzeiten Rathaus:

Sachbearbeiter
Telefon
e-mail
Sachbearbeiterin
Telefon
e-mail
Amt:
Telefax

Gewerbesteuer - Veranlagungsbescheid
für 20

Wirtschaftsjahr: 01.01.2 -31.12.20

Abgaben-Nr.: **(bitte stets vollständig angeben)**
Aktenzeichen:

Messbescheid-Datum: 16.06.20

1. Festsetzung der Gewerbesteuer

Messbetrag	208,00 EUR
Hebesatz	310,00 %
Steuerbetrag	644,00 EUR
minus Vorauszahlung	0,00 EUR
Nachforderung fällig am 01.08.20	**644,00 EUR**

2. Stand Ihres Kontos berücksichtigt bis 28.06.20

Reste aus Vorjahr	0,00 EUR
Bisher angefordert im Kalenderjahr	0,00 EUR
Heutige Anforderung	644,00 EUR
Gesamtanforderung	644,00 EUR
Bisher bezahlt	0,00 EUR
Noch zu zahlen	**644,00 EUR**

3. Fälligkeiten in 20

01.08.20 644,00 EUR

Gebucht

Bitte nutzen Sie die Vorteile des Bankeinzugsverfahrens, erteilen Sie uns eine Abbuchungsermächtigung.

Bitte aufbewahren, dieser Bescheid gilt bis zur Erteilung eines neuen Bescheides, ggf. auch für die folgenden Jahre.
Der Bescheid ist maschinell erstellt und ohne Unterschrift gültig.
Erläuterungen und Rechtsbehelfsbelehrung siehe Rückseite.

Konten
der
Gemeindekonten

Gewerbesteuer

- Ab 2008 ist die Gewerbesteuer nicht mehr als Betriebsausgabe abziehbar (§ 4 Abs. 5b EStG).
- Gleichwohl sind Nachzahlungen und Erstattungen aus 2007 und früher ertragswirksam.
- Für eine über die Vorauszahlungen hinaus zu leistende Gewerbesteuerabschlusszahlung ist eine Rückstellung in der Bilanz zu bilden.

Beleg buchen

Beispiel

Ihre Gemeinde fordert Sie im Jahr 2011 auf, für das Jahr 2010 Gewerbesteuer in Höhe von 644 EUR an die Gemeinde als Abschlusszahlung zu entrichten. Die hierfür gebildete Rückstellung in Höhe von 700 EUR ist buchungstechnisch wie folgt zu behandeln:

Gewerbesteuerrückstellung, § 4 Abs. 5b EStG	700,00 EUR	
an Bank		644,00 EUR
an Erträge aus der Auflösung von Gewerbesteuerrückstellungen, § 4 Abs. 5b EStG		56,00 EUR

Als laufende Vorauszahlung für das Jahr 2011 sind ebenfalls 644 EUR zu zahlen:

Gewerbesteuer	644,00 EUR	
an Bank		644,00 EUR

Das richtige Konto

BGA (GHK)	IKR	SKR03	SKR04	Kontenbezeichnung (SKR04)
421	770	4320	7610	Gewerbesteuer
0722	380	0957	3030	Gewerbesteuerrückstellung
722	380	956	3035	Gewerbesteuerrückstellung, § 4 Abs. 5b EStG
2216	776	2280	7640	Gewerbesteuernachzahlungen Vorjahre
225	7709	2282	7642	Gewerbesteuererstattungen Vorjahre
2216	776	2281	7641	Gewerbesteuernachzahlungen und -erstattungen für Vorjahre, § 4 Abs. 5b EStG
2435	5492	2284	7644	Erträge aus der Auflösung von Gewerbesteuerrückstellungen
2435	5492	2283	7643	Erträge aus der Auflösung von Gewerbesteuerrückstellungen, § 4 Abs. 5b EStG

GEBÜHRENEINZUGSZENTRALE DER ÖFFENTLICH - RECHTLICHEN RUNDFUNKANSTALTEN IN DER BUNDESREPUBLIK DEUTSCHLAND

GEZ

Firma Elektro Zapp
Inh. Erwin Zapp
Daimlerstr. 3

46464 Neustadt

Zahlung der Rundfunkgebühren

Sehr geehrter Rundfunkteilnehmer,
Ihre Rundfunkgebühren sind am **15.12.0** fällig.
Bitte zahlen Sie den Gesamtbetrag von

EUR 51,09

umgehend mit dem anhängenden Zahlungsformular.

Mit freundlichen Grüßen
Gebühreneinzugszentrale

FD20504 PD20504

Gebühreneinzugszentrale, 50656 Köln, Telefon 01805 00 66 67 (0,12 €/Min)

Kontoauszug vom 09.12.0 Teilnehmer-Nr.		Anzahl Rundfunkgeräte Radio	Anzahl Rundfunkgeräte Fernseher	Gutschrift (+)/Belastung (-) € ct
Buchungs-datum	Kontostand am 10.09.0 in EUR			-51,09
09.0	Zahlungseingang in 09.20			+51,09
12.0	Rundfunkgebühren für 11.20 - 01.20	1	1	-51,09
				-51,09

Gebucht

GE 0205 2004

GEZ-Gebühren

- Rundfunkgebühren sind für jedes Empfangsgerät zu zahlen.
- Zweitgeräte sind zwar grundsätzlich frei, jedoch sind für Radios in beruflichen Fahrzeugen und am Arbeitsplatz zusätzliche Gebühren zu zahlen.
- Im Gegensatz zu der GEMA-Abgabe sind die Rundfunkgebühren umsatzsteuerfrei.
- Die GEZ-Gebühren können Sie als „Sonstige betriebliche Aufwendungen" oder als „Sonstige Abgaben" erfassen.

Achtung:

Seit dem 01.01.2007 ist für die Computer eines Betriebs insgesamt eine Rundfunkgebühr zu entrichten, wenn nicht bereits für ein herkömmliches Gerät gezahlt wird (§ 5 Abs. 3 Rundfunkgebührenstaatsvertrag).

Die Neuordnung zum 1.1.2013 sieht eine allgemeine Abgabe ohne Abzählen der einzelnen Geräte vor. Kleine Unternehmen mit bis zu acht Mitarbeitern an einem Standort werden mit einem Mindestbeitrag von 5,99 EUR zur Kasse gebeten. Ab neun Mitarbeiter sind es schon 17,98 EUR, ab 20 Mitarbeiter 35,96 EUR und so weiter.

Beleg buchen

Die Radiogebühren für das Autoradio für drei Monate werden zur Mitte des Zeitraums eingezogen. Beispiel

Sonstige Abgaben	51,09 EUR	
an Bank		51,09 EUR

Das richtige Konto

BGA (GHK)	IKR	SKR03	SKR04	Kontenbezeichnung (SKR04)
473	693	4900	6300	Sonstige betriebliche Aufwendungen
427	692	4390	6430	Sonstige Abgaben

DER GEMEINDEVORSTAND
DER GEMEINDE

Gemeindevorstand

Firma Elektro Zapp
Inh. Erwin Zapp
Daimlerstr. 3

46464 Neustadt

Sprechzeiten Rathaus:
montags bis freitags von 8.00 bis 12.00 Uhr
u. mittwochs von 13.00 bis 18.00 Uhr
Außenstelle
dienstags von 15.00 bis 18.00 Uhr

Sachbearbeiter
Telefon
e-mail
Sachbearbeiterin
Telefon
e-mail
Amt:
Telefax

Grundbesitzabgaben-Bescheid 20

Die Gemeindevertretung hat in ihrer Sitzung vom 01.10.20 die Erhöhung der Hebesätze für Grundsteuer A von 220% auf 270% sowie für Grundsteuer B von 265% auf 280% beschlossen.

für: **Fl. 5 Flst.**

Abgaben-Nr.: 100
(bitte stets vollständig angeben)

, den 26.01.20 **Blatt: 1**

Art	Berechnungsgrundlage/ Aktenzeichen VZ= Vorauszahlung	Bemessung	Einheit	Hebe- und Gebührensatz	Zeitraum von- bis/ Jahr MM- MM/ JJJJ	Abgabenbetrag	Gutschrift/ Nachforderung
202	Grundsteuer B	11,63	EUR	280,00 %	01 - 12 / 200	32,56 EUR	32,56 EUR

Offene Forderungen und Fälligkeiten 20

Datum	Betrag in EUR
01.03.20	8,14
15.05.20	8,14
15.08.20	8,14
15.11.20	8,14

Kontoauszug 20

Insgesamt Gutschrift/Nachforderung	32,56 EUR
Bisherige Festsetzung	0,00 EUR
Reste aus Vorjahren	0,00 EUR
Insgesamt zu zahlen	32,56 EUR
Zahlungen bis 14.01.20	0,00 EUR
Noch zu zahlen	32,56 EUR

(siehe nebenstehende Fälligkeiten)

Bitte nutzen Sie die Vorteile des Bankeinzugsverfahrens - erteilen Sie uns eine Einzugsermächtigung.

Bitte aufbewahren, dieser Bescheid gilt bis zur Erteilung eines neuen Bescheides, ggf. auch für die folgenden Jahre.
Der Bescheid ist maschinell erstellt und ohne Unterschrift gültig.
Erläuterungen und Rechtsbehelfsbelehrung siehe Rückseite.

Gebucht

Konten
der
Gemeindekonten

USt-IdNr.
DE
Rechnungsnr.:

ORTSTEILE:

Grundsteuer

- Grundsteuer wird von der Gemeinde auf Grundbesitz erhoben.
- Zum Grundbesitz gehören Grund und Boden, Gebäude, Außenanlagen, Erbbaurechte, Wohnungseigentum, Gebäude auf fremdem Grund und Boden, land- und forstwirtschaftliche Betriebe sowie betriebliche Grundstücke.
- Falls der Zahlungszeitraum nicht mit dem Wirtschaftsjahr übereinstimmt, ist in der Bilanz ein aktiver Rechnungsabgrenzungsposten zu bilden, in der die Beträge ausgewiesen werden, die nicht auf das Wirtschaftsjahr entfallen. Zur Abgrenzung von Bagatellbeträgen bis zur GWG-Grenze sind Sie allerdings nicht verpflichtet.

Beleg buchen

Die Gemeinde erhebt für das Betriebsgelände eine geringe Grundsteuer. Beispiel

Grundsteuer	32,56 EUR	
an Bank		32,56 EUR

Das richtige Konto

BGA (GHK)	IKR	SKR03	SKR04	Kontenbezeichnung (SKR04)
423	702	2375	7680	Grundsteuer

Gerichtskasse
platz
6 tadt
Tel: 06
Fax: 06
Landesbank BLZ: Kto.:

Datum: 29. April 20

KOSTENBERECHNUNG

Gerichtskasse

RZB
Nr. 187

IT Consult GmbH
Geschäftsführer
Horst Starke
Wiesengasse 3
55586 Neustadt

Ihr Zeichen: nicht bekannt

Aktenzeichen: 4 HRB Amtsgericht
Bez.d.Sache: Handelsregistersache

Text laut Kostenordnung (KostO §§)	Wert	Anteil
137 Ziff. 5, Kosten der öffentlichen Bekanntmachung	0,00	55,38
137 Ziff. 5, Kosten der öffentlichen Bekanntmachung	0,00	78,81
137 Ziff. 5, Kosten der öffentlichen Bekanntmachung	0,00	66,35
79 Abs. 1, Eintragung in das Handelsregister	1500,00	18,00

Summe	218,54
abzüglich Vorschüsse und Erledigungen	300,00
abzüglich Verrechnungsbetrag	0,00
Verbleibender Überschuss in EUR	81,46

Sehr geehrte Dame, sehr geehrter Herr!

|X| Der oben genannte Überschuss ist an Sie zurückzuzahlen und wird Ihnen überwiesen.

|_| Der oben genannte Überschuss wurde in Höhe von ________ EUR auf die fällige Kostenschuld zu Kassenzeichen ____________ verrechnet.

|_| Nach Verrechnung sind noch zu zahlen: ________ EUR
Der Restbetrag in Höhe von ________ EUR wird ihnen überwiesen.

Mit freundlichen Grüßen
GERICHTSKASSE

Gründungskosten (Handelsregister)

- Das Konto „Sonstige betriebliche Aufwendungen“ verwenden Sie für die Verbuchung von Aufwand, den Sie sonst nicht zuordnen können, z. B. Safemiete, GEZ-Zahlungen u. a. Hingegen bezeichnet „Sonstiger Betriebsbedarf“ den Verbrauch von Gegenständen.
- Einmalige Aufwendungen, wie z. B. Gründungskosten, können auf „Sonstige Aufwendungen, unregelmäßig“ kontiert werden.
- Als sonstiger Betriebsbedarf gilt auch die typische Berufskleidung, wie z. B. schwarzer Anzug oder Frack des Kellners oder der Büromantel des Architekten.

Beleg buchen

Beispiel

Der Kostenvorschuss für die Handelsregistereintragung ist bereits als „Sonstige, unregelmäßige Aufwendungen“ erfasst worden. Der eingehende Überschuss von 81,46 EUR wird als Kostenerstattung im Haben gebucht.

Bank	81,46 EUR	
an Sonstige Aufwendungen, unregelmäßig		81,46 EUR

Das richtige Konto

BGA (GHK)	IKR	SKR03	SKR04	Kontenbezeichnung (SKR04)
473	693	4900	6300	Sonstige betriebliche Aufwendungen
4739	6992	2309	6969	Sonstige Aufwendungen, unregelmäßig
4725	6074	4980	6850	Sonstiger Betriebsbedarf

HANDWERKSKAMMER
RHEIN-MAIN

Handwerkskammer Rhein-Main • Postfach 10 07 41 • 64207 Darmstadt
Vertraulich - nur für Geschäftsleitung

Firma Elektro Zapp
Inh. Erwin Zapp
Daimlerstr. 3

46464 Neustadt

Handwerkskammer Rhein-Main
Hauptverwaltung Darmstadt
Hindenburgstraße 1
64295 Darmstadt
Telefon: (0 61 51) 30 07 - 0
Telefax: (0 61 51) 30 07 - 289

Bankkonto nur für Beitragszahlungen:
Konto 111165, Volksbank Darmstadt eG, BLZ 508 900 00

Betriebsnummer
1415534
Bitte bei Zahlung/Schriftverkehr angeben

Datum
14.02.20

Beitragsbescheid 2 0

Blatt 1 von 2

Beitrags-jahr		Gesamtbeitrag EUR	bereits veranlagt EUR	Gesamtbetrag bzw. Abweichung EUR
20	siehe Blatt 2	422,00	0,00	422,00

Hinweis
Dieser Beitragsbescheid ergeht wegen der Möglichkeit der Nachveranlagung des in Abhängigkeit vom Gewerbeertrag gestaffelten Grundbeitrages und des Zusatzbeitrages gem. § 7 der Beitragsordnung der Handwerkskammer Rhein-Main vorläufig. Liegt der Gewerbeertrag **2001** nicht vor, wird zunächst auf den letzten vorliegenden Gewerbeertrag zurückgegriffen.

Beitragsfestsetzung 20

1. Grundbeitrag

Gewerbeertrag 200 -umgerechnet in EURO-	Natürliche Personen und Personengesellschaften	Juristische Personen und Personengesellschaften mit Beteiligung einer juristischen Person
- 18.500	133,00 EUR	307,00 EUR
18.501 - 21.500	159,00 EUR	359,00 EUR
21.501 - 24.500	174,00 EUR	389,00 EUR
24.501 - 27.500	189,00 EUR	419,00 EUR
27.501 - 33.000	204,00 EUR	449,00 EUR
33.001 - 49.000	219,00 EUR	479,00 EUR
49.001 - 61.500	234,00 EUR	509,00 EUR
über 61.500	249,00 EUR	539,00 EUR

2. Zusatzbeitrag

Der Zusatzbeitrag beträgt 0,9% des Gewerbeertrages oder des Gewinns aus Gewerbebetrieb 20 Er ist auf volle EURO-Beträge aufzurunden.

Bei der Berechnung des Zusatzbeitrages wird bei natürlichen Personen und Personengesellschaften (ohne Beteiligung einer juristischen Person) ein Freibetrag von EUR 12.800,00, der bei Teilungen mit Industrie- und Handelskammern anteilig in Ansatz gebracht wird, abgezogen.

Vollständiger Beitragsbeschluß und weitere Hinweise auf der Rückseite!

HANDWERKSKAMMER RHEIN-MAIN

Summe der Veranlagung einschl. Vorjahre	422,00
abzüglich davon bereits bezahlt	
noch offener Beitrag	
noch offene Mahngebühren früherer Veranlagungen	

Zu zahlender Gesamtbetrag Wir bitten Sie, den Beitrag innerhalb von 14 Tagen mit beigefügtem Überweisungsträger zu überweisen oder uns die Einzugsermächtigung ausgefüllt zurückzusenden.	EUR 422,00
Guthaben Guthaben werden bei der nächsten Beitragsrechnung berücksichtigt.	EUR
Nicht überweisen Betrag wird gemäß der uns vorliegenden Einzugsermächtigung vom unten angegebenen Konto abgebucht. BLZ: Konto:	EUR

Rechtsmittelbelehrung

Gegen diesen Bescheid können Sie binnen eines Monats nach Zustellung Widerspruch bei der Handwerkskammer erheben. Der Widerspruch ist schriftlich oder zur Niederschrift bei der Handwerkskammer einzulegen. Er hat gemäß § 80 Abs. 2 Nr. 1 der Verwaltungsgerichtsordnung keine aufschiebende Wirkung. Zahlungen sind unabhängig davon zu leisten.

Handwerkskammer (Beiträge)

Beiträge an Berufsverbände sind abziehbare Betriebsausgaben, wenn die Mitgliedschaft in dem Verband beruflich veranlasst ist (z. B. IHK, Handwerkskammer). Voraussetzung für die Abzugsfähigkeit von Beiträgen als Betriebsausgaben ist, dass diese einen betrieblichen Bezug aufweisen. Nicht abzugsfähig sind:

- Beiträge und Spenden an Sportvereine, sonstige Vereine und Organisationen
- Spenden und Beiträge an Parteien
- Beiträge zur Handwerkskammer stehen gleich: Kammerbeiträge z. B. zur Rechtsanwaltskammer oder zur Steuerberaterkammer
- Beiträge zur Berufsgenossenschaft

Aus den Beiträgen ist kein Vorsteuerabzug möglich.

Tipp:

Handwerksbeiträge werden gewöhnlich für das laufende Kalenderjahr fällig. Anderenfalls sind jedoch die Beiträge abzugrenzen.

Beleg buchen

Auf Basis des Gewerbeertrags des Vorjahres wird der Beitrag für die Handwerkskammer Rhein Main auf 422 EUR festgesetzt. Beispiel

Beiträge	422,00 EUR	
an Bank		422,00 EUR

Das richtige Konto

BGA (GHK)	IKR	SKR03	SKR04	Kontenbezeichnung (SKR04)
427	692	4380	6420	Beiträge
4041	642	4138	6120	Beiträge zur Berufsgenossenschaft
428	6921	4390	6430	Sonstige Abgaben

SÄHMANN

CD – TV – HIFI – VIDEO – PC – ELEKTRO

STR. · TEL. (/ FAX

Horst Starke
Wiesengasse 3
55586 Neustadt

, den 30.10.20

Rechnung 10
Bei Zahlung bitte angeben

Telefon:0

Sie erhielten von uns

Pos.	Menge	Beschreibung	Preis	Gesamtpreis EUR
1	1	3310 Mit 1Jahr Garantie	99,00	99,00
		Zahlbar rein netto		**99,00 EUR**

Im Betrag sind 19% MwSt.= 16,81 EUR enthalten.

Zahlbar rein netto

Liefertermin:30.10.20 von __.00 bis __.00 Uhr

Ware ordnungsgemäß erhalten: Betrag dankend erhalten:

____________________ ____________________

Die gelieferte Ware bleibt bis zur vollständigen Bezahlung unser Eigentum.

Es gelten die in unseren Räumen aushängenden Geschäftsbedingungen.
Ust.-IdNr. DE

Bankverbindung:
Volksbank
(BLZ Konto-Nr.

Handelsregister:
HRA

Handyvertrag

- Die verbilligte Überlassung eines Handys beim Abschluss eines Mobilfunkvertrages führt zu Einnahmen beim Leistungsempfänger in Höhe des üblichen Verkaufspreises ohne Vertragsbindung abzüglich der Zuzahlung. Diese Einnahmen sind grundsätzlich über die Vertragslaufzeit passiv abzugrenzen.
- Ein passiver Rechnungsabgrenzungsposten braucht allerdings dann nicht gebildet werden, wenn der Wert des Handys (ohne Vertragsbindung) unter 150 EUR bzw. 410 EUR bleibt (GWG).[23]

Beleg buchen

Beispiel

Das übernommene Handy wird ohne Vertragsbindung regulär zum Nettopreis von 562,19 EUR verkauft. Beim Abschluss eines Vertrages über zwei Jahre beträgt die Zuzahlung hier jedoch lediglich brutto 99 EUR. Der Handykunde aktiviert die Anschaffung zum regulären Wert und muss sich im Gegenzug Einnahmen in Höhe von 480 EUR zurechnen lassen. Die Zahlung erfolgt über EC-Karte.

Geringwertige Wirtschaftsgüter, Sammelposten	562,19 EUR	
Vorsteuer	16,81 EUR	
an Bank		99,00 EUR
an Passive Rechnungsabgrenzung		480,00 EUR

Für die Monate Oktober bis Dezember 2011 sind drei von 24 Monaten ertragswirksam einzubuchen.

Passive Rechnungsabgrenzung	60,00 EUR	
an Sonstige betriebliche Erträge		60,00 EUR

Das richtige Konto

BGA (GHK)	IKR	SKR03	SKR04	Kontenbezeichnung (SKR04)
033	087	0490	0690	Sonstige Betriebs- und Geschäftsausstattung
037	089	0480	0670	GWG bis 410 EUR
093	49	0990	3900	Passive Rechnungsabgrenzung
27	54	8600	4830	Sonstige betriebliche Erträge

[23] BMF-Schreiben vom 20.06.2005 – IV B 2-S 2134-17/05.

Rechnung
Invoice

Inhaberin:

HOTEL UND RESTAURANT

Ein Haus in zentraler Lage mit komfortablen Zimmern, Gesellschaftsräumen, Hofterrasse, eigenen Parkplätzen und Garagen.

Steuer-Nr. 11 0

RECHNUNG

Übernachtungskosten ohne Frühstück

GEBUCHT

Zimmer Nr.	:11
Firma	:
Gastname	: Herr
Anreise	: 26.02.20
Abreise	:27.02.20
Nächte	: 1
Personen	: 1
Zimmerart	: Einbettzimmer

8066601 2180

Rechnung netto	:	€
zuz.. 7 % MwSt.	:	€
Rechnung brutto	:	50,00 €

A U F W I E D E R S E H E N · G O O D B Y E !

Name/Nom: Zimmer/Room/Chambre: Datum/Date: Unterschrift/Signature:

i. A.

Bankverbindung: N r Bank eG · BLZ · Ko · BLZ · Konto-Nr.

Hotelkosten

- Der Unternehmer kann Übernachtungskosten auf Geschäftsreisen als Betriebsausgaben geltend machen.
- Bei Übernachtungen des Arbeitnehmers muss die Rechnung ebenfalls auf den Arbeitgeber als Leistungsempfänger ausgestellt sein.
- Bei Übernachtung mit Frühstück ist von den Betriebsausgaben ein Frühstücksanteil von 20 % der Kosten abzuziehen.
- Auf Hotelleistungen gilt eine ermäßigte Mehrwertsteuer von 7 %, bei anderen Leistungen des Beherbergungsbetriebs, wie etwa dem Frühstück, ein Satz von weiterhin 19 %. Aus einer Rechnung für einen Arbeitnehmer mit Beherbergungsleistung (7 %) und einem Sammelposten einschließlich Frühstück (19 %) lässt sich das Frühstück mit 4,80 EUR herausrechnen und der Restbetrag dieses Sammelpostens als Reisenebenkosten (R 9.8 LStR) erstatten.

Tipp:

Nach § 7 Abs. 1 Bundesreisekostengesetz ist ein pauschales Übernachtungsgeld von 20 EUR steuerfrei vom Arbeitgeber erstattungsfähig, wenn keine höheren Übernachtungskosten nachgewiesen werden können.

Beleg buchen

Die Übernachtung ohne Frühstück (siehe Beleg) ihres mitreisenden Arbeitnehmers, Herrn Huber, kostet der Unternehmerin, Frau Meier, 50 EUR brutto. Sie zahlt bar aus eigener Tasche. Beispiel

Übernachtungskosten Arbeitnehmer	42,01 EUR	
Vorsteuer	7,99 EUR	
an Privateinlage		50,00 EUR

Das richtige Konto

BGA (GHK)	IKR	SKR03	SKR04	Kontenbezeichnung (SKR04)
4452	6855	4666	6660	Reisekosten AN Übernachtungsaufwand
4462	6857	4676	6680	Reisekosten UN Übernachtungsaufwand

Moskwa Inkasso und Auskunftei

Firma Elektro Zapp
Inh. Erwin Zapp
Daimlerstr. 3

46464 Neustadt

Aktenzeichen bitte immer angeben:

Ihr Bearbeiter:
Herr
Tel.:
von 9-12 und 14-16 Uhr

13.11.20

Auftraggeber-Nr.: Rechnung-Nr.:

Hinweis: Die Adresse hat sich verändert.
Geburtsdatum:

Kd.-Nr.: / Ihre Re-Nr.:
Endabrechnungsgrund: Vollzahlung

Übergebene Forderung in EUR gegen den Schuldner:

Hauptsache:	363.00
Hauptsache-Zinsen:	2.75
Ihre Mahnauslagen:	5.00
Summe:	370.75

ENDABRECHNUNG in EUR

Überschuß aus Schuldnerzahlung gesamt:		373.75
Vom Schuldner direkt an Sie bezahlt:		0.00
Ihre Kosten:		0.00
Davon Auslagen ohne Umst:	0.00	
19.00% Umst. auf vom Schuldner erstattete Kosten *) und		
19.00% Umst. auf Ihre Kosten	0.00	-5.37
40.00% EP mit Kostenrisiko aus	373.75	-149.50
19.00% Umsatzsteuer hierauf		-28.41
Gutschrift:		190.47
Mit Ihnen bereits abgerechnet:		0.00
Aktueller Endsaldo an Sie auszuzahlen:		190.47
Ihre Umsatzsteuer:		33.78

*) Gemäß BFH-Urteil (Beschl. v. 6.3.1990 - VII E 9/89) trägt bei vorsteuerabzugsberechtigten Auftraggebern dieser die Umsatzsteuer auf vom Schuldner erstattete Kosten.

Mit freundlichen Grüßen

Telefon:
Telefax:
E-Mail:
WWW:

Als Ink...
Geschä...
Sitz der G...

Steuernummer

Inkassoabrechnung

- Von den eingezogenen Forderungen ziehen Inkassobüros ihre Kosten ab.
- Die auf die Kosten entfallende Umsatzsteuer trägt der Auftraggeber. Er kann sie als Vorsteuer geltend machen.
- Zahlt Ihr säumiger Schuldner nur einen Teil einer bereits versteuerten Forderung, lässt sich der uneinbringliche Teil ausbuchen.

Tipp:

Bei Ratenzahlung der Schuldner oder separatem Gebührenausweis der Inkassobüros kann es auf den Abrechnungen recht unübersichtlich werden. Beachten Sie, dass nicht nur die eingehenden Zahlungen, sondern auch die ausgewiesene Vorsteuer und die Inkassokosten umsatzsteuerpflichtige Erlöse darstellen.

Beleg buchen

Beispiel

Der Schuldner zahlt die noch nicht versteuerte Forderung und sämtliche Inkassokosten an das Inkassobüro in voller Höhe. Nach Abzug der Kosten überweist das Inkassobüro den Betrag von 190,47 EUR.

Bank Nebenkosten des Geldverkehrs Vorsteuer	190,47 EUR 149,50 EUR 33,78 EUR	
an Verkaufserlöse		373,75 EUR

Das richtige Konto

BGA (GHK)	IKR	SKR03	SKR04	Kontenbezeichnung (SKR04)
486	675	4970	6855	Nebenkosten des Geldverkehrs

OHG – *Elektrogroßhandel*

Telefon 06
Telefax 06
e-mail f @t-online

F OHG * I trasse 40 *

Firma
Horst Starke
Wiesengasse 3
55586 Neustadt

RECHNUNG

Bei Zahlung bitte angeben:

Kunden-Nr.	Rechnungs-Nr.	Datum	Seite
10	21	29.07.20	1

Ihre Auftrags-Nr.: Herr O

Ihr Ansprechpartner	Telefon	Telefax	E-Mail
	06	06	f @t-online.de

Pos.	Artikel-Nr. / Bezeichnung	Menge	Einh.	Einzelpreis	Art.Gr.	Gesamtpreis
	Lieferschein 15 vom 26.07.20					
1 0	**O60** WDK6(32MTR WAND+DECKENK.M.O. 60X 60 WEISS	32	Meter	9,25	45,00 % 00071	162,80

Gebucht

Warenwert €	Mwst-%	Mwst €	Endbetrag €
162,80	19,00	30,93	193,73

Zahlungsbedingung :

8.08.20	2,00	%	3,87	189,86
28.08.20	netto Kasse			193,73

Steuernr.: 3

Bankverbindung:

Sitz der Gesellschaft: Mannheim
Amtsgericht HRE
Gerichtsstand n

Umsatzsteuer-ID-Nummer
2

Instandhaltungskosten

Definition

Instandhaltungskosten sind Kosten, die infolge von Abnutzung, Alterung und Witterung zur Erhaltung des bestimmungsgemäßen Gebrauchs von baulichen Anlagen aufgewendet werden müssen.

- Wenn eine Deckenbeleuchtung mit dem Gebäude verbunden und damit zu einem Teil des Hauses wird, kann sie nicht mehr als selbstständige „bewegliche" Sache betrachtet werden.[24]
- Mietereinbauten und Mieterumbauten sind dagegen in der Bilanz des Mieters zu aktivieren, wenn es sich um (gegenüber dem Gebäude) selbstständige Wirtschaftsgüter handelt, für die der Mieter Herstellungskosten aufgewendet hat. Die Höhe der Absetzung für Abnutzung (AfA) wird nach den für Gebäude geltenden Grundsätzen bestimmt, also maximal 50 Jahre.[25]

Tipp

Die große Gefahr für Mietereinbauten bei unbefristeten Mietverträgen liegt in der Qualifizierung als unselbstständiger Gebäudebestandteil mit einem Abschreibungszeitraum von 50 Jahren! Sie können dies verhindern, indem Sie mit dem Vermieter Restwertvergütungen für den Auszug in 5 Jahren, 10 Jahren, 20 Jahren usw. vereinbaren.

Beleg buchen

Beispiel

Der Mieter ersetzt mit eigenem Personal nach fünf Jahren die Deckenbeleuchtung durch neue Lichtleisten. Eine Totalrenovierung oder Umbau der Mieträume findet nicht statt. Bei den hier vorliegenden geringen Materialwerten handelt es sich um Instandhaltungskosten.

Instandhaltung betrieblicher Räume	162,80 EUR	
Vorsteuer	30,93 EUR	
an Bank		193,73 EUR

Das richtige Konto

BGA (GHK)	IKR	SKR03	SKR04	Kontenbezeichnung (SKR04)
0249	080	0450	0680	Einbauten in fremde Grundstücke
4711	6933	4260	6335	Instandhaltung betrieblicher Räume

[24] BFH, Urteil vom 17.05.1968 – VI R 227/67.

[25] BFH, Urteil vom 15.10.1996 – VIII R 44/94.

stfo

Firma
Horst Starke
Wiesengasse 3
55586 Neustadt

Ihre Kundennummer 70230
Ihre Rechnungsnummer 30

Rechnungsdatum 17.04.20
Seite 1 von 6

Kundenservice Center
Postfach

Telefon: 01805-
Telefax: 0800
E-Mail: Kundenservice@ de

Sehr geehrte Damen und Herren,

wir bedanken uns für Ihr Vertrauen und die Nutzung unserer Leistungen. Wir erlauben uns, die von Ihnen genutzten Leistungen nachfolgend zu berechnen:

Ihre Rechnung vom April 20

Kabelanschluss	12,50 €
Kabel Internet	25,78 €
Telefonie	19,23 €
Nettobetrag	**57,51 €**
MwSt. 19%	10,93 €
Gesamtbetrag	**68,44 €**

Hinweise zur Zahlung dieser Rechnung finden Sie auf der Rückseite.

Mit freundlichen Grüßen

Ihr

Internetgebühr

- Bei einem betrieblichen Internetanschluss können Sie die Kosten als Betriebsausgaben ansetzen und ggf. die Vorsteuer abziehen.
- Bei privater Mitnutzung durch Arbeitnehmer bleibt der Betriebsausgabenabzug bestehen (Steuerbefreiung für die Nutzung von Telekommunikationsgeräten § 3 Nr. 45 EStG).
- Bei privater Mitnutzung durch den Unternehmer sollten Sie die privat veranlassten Kosten mit einem pauschalen Abschlag berücksichtigen.[26]
- Vorsteuerabzug ist nur aus Originalrechnungen möglich. Eine elektronische Rechnung im PDF-Format gilt für sich genommen nicht als Original, da sie beliebig oft ausgedruckt und bearbeitet (gefälscht?) werden kann. Für einen Vorsteuerabzug sind nach § 14 Abs. 3 UStG die Echtheit der Herkunft und die Unversehrtheit des Inhalts zu gewährleisten, in der Regel mit qualifizierter elektronischer Signatur.

Achtung:
Achten Sie bei elektronischen Rechnungen auf eine qualifizierte Signierung, sonst ist der Vorsteuerabzug gefährdet.

Beleg buchen

Der Kabelbetreiber bucht die monatliche Grundgebühr für Kabel, Internet und Telefon ab. Beispiel

Internetgebühren	57,51 EUR	
Vorsteuer	10,93 EUR	
an Bank		68,44 EUR

Das richtige Konto

BGA (GHK)	IKR	SKR03	SKR04	Kontenbezeichnung
4822	6822	4925	6810	Internetkosten
4821	6821	4920	6805	Telefon

[26] BMF, 06.05.2002, IV A 6 – S 2144 – 19/02.

…stfa…

Firma
Horst Starke
Wiesengasse 3
55586 Neustadt

Ihre Kundennummer 70230
Ihre Rechnungsnummer 30

Rechnungsdatum 17.04.20
Seite 1 von 6

Kundenservice Center
Postfach

Telefon: 01805-
Telefax: 0800-
E-Mail: Kundenservice@ …de

Sehr geehrte Damen und Herren,

wir bedanken uns für Ihr Vertrauen und die Nutzung unserer Leistungen. Wir erlauben uns, die von Ihnen genutzten Leistungen nachfolgend zu berechnen:

Ihre Rechnung vom April 20

Kabelanschluss	12,50 €
Kabel Internet	25,78 €
Telefonie	19,23 €
Nettobetrag	**57,51 €**
MwSt. 19%	10,93 €
Gesamtbetrag	**68,44 €**

Hinweise zur Zahlung dieser Rechnung finden Sie auf der Rückseite.

Mit freundlichen Grüßen

Ihr

Zahlen Sie immer noch Monat für Monat Grundgebühr für Ihren Telefonanschluss? Mit … können Sie das ändern! Mit einem K… **9,90 Euro*** können Sie nicht nur einfach und flatrate-günstig mit 64 Kbit surfen, sondern erhalten einen **Telefonanschluss ohne zusätzliche Grundgebühr,** mit dem Sie auch noch bei den Gesprächen sparen können. Und es geht noch weiter! Wenn Sie bis 30.04.20 … **Internet** Kunde werden, erhalten Sie ein **schnurloses Telefon** geschenkt**. Informieren Sie sich jetzt über die Kabel Internet Verfügbarkeit in Ihrem Wohnort unter **www.…de** oder unter der Hotline **01805-**… (0,12 Euro/ Min). (*Preis pro Monat, Mindestvertragslaufzeit 12 Monate; **Aktion befristet bis 30.04.20…)

Internetkosten (Datenbankrecherche)

- Der Zugriff auf Datenbanken und Dokumente, die Nutzung von Online-Programmen und Recherchedienste im Internet können kostenpflichtig sein.
- In der Regel können diese Dienste unter „Internetkosten“ erfasst werden.
- Bei erheblichen oder regelmäßigen Ausgaben sind die Kosten sachlich zuzuordnen, z. B. den Personalkosten, Werbekosten, Rechtsberatungskosten, Buchhaltungskosten etc.

Achtung:
Prüfen Sie, aus welchem Land Ihr Internetdienstleister tätig ist. Als inländischer Leistungsempfänger eines ausländischen Unternehmers schulden Sie die Umsatzsteuer nach § 13b UStG. Auf der Rechnung muss ein entsprechender Hinweis erfolgen.

Beleg buchen

Die *Danes* GmbH holt bei einem Datenbanksystem Registerauskünfte über konkurrierende Firmen ein. Beispiel

Internetkosten Vorsteuer	29,92 EUR 5,68 EUR	
an Bank		35,60 EUR

Das richtige Konto

BGA (GHK)	IKR	SKR03	SKR04	Kontenbezeichnung
4822	6822	4925	6810	Internetkosten

Transport Gmbh

Kaution

KFZ Nummer: MG - WS 508 Sprinter 520,- €

von Thorsten Frings, MG

Wir werden den Betrag wie vereinbart am 25.09.07 .ten des Monats einziehen.

erh. am 29.09

Ge
Tel.u.F
V
HRE

Kautionen

In der Buchhaltung wird unterschieden, ob es sich um erhaltene oder geleistete Sicherheitsleistungen handelt.

- Erhaltene Kautionen sind bei den „Sonstigen Verbindlichkeiten“ auszuweisen.
- Geleistete Kautionen werden bei den „Sonstigen Vermögensgegenständen“ ausgewiesen. Kautionen für langfristige Verträge, die auf unbestimmte Zeit abgeschlossen sind, werden bei den „Sonstigen Ausleihungen“ im Anlagevermögen ausgewiesen.

Tipp:

Auch bei innergemeinschaftlichen Lieferungen von Neufahrzeugen ist eine Kaution in Höhe der Umsatzsteuer üblich. Sie wird dem Abnehmer erst erstattet, wenn er die Zulassung oder die Besteuerung im anderen EU-Staat nachweist.

Beleg buchen

Die Mietkaution für den Lkw beträgt 520 EUR und wird vom Bankkonto des Mieters eingezogen

Beispiel

Geleistete Kautionen	520,00 EUR	
an Bank		520,00 EUR

Das richtige Konto

BGA (GHK)	IKR	SKR03	SKR04	Kontenbezeichnung (SKR04)
117	266	1525	1350	Geleistete Kautionen
172	4863	1732	3550	Erhaltene Kautionen
046	16	0540	0930	Sonstige Ausleihungen

Finanzamt
Kraftfahrzeugsteuernummer
(Bitte bei Rückfragen angeben)

Telefon 0
Telefax 06

03.04.20

***

Finanzamt 201
Postf.

04. 0.55 EUR

Bescheid

über

Kraftfahrzeugsteuer

***

Der Bescheid ist nach § 12 Abs. 2 Nr. 3 Kraftfahrzeugsteuergesetz geändert.

Festsetzung	€
Die Steuer wird für das Fahrzeug mit dem amtlichen Kennzeichen festgesetzt: für die Zeit vom 16.07.20 bis 27.03.20 auf	336,00

Abrechnung (Stichtag 29.03.20)	€	€
Steuer für die Zeit vom 16.07.20 bis 27.03.20 . .	336,00	
davon bereits getilgt	481,00	
verbleiben	-145,00	-145,00
Summe		-145,00

Das Guthaben von 145,00 € wird erstattet auf das Konto

Grundlagen der Festsetzung

Fahrzeugart . . . . Personenkraftwagen
Erstzulassungsdatum 03.01.1989
Hubraum . . . . 2975 cm³, entspricht 30 angefangene 100 cm³
Kraftstoffart/Energiequelle 0002 Diesel
Emissionsklasse . . . . . . 0425 SCHADSTOFFARM EURO 2
Steuersatz . . . . 16,05 € je angefangene 100 cm³ nach § 9 Abs. 1 Nr. 2 Buchst. b KraftStG

Angaben zur Kraftstoffart/Energiequelle und zur Emissionsklasse ergeben sich aus der seit dem 01.10.2005 anzuwendenden Richtlinie 1999/37/EG. Hierdurch hat sich die Steuer nicht geändert.

S t e u e r b e r e c h n u n g	€ gerundet
vom 16.07.20 bis 27.03.20 : 16,05 € x 30 angefangene 100 cm³ x 255 Tage : 365 Tage	336,00

Sonstige Erläuterungen

Die Steuerpflicht endete am 28.03.20 .

Wenn Sie bei einer Wiederzulassung dieses Fahrzeugs oder der Zulassung eines anderen Fahrzeugs wieder am Lastschrifteinzugsverfahren teilnehmen wollen, müssen Sie die Teilnahme erneut schriftlich erklären.

Das Finanzamt (Finanzkasse) hat folgende Konten:
Konto-Nr.: Kreditinstitut: BLZ:

*** ***

Kraftfahrzeugsteuer

- Für die Kfz-Steuer ist ein eigenes Konto nicht unter „Fahrzeugkosten", sondern unter „Sonstige Steuern" vorgesehen.
- Diese Steuer gehört zu den Betriebssteuern, wenn die Fahrzeuge für betriebliche Zwecke genutzt werden.
- Falls der Zahlungszeitraum nicht mit dem Wirtschaftsjahr übereinstimmt, ist in der Bilanz ein aktiver Rechnungsabgrenzungsposten zu bilden (zwingend erst ab 410 EUR) und dort die nicht auf das Wirtschaftsjahr entfallenden Beträge auszuweisen.
- Erstattungen sind gegen diesen Abgrenzungsposten oder ggf. beim Aufwandskonto im Haben zu buchen.

Beleg buchen

Beispiel

Im Abgrenzungsposten für Kfz-Steuer in der Bilanz zum 31.12.20XX waren 240 EUR eingestellt (6 Monate von 480 EUR). Nach der Abmeldung des Pkws zum 27.03.des Folgejahres beträgt die Erstattung 145 EUR.

Bank	145,00 EUR	
Kfz-Steuer	95,00 EUR	
an Aktive Rechnungsabgrenzungsposten		240,00 EUR

Das richtige Konto

BGA (GHK)	IKR	SKR03	SKR04	Kontenbezeichnung (SKR04)
422	703	4510	7685	Kfz-Steuer
091	29	0980	1900	Aktive Rechnungsabgrenzungsposten

Futura Versicherung

Futura Versicherung AG, 61407 Oberursel

Firma
Elektro Zapp
60234 Frankfurt

Futura Versicherung AG
Hauptstelle
61407 Oberursel

Telefon: 06171 / ....
Telefax: 06171 / ....

Oberursel, 22.06.

Kraftfahrtversicherung Nr. A0111000222 F-YZ 888 Pkw-Kombi

Hersteller	Ty-Nr.	KW	Fahrzeug-Ident-Nr.	Vers.Beginn	jährl. km-Leistung	Zahlungsweise
Opel	531	100	16001600	01.03.20	30.000	jährlich

Beitragserstattung wegen Fahrzeugabmeldung

Haftpflichtversicherung					
Personenschäden	Sachschäden	Vermögensschäden	Regio.-/Typklasse	Beitragsklasse	Beitrag
6,5 Mio. €/Person	unbegrenzt	unbegrenzt	N5/16	35%	95,40 €
Vollkaskoversicherung			Regio.-/Typklasse	Beitragsklasse	Beitrag
650 € Selbstbeteiligung und 300 € Teilkasko-Selbstbeteiligung			N3/29	40%	142,80 €
Beitragserstattung :	für den Zeitraum 01.03.20 bis 16.06.20			gesamt	238,20 €

Den Erstattungsbetrag werden wir auf Ihr Kto A-Bank Frankfurt, BLZ 54036000, Nr. 10057890 überweisen.

Kraftfahrzeugversicherung

- Für Kfz-Versicherungen ist ein eigenes Konto unter den Fahrzeugkosten vorgesehen.
- Versicherungsentschädigungen für Unfallschäden sind auf einem gesonderten Konto zu erfassen.
- Eine Erstattung von Versicherungsbeiträgen sollte nicht als zusätzlicher Ertrag, sondern als Teilstorno der ursprünglichen Aufwandszahlung verstanden werden.

Tipp:

Beachten Sie, dass Sie Versicherungszahlungen, die auch für das Folgejahr geleistet werden, zum Jahresende aktiv abgrenzen müssen. Beispiel: Sie zahlen am 28.10.2011 Kraftfahrzeugversicherung für den betrieblichen Fuhrpark für die Zeit vom 01.10.2011 bis 30.09.2012 in Höhe von 10.000 EUR. Lediglich in Höhe von 2.500 EUR (drei von zwölf Monate) gehört dies zum Aufwand 2011. Deshalb müssen Sie in der Bilanz zum 31.12.2011 in dieser Höhe einen aktiven Rechnungsabgrenzungsposten in Höhe von 7.500 EUR bilden. Zur Abgrenzung von Bagatellbeträgen bis zur GWG-Grenze sind Sie allerdings nicht verpflichtet.

Beleg buchen

Beispiel

Sie melden einen Firmenwagen ab und teilen der Versicherungsgesellschaft mit, dass Sie keine Verrechnung mit künftigen Prämienzahlungen wünschen. Daraufhin wird die überzahlte Prämie von 238,20 EUR überwiesen.

Bank	238,20 EUR	
an Versicherungen		238,20 EUR

Das richtige Konto

BGA (GHK)	IKR	SKR03	SKR04	Kontenbezeichnung
4261	691	4520	6520	Kfz-Versicherungen
267	5431	2742	4970	Versicherungsentschädigungen
91	29	980	1900	Aktive Rechnungsabgrenzung

Firma
Horst Starke
Wiesengasse 3
55586 Neustadt

Karteninhaberservice / Sperrhotline: 01805[illegible]

Umsatzaufstellung vom 03.03. bis 28.04. MasterCard 5486 Seite: 1

Ihr Verfügungsrahmen: 2.500 EUR

Buchungsdatum	Belegdatum	Umsatzinformationen	Betrag in Euro
		SALDO VORMONAT	0,00+
15.03.	15.03.	Deutsche Bahn AG Berlin	59,50-
03.04.	03.04.	MASTERCARD JAHRESGEBUEHR	18,00-
		NEUER SALDO	77,50-
UMSATZSUMME SEIT:04.20			0,00

Ihr Konto Nr 00[illegible] wird in den nächsten Tagen mit o. g. Saldo belastet. Diese Aufstellung enthält alle Umsätze, die bis zum Erstellungsdatum eingegangen sind. Wir bitten, diese zu prüfen und evtl. Unstimmigkeiten unverzüglich mitzuteilen.

Kreditkartenabrechnung

- Die Sammelabbuchung der monatlichen Kreditkartenabrechnung ist in Einzelbuchungen aufzusplitten. Für die Zahlungen über Kreditkarte können Sie auch ein separates Verrechnungskonto verwenden.
- Nutzen Sie als Firmeninhaber die Kreditkarte, um damit betriebliche Vorgänge zu bezahlen, buchen Sie die Kreditkartengebühr auf das Konto „Nebenkosten des Geldverkehrs".

Beleg buchen

Beispiel

Auf der Kreditkartenabrechnung März finden sich neben der Jahresgebühr noch die Kosten für die Bahnfahrkarte (Beleg siehe dort).

Reisekosten Unternehmer Fahrtkosten Vorsteuer	50,00 EUR 9,50 EUR	
Nebenkosten des Geldverkehrs	18,00 EUR	
an Kreditkartenabrechnung		77,50 EUR

Bei Abbuchung vom Bankkonto wird das Konto „Kreditkartenabrechnung" ausgeglichen.

Kreditkartenabrechnung	77,50 EUR	
an Bank		77,50 EUR

Das richtige Konto

BGA (GHK)	IKR	SKR03	SKR04	Kontenbezeichnung (SKR04)
174	4890	1730	3610	Kreditkartenabrechnung
486	675	4970	6855	Nebenkosten des Geldverkehrs

EINGANG

Personal-Leasing®

Hauptverwaltung/Sitz der Gesellschaft
GmbH

Telefon: (+49)
Fax: (+49)
e-mail: info@

Geschäftsführerin
HRB. NR.:
Registergericht
UST.-IDNR.: DE
St.-Nr.: 2 [redacted]
Finanzamt [redacted]

Unsere Geschäftsstellen in Deutschland, Österreich, England und Tschechischen Republik finden Sie auf der Rückseite.

GmbH

Rechnung

Datum	: 28.08
Rechnungs-Nr	:
Kunden-Nr.	:
Seite	: 1

Leistung	Woche	Stunden	EUR/Std	Gesamt EUR
Normalstunden	33	40,00	20,80	832,00
Normalstunden	34	40,00	20,80	832,00

F.023-01/08 RE

BZA

BPV Bundesverband Personalvermittlung e.V.

REG. NR. 54688

EQNet

Fax:

PERSONAL-LEASING

Nettobetrag:	EUR	1.664,00
19 % MwSt:	EUR	316,16
Gesamtbetrag:	EUR	1.980,16

*** Zahlbar sofort ohne Abzug ***
Bitte geben Sie bei Ihrer Zahlung Kunden- und Rechnungsnummer an.

Unsere Bankverbindungen:

BLZ Kto. IBAN D. BLZ Kto. IBAN DE

Leiharbeit (Arbeitnehmerüberlassung)

- Man unterscheidet zwischen Fremdleistungen als „Aufwand für bezogene Leistungen und Fremdarbeiten von freien Mitarbeitern und Leiharbeiter in Produktion/Verwaltung oder im Vertrieb andererseits, die statt eigenem Personal herangezogen werden.
- Zwar kommt es zwischen Entleiher und Leiharbeitnehmer zu keinem rechtlichen Arbeitsverhältnis. Der Entleiher kann jedoch den Leiharbeitnehmer für die vertraglich festgelegten Arbeiten einteilen und ihn auch versetzen und muss Ihn über seine Aufgaben und Verantwortung sowie über die Art seiner Tätigkeit und ihre Einordnung in den Arbeitsablauf informieren.
- Umgekehrt ist der Leiharbeitnehmer verpflichtet, Krankheit und andere persönliche Verhinderungen auch dem Entleiher anzuzeigen. Verursacht er bei Ausübung seiner Tätigkeit schuldhaft einen Schaden, ist er dem Entleiher zum Schadensersatz verpflichtet.

Achtung:

Für den Unternehmer können sich Haftungsrisiken ergeben, wenn die Leiharbeitsfirma die Lohnsteuer und Sozialversicherungsbeiträge für den Leiharbeitnehmer nicht abführt.

Beleg buchen

Um den dringlichen Installationsauftrag abwickeln zu können, greift Elektro Zapp für 14 Tage auf einen Leiharbeitservice zurück. Beispiel

Fremdarbeiten Vorsteuer	1.664,00 EUR 316,16 EUR	
an Bank		1.980,16 EUR

Das richtige Konto

BGA (GHK)	IKR	SKR03	SKR04	Kontenbezeichnung (SKR04)
4731	610	4909	6303	Fremdarbeiten (freier Mitarbeiter)
465	610	4780	6780	Fremdarbeiten (Vertrieb)
37	610	3100	5900	Fremdleistungen

Geschäftsbereich Vertrieb Brief

Deutsche Post

Rechnung

Deutsche Post AG GB Vertrieb Brief West / ZKAM
BO Kundenservice Nord Abrechnung Brief 30136 Hannover

He. Druckerei und Verlag GmbH
:5

Bei Zahlung oder Rückfragen bitte angeben:

Rechnungsnummer	171
Rechnungsdatum	20
ausgestellt am	04.2
Kundennummer	3261

Sehr geehrte Kundin, sehr geehrter Kunde,
vielen Dank für Ihren Auftrag und das in uns gesetzte Vertrauen. Die erbrachten Leistungen rechnen wir hiermit wie folgt ab:

Abrechnungsnummer: 32618
AM-Auftrag: 00 05 Postcard: 32618 1
Absender / Leistungsempfänger:
POSTCARD
Mailling A 11
Leistungserstellung vom 0

Produkt	Gewicht	Menge	Einh.	USt-Kz.	Einzel Preis	Gesamtbetrag (EUR)
Infopost Groß	118 g	5.427	ST	C1	0,65	3.527,55

Gesamtsumme Positionen:				3.527,55
Umsatzsteuer	19,00 %	von	3.527,55	670,23
C1: voller Steuersatz				
Rechnungsbetrag				4.197,78

Zahlungsbedingungen: sofort zahlbar
Der Rechnungsbetrag wird von Ihrem Konto 2 BLZ: abgebucht.
Mit freundlichen Grüßen
Ihre Deutsche Post

Hausadresse:
Gradestraße 22
30163 Hannover
Telefon 0180 2 001427
Mo.-Fr. von 8:00 bis 18:00 Uhr
(6 Cent je Anruf aus den deutschen Festnetzen; max. 42 Cent je angef. 60 Sek. aus den dt. Mobilfunknetzen)
Telefax 0511 3720 -434
www.deutschepost.de

Kontoverbindung
Deutsche Post AG
Shared Service Center
Accounting Köln
Postbank Stuttgart
Konto-Nr. 379 090 700
BLZ 600 100 70
IBAN:
DE64600100700379090700
BIC: PBNKDEFF600

Vorstand
Dr. Frank Appel, Vorsitzender
Ken Allen
Roger Crook
Bruce Edwards
Jürgen Gerdes
Lawrence A. Rosen
Walter Scheurle

Vorsitzender des Aufsichtsrates
Prof. Dr. Wulf von Schimmelmann

Sitz Bonn
Registergericht Bonn
HRB 6792
USt-IdNr.
DE 1698 38187
St.Nr 5205/5777/1510

Mailing

Anders als bei Paketsendungen von Versandhändlern (siehe Stichwort „Portokosten") handelt es sich bei weiterberechneten Portokosten von Mailings um durchlaufende Posten.

- Ab dem 01.07.2010 unterliegen viele Postleistungen der Umsatzsteuer, so auch die so genannte Infopost. Die Zahlung erfolgt meistens sofort durch den Einlieferer.
- Dem Auftraggeber von Mailingaktionen (nicht dem Einlieferer) steht ein Vorsteuerabzug zu, wenn er auf der Rechnung als Auftraggeber/Absender bezeichnet ist. In diesem Fall handelt es sich bei den Zahlungen durch den Einlieferer (Marketingunternehmer, Druckerei o. Ä.) um durchlaufende Posten.
- Weist der Einlieferer unberechtigt die auf das Porto entfallene Umsatzsteuer gesondert aus, schuldet er diese nach § 14c Abs. 2 UStG, da er keine Leistung erbringt.[27] Der Empfänger dagegen hat keinen Vorsteuerabzug aus der unrichtigen Rechnung.

Beleg buchen

Beispiel

Die Druckerei Heckler übernimmt im Auftrag eines Wettbüros Druck und Mailing von 5.427 Flyern. Die Zahlung bei Einlieferung wird über die Postcard bei der Bank abgebucht. Die Portorechnung reicht die Druckerei im Original an ihren Auftraggeber weiter.

Durchlaufende Posten	4.197,78 EUR	
an Bank		4.197,78 EUR

Das richtige Konto

BGA (GHK)	IKR	SKR03	SKR04	Kontenbezeichnung (SKR04)
4820	6821	4910	6800	Porto
1595	2663	1590	1370	Durchlaufende Posten

[27] OFD Frankfurt a. M., Verfügung v. 26.07.2011, S-7200 A – 180 – St 111.

EINGANG

23. SEP.

einfach gut

Schweißtechnik
Technische Gase
Sauerstoff für Technik u. Medizin
Propangas - Carbid
Schweistechn. Geräte und Zubehör
Gasgeräte für Camping u. Freizeit

GmbH

Rechnung

Rechnungsnr:

Datum: 22.09.

Kundennr.: **Auftragsnr.:** **Versandadresse:** Eig.
Bestellnr.:

Lieferschein		**Bezeichnung**	**Art.-Nr.**	**Menge**	**Preis**	**Rabatt**	**Gesamt**
2836	17.09.	Füllung Argon 300 bar	99999	1 Stück	80,00 €		80,00 €
							0,00 €

		80,00 €
	Nebenkosten	
Steuernummer FA Umsatzsteuer-Id-Nr.: DE	**MwSt. 19 %**	15,20 €
	Rechnungsbetrag	**95,20 €**

Lieferscheindatum entspricht Lieferdatum.
Die Ware bleibt bis zur vollständigen Bezahlung unser Eigentum. Zahlbar innerhalb 10 Tagen abzügl. 2 % Skonto, oder 30 Tage netto.
Propan/Treibgas zahlbar sofort nach Rechnungserhalt ohne Abzug.

Handelsregister · HRB-Nr · Geschäftsführer: Steuer-Nr. · UST.-IDNR. DE
Medien
Telefon
Telefax
E-MAIL @ .COM
Banken
Volksbank

Materialeinkauf (Roh-, Hilfs- und Betriebsstoffe)

- Zu den Anschaffungsnebenkosten beim Material- und Wareneinkauf zählen auch innerbetriebliche Kosten für den Transport mit eigenen Arbeitskräften und Fahrzeugen bis zum Lagereingang. Als Einzelkosten gelten hier Lohnkosten, Sozialabgaben und Kraftstoffverbrauch, während damit verbundene Gemeinkosten wie Hilfslöhne und Abschreibungen sowie innerbetriebliche Beförderungskosten und Kosten der Lagerung bis Lagerausgang nicht berücksichtigt werden.
- Der Materialeinkauf kann in der vereinfachten Buchhaltung als aufwandswirksamer Materialeinsatz/-verbrauch erfasst werden.
- Bei der Materialverbrauchsermittlung durch Umbuchung ist zuerst der Einkauf von Materialien als aufwandsneutrale Bestandserhöhung einzusteuern. Zusätzlich wird gegen Monatsende als Materialaufwand der tatsächliche Verbrauch verbucht.

Beleg buchen

Beispiel

Der Einkauf von Schweißgas wird auf dem Materialeinkaufskonto erfasst. Das Buchhaltungssystem behandelt den Einkauf aufwandsneutral. Zum Monatsende wird mithilfe einer separaten Lagerbuchführung der gesamte Materialverbrauch mit 5.000 EUR ermittelt.

Materialeinkauf (aufwandsneutral)	80,00 EUR	
Vorsteuer	15,20 EUR	
an Bank		95,20 EUR

Aufwendungen Roh-, Hilfs- und Betriebsstoffe	5.000,00 EUR	
an Verrechnete Stoffkosten		5.000,00 EUR

Das richtige Konto

BGA (GHK)	IKR	SKR03	SKR04	Kontenbezeichnung (SKR04)
301	60	4000	5000	Aufwendungen Roh-, Hilfs- und Betriebsstoffe
3015	600	3000-3095	5100-5195	Einkauf Roh-, Hilfs- und Betriebsstoffe, siehe neue Konten zur E-Bilanz Seite 24
3022	6171	3990	5860	Verrechnete Stoffkosten

ern har

F

D-6 n

RECHNUNG

M 17.10.

BETRIFFT: **Materiallieferungen**

OBJEKT: **/ Pila S is**

KONTAKTPERSON: **Herr**
Tel. 0049
Fax 0049

Zusammenstellung:				
REG				4'404.30
Brutto-Betrag				4'404.30
Mehrwertsteuer	%	8.000	4'404.30	352.35
Nettobetrag inkl. 8.0% MWST				**4'756.65**

Materiallieferungen vom 19.09.2 bis 05.10.20 (Rapporte A1 - A3)

Netto innert 30 Tagen

Unberechtigte Skontoabzüge werden nachgefordert.

8% Verzugszins nach Ablauf der Zahlungsfrist

Besten Dank für Ihren geschätzten Auftrag.

AG
Telefon 0
Telefax
info@

Weitere Geschäftsstellen

www. .ch
ISO 9001 : 2008
MWST-

Ein Mitglied der:
D

Materialeinkauf im Ausland

- Beim Materialeinkauf im Ausland besteht für den Unternehmer grundsätzlich die Möglichkeit zur Erstattung der gezahlten Vorsteuer. Die Anträge auf Umsatzsteuervergütung sind elektronisch über das Online-Portal des Bundeszentralamts für Steuern (BZSt) einzureichen. Das BZSt prüft nur die Unternehmereigenschaft des Antragstellers und leitet den Antrag dann an den EU-Mitgliedstaat weiter, in dem die Umsatzsteuer erhoben wurde. Dieser EU-Mitgliedstaat bearbeitet die Anträge und erstattet die gezahlte Umsatzsteuer.
- Auch die Schweiz erstattet ausländischen Unternehmern die Vorsteuer. Sie dürfen jedoch im Inland (Schweiz und Liechtenstein) weder steuerlich registriert sein noch Leistungen erbringen. Nur ein Antrag pro Kalenderjahr kann gestellt werden bei einem Mindestbetrag pro Kalenderjahr von 500 Franken rückzahlbare Steuern.

Beleg buchen

Beispiel

Bei einem Bauvorhaben in der Schweiz lässt sich die deutsche Dachdeckerfirma den benötigten Baubedarf vor Ort anliefern. Der Schweizer Lieferer weist Mehrwertsteuer aus. Da jedoch die Dachdeckerfirma in der Schweiz Arbeiten ausführt, kann sie keine Vorsteuervergütung beantragen. Die Bank setzt einen Umrechungskurs von 1,20 Franken = 1 EUR an.

Materialeinkauf	3963,88 EUR	
an Bank		3.963,88 EUR

Das richtige Konto

BGA (GHK)	IKR	SKR03	SKR04	Kontenbezeichnung (SKR04)
301	60	4000	5000	Aufwendungen Roh-, Hilfs- und Betriebsstoffe
3015	600	3000-3095	5100-5195	Einkauf Roh-, Hilfs- und Betriebsstoffe, siehe neue Konten zur E-Bilanz Seite 24
3022	6171	3990	5860	Verrechnete Stoffkosten

Fahrzeug-Mietkaufvertrag

- Antrag des Mieters -

MV-Nr.: 245361 11.05.
Lieferdatum 11.05.

Mieter

Firma/Name Horst Starke
Branche IT-Berater
Straße, Nr. Wiesengasse 3 Telefon XXXXXXXXXXX
PLZ/Ort 55586 Neustadt Telefax XXXXXXXXXXX

Lieferant

Firma/Name EASY Leasing AG Steuernummer DE 098XXXXXX
Straße, Nr. Opelstr. 5 Telefon XXXXXXXXXXX
PLZ/Ort 64530 Eschersbach Telefax XXXXXXXXXXX

Fahrzeug

Anzahl 1 XXXXXXXXXXXXXXXXXXXXXXXXXXX KOMBI, 5 Türen, 132 KW

fabrikneu ja ☐ nein ☒

☐ Lieferumfang und Ausstattung gemäß beiliegender Anlage "Spezifizierung des Fahrzeuges"

Soweit nachfolgend keine abweichende Angabe erfolgt, wird als Standort des Fahrzeuges die oben genannte Anschrift des Mieters vereinbart.

Konditionen
Anpassung gem. nachfolgender Ziffer 4 möglich

Laufzeit 36 Monate		%	EUR
Berechnungsgrundlage		100	16.380,00
Miete monatlich		3,1665	518,68
Differenzabsicherung monatlich			3,00
einmalige Sonderzahlung	fällig mit erster Miete	0,0000	0,00
letzte erhöhte Miete			
gesetzl. USt.	auf die Gesamtmietforderung u. Differenzabsicherung (mit der ersten Miete sofort und in voller Höhe zu zahlen)		3.568,34

Bankeinzug

Der Mieter ermächtigt den Vermieter, die Mieten und alle sonstigen nach dem Vertrag geschuldeten Zahlungen von folgendem Konto im Lastschriftverfahren einzuziehen:

BLZ XXXXXXXXXXXXXXXXX Kto.-N XXXXXXXXXXXXXXXXX
Bank XXXXXXXXXXXXXXXXXXXXXXXXXXXXXXXXXX

Diese Einzugsermächtigung erstreckt sich auch auf einen Forderungseinzug durch einen Dritten, an den der Leasinggeber die Forderungen zu Refinanzierungszwecken abtritt oder durch einen von diesem beauftragten Dritten.

Der Mieter beantragt bei der LEASING AG - im folgenden Vermieter genannt - **zu den vorstehenden und nachfolgenden Bedingungen** den Abschluss eines Mietkaufvertrages über das o.g. Mietobjekt. Er hält sich an seinen Antrag bis 1 Monat nach dessen Eingang beim Vermieter gebunden

11.05.
, den

Ort, Datum (Stempel und Unterschrift des Mieters)

Mietkauf (Kaufleasing)

- Bei Leasinggegenständen können sich in Grenzfällen Zuordnungsprobleme ergeben. In den meisten Verträgen ist gewollt, dass der Leasingnehmer kein Eigentümer wird, so dass er als Aufwand nicht die AfA, sondern die Leasingraten und die anteilige Sonderzahlung berücksichtigen kann.
- Erfolgt die Zuordnung zum Leasingnehmer, handelt es sich um Kaufleasing.
- Bei „Mietverträgen", die im Ergebnis Mietkaufverträge sind, wird dem Mieter vertraglich das Recht eingeräumt, den gemieteten Gegenstand unter Anrechnung der gezahlten Miete auf den Kaufpreis zu erwerben.
- Auf die Bezeichnung in den Verträgen kommt es nicht an. Allerdings ist kein Vorsteuerabzug aus dem gesamten Kaufpreis möglich, wenn sie nur bei den einzelnen Raten ausgewiesen ist.

Beleg buchen

Beispiel

Die Leasinggesellschaft schließt einen Mietkaufvertrag ab. Auf den Kaufpreis von 16.380 EUR und einem Finanzierungsanteil von 2.400,48 EUR werden 3.568,34 Umsatzsteuer fällig, die im Vertrag ausgewiesen sind. Die Umsatzsteuer wird zusammen mit der ersten Rate von 518,68 EUR überwiesen.

Pkw	16.380,00 EUR	
Vorsteuer	3.568,34 EUR	
Aktive Rechnungsabgrenzung	2.400,48 EUR	
Kaufleasing	521,68 EUR	
an Bank		4.090,02 EUR
Darlehen		18.780,75 EUR

Das richtige Konto

BGA (GHK)	IKR	SKR03	SKR04	Kontenbezeichnung (SKR04)
4918	671	4815	6250	Kaufleasing
034	0841	0320	0520	Pkw
91	29	980	1900	Aktive Rechnungsabgrenzung

Energie-Vertriebsgesellschaft mbH

Energie-Vertriebsgesellschaft mbH

Firma Elektro Zapp
Inh. Erwin Zapp
Daimlerstr. 3

46464 Neustadt

Servicenummer	(08 00)
Montag - Freitag	07:00 - 19:00 Uhr

Telefax
E-Mail info@
Bankverbindung
BLZ
Konto
Datum

Bitte bei Zahlungen und Rückfragen Vertragskontonummer angeben:

Kundennummer
Vertragskontonummer
Rechnungsnummer

Ihre Jahresrechnung

Sehr geehrter Herr Zapp,

als unser Kunde erhalten Sie sicher und zuverlässig Energie. Gerne sind wir der kompetente Energieversorger in Ihrer Nähe. Mit Abschluss des Abrechnungszeitraums informieren wir Sie nun über Ihre exakten Verbrauchs- und Abrechnungsdaten. Vielen Dank für Ihr Vertrauen.

Mit freundlichen Grüßen

Ihre Energie-Vertriebsgesellschaft mbH

Zeitraum 01.01.20 -31.12.20

Abrechnung Strom EUR	Nettobetrag	Umsatzsteuer	Bruttobetrag
Ihr Verbrauch kostet	1.100,00	209,00	1.309,00
bereits gezahlt haben Sie	1.000,00	190,00	1.190,00
noch zu zahlen	100,00	19,00	119,00

Abrechnungsbetrag 119,00 EUR

Noch zu zahlen sind **119,00 EUR**

Den Betrag werden wir mit der nächsten, fälligen Forderung erheben.

Hier finden Sie uns:

Energie-Vertriebsgesellschaft mbH
Sitz der Gesellschaft:
Registergericht HRB Nr.
Steuernummer:

Vorsitzender des Aufsichtsrats:
Geschäftsführer:

Unsere Internetadresse:
www.

Mietnebenkosten (Strom, Gas, Wasser)

- Aufwand für Strom, Gas und Wasser entsteht entweder (wie im folgenden Beispiel) in Handel, Verwaltung, Büro und Vertrieb oder als Materialeinsatz (Roh-, Hilfs- und Betriebsstoff) in der Fertigung, in Werkstätten u. Ä.
- Für Gas, Strom und Wasser werden in der Regel während des Jahres Abschlagszahlungen geleistet und meist vom Versorger per Lastschrift eingezogen.
- In einer Jahresendabrechnung wird der tatsächliche Verbrauch des abgelaufenen Jahres den Abschlagszahlungen gegenübergestellt. Daraus ergibt sich eine Rückerstattung, die Sie entsprechend unter „Forderungen“, bzw. eine Nachzahlung, die Sie unter „Verbindlichkeiten/Rückstellungen“ bilanzieren.

Beleg buchen

Beispiel

Wenn der Jahresabschluss aufgestellt wird, liegt die Nachzahlungsrechnung für 2012 vor. Zum Jahresende wird die Verbindlichkeit erfasst …

Strom, Gas, Wasser Vorsteuer	100,00 EUR 19,00 EUR	
an Sonstige Verbindlichkeiten		119,00 EUR

… und bei Zahlung 2013 aufgelöst.

Sonstige Verbindlichkeiten	119,00 EUR	
an Bank		119,00 EUR

Das richtige Konto

BGA (GHK)	IKR	SKR03	SKR04	Kontenbezeichnung (SKR04)
432	6933	4240	6325	Gas, Strom, Wasser
3016	605	3090	5190	Energiestoffe (Fertigung)
101	24	1410	1210	Forderungen aus Lieferungen und Leistungen
171	44	1610	3310	Verbindlichkeiten aus Lieferungen und Leistungen
0724	39	0970	3070	Sonstige Rückstellungen

Eurocar

R E C H N U N G

RECHNUNGSNR.BITTE ANGEBEN: 24
Rechnungsdatum: 09.02.
Erstellungsdatum: 09.02.
Mietvertragsnummer: 10

NEUES KUNDENKONTO: 28

Contract: 43

R AUTOVERMIETUNG GMBH

Tel:0 Fax:0
Handelsregister: HRB4
USt.-Id-Nummer: DE81

Kunden-Referenz: -

Fahrer	Tatsaechlich		Berechnet			
Anmietung	09.02.2	10:41	09.02.20	10:41	24H OPEN	*RY*
Rueckgabe	09.02.20	16:23	09.02.20	16:23	24H OPEN	*RY*
Fahrzeug	: V				Telefoneinheiten:	0
Kennzeichen				]CDIKASTEN	Gefahrene Kilometer:	31

Berechnung:	Anzahl	Einheit	Preis/Einh EUR	Betrag EUR
Tarif/Produkt:D -TAG INKL. 100 KM				
Grundpreis	1	Tage à	42.02	42.02
im Grundpreis enthaltene Km	100	Km		
Mehrwertsteuer 19.00 % auf 42.02				7.98
			Rechnungsbetrag:	50.00

Zu zahlen bis : 23.02.20

Faelliger Betrag:EUR 50.00

Reservierungs Nr.: 157

-----------------------------------(Hier abtrennen)-----------------------------------

Rechnungsdatum : 09.02
NEUES KUNDENKONTO :
RECHNUNGSNR.BITTE ANGEBEN:
Mietvertragsnummer :

Zu zahlen bis : 23.02.20

Faelliger Betrag: EUR 50.0

Zahlung mit RECHNUNGSNUMMER an: AUTOVERMIETUNG GMBH

Bank/BLZ/Kontonummer:
BANK AG

Mietwagen

- Bei Nutzung eines Mietwagens sind die Aufwendungen in der nachgewiesenen Höhe abzugsfähig.
- Auch wenn der Wagen vom Arbeitnehmer angemietet wird, muss die Rechnung ebenfalls auf den Arbeitgeber als Leistungsempfänger ausgestellt sein. In Kleinbetragsrechnungen mit einem Gesamtbetrag bis zu höchstens 150 EUR muss der Leistungsempfänger nicht benannt werden. Wenn jedoch der Arbeitnehmer als Leistungsempfänger bezeichnet ist, ist der Vorsteuerabzug nicht mehr möglich.
- Im Gegensatz zu dem Taxenverkehr ist der Verkehr mit Mietwagen nicht steuerermäßigt. Der Mietwagenverkehr unterscheidet sich im Wesentlichen vom Taxenverkehr dadurch, dass nur Beförderungsaufträge ausgeführt werden dürfen, die am Betriebssitz oder in der Wohnung des Unternehmers eingegangen sind (§ 49 Abs. 4 PBefG).

Beleg buchen

Beispiel

Die Leihwagenpauschale beträgt brutto 50 EUR und wird vom Unternehmer mit Kreditkarte gezahlt.

Fremdfahrzeuge	42,02 EUR	
Vorsteuer	7,98 EUR	
an Kreditkartenabrechnung		50,00 EUR

Das richtige Konto

BGA (GHK)	IKR	SKR03	SKR04	Kontenbezeichnung (SKR04)
4130	6885	4595	6595	Fremdfahrzeuge
4716	6884	4570	6560	Leasingwagen
174	4890	1730	3610	Kreditkartenabrechnung

Zusatz: Ab Januar 2007 sind 19% Mehrwertsteuer = 330,60 EUR, somit monatlich insgesamt 2.070,60 EUR zu zahlen

§ 3 – Miete und Nebenkosten

	EUR
1. ☒ Die **Netto-Kaltmiete** (ausschließlich Betriebskosten, Heizung und Warmwasser) beträgt	
☐ Die **Brutto-Kaltmiete** (einschließlich Betriebskosten, ausschließlich Heizung und Warmwasser) beträgt	1500,–
2. Neben der Miete sind monatlich zu entrichten für:	
Betriebskostenvorschuss gemäß Abs. 3 ______ zzt.	
Heizkostenvorschuss gemäß § 5 ______ zzt.	
Zusatz: Ab Januar 2007 sind 19% MWSt = 330,60 EUR	240,–
somit monatlich insges. 2.070,60 EUR zu zahlen + 16 % Mehrwertsteuer zzt.	278,40
monatlich insgesamt zzt.	2018,40

3. Die **Betriebskosten** gemäß Betriebskostenverordnung in der jeweils geltenden Fassung, ermittelt aufgrund der letzten Berechnung des Vermieters vom ______

☐ sind in der gem. Abs. 1 vereinbarten Brutto-Kaltmiete ausschließlich Heizung und Warmwasser anteilig **enthalten**.

☒ sind in der gem. Abs. 1 vereinbarten Netto-Kaltmiete **nicht enthalten**.

Hierbei handelt es sich insbesondere um:

- die laufenden öffentlichen Lasten des Grundstücks, insbesondere Grundsteuer
- die Kosten der Wasserversorgung
- die Kosten der Entwässerung
- die Kosten des Betriebs des Personen- oder Lastenaufzugs
- die Kosten der Straßenreinigung und Müllbeseitigung
- die Kosten der Gebäudereinigung und Ungezieferbekämpfung
- die Kosten der Gartenpflege
- die Kosten der Beleuchtung
- die Kosten der Schornsteinreinigung
- die Kosten der Sach- und Haftpflichtversicherung
- die Kosten für den Hauswart
- die Kosten des Betriebs der Gemeinschafts-Antennenanlage oder der mit einem Breitbandkabelnetz verbundenen privaten Verteilanlage
- die Kosten des Betriebs der Einrichtungen für die Wäschepflege
- sonstige Betriebskosten
- Umlageausfallwagnis

Der Mieter ist verpflichtet, seinen entsprechenden Anteil an den Betriebskosten zu übernehmen. Erhöhungen bzw. Ermäßigungen dieser Betriebskosten werden vom Vermieter auf die Mieter umgelegt.

4. Auf Verlangen des Vermieters hat der Mieter neben der Miete Mehrwertsteuer zu zahlen. In diesem Fall ist der Vermieter verpflichtet, dem Mieter die erforderlichen Vorsteuerbelege zu erteilen.

5. a) ☐ Der Mieter hat zur Kenntnis genommen, dass der Vermieter zur **Umsatzsteuer** optiert hat und bestätigt, dass er mit seiner Tätigkeit, wie in § 1 Abs. 1 beschrieben, umsatzsteuerpflichtige Umsätze erzielt.

b) ☐ Der Mieter verpflichtet sich, den Vermieter über den etwaigen späteren Wegfall umsatzsteuerpflichtiger Umsätze unverzüglich zu informieren.

c) ☐ In diesem Fall verpflichten sich Vermieter und Mieter, die Miethöhe neu zu verhandeln.

d) ☐ Der Mieter ist dem Vermieter zum Schadensersatz verpflichtet, falls dem Vermieter der Vorsteuerabzug aufgrund des Sachverhaltes gemäß 5. b) versagt wird.

6. Die **Schönheitsreparaturen** und den Ersatz von Glasscheiben übernimmt der ☐ Mieter ☐ Vermieter.

Der Verpflichtete hat die Schönheitsreparaturen regelmäßig und fachgerecht vorzunehmen.

7. **Kleine Instandsetzungen** sind während der Dauer der Mietzeit vom ☐ Mieter ☐ Vermieter auf dessen Kosten auszuführen, soweit die Schäden nicht vom anderen Vertragspartner zu vertreten sind. Die kleinen Instandsetzungen umfassen das Beheben kleinerer Schäden sowie die Wartung an Leitungen und Anlagen für Wasser, Elektrizität, Gas und Heizung, an sanitären Einrichtungen, an Verschlüssen von Fenstern und Türen, an Rollläden, Jalousien und Markisen. – Kleinere Schäden sind Schäden, deren Behebung insgesamt nicht mehr als 5 v. H. der Jahresnettokaltmiete ausmachen.

§ 4 – Zahlung der Miete und der Nebenkosten

1. Die Miete und Nebenkosten sind monatlich im Voraus, spätestens am dritten Werktag des Monats kostenfrei an den Vermieter zu zahlen.

☒ Die Miete und Nebenkosten sind auf das Konto Nr. 2______ bei ______ bank Mainz ______ (BLZ 50______)

einzuzahlen. Für die Rechtzeitigkeit der Zahlung kommt es nicht auf die Absendung, sondern auf die Ankunft des Geldes an.

☐ Miete und Nebenkosten werden im Lastschrift-Einzugsverfahren von einem vom Mieter zu benennenden Konto abgebucht. Der Mieter verpflichtet sich, dem Vermieter eine Einzugsermächtigung zu erteilen. Bei Kontenänderung verpflichtet sich der Mieter jeweils eine neue Einzugsermächtigung zu erteilen.

2. Die Heiz- und Betriebskosten gem. § 3 werden in Form monatlicher Abschlagszahlungen erhoben und sind jährlich nach dem Stichtag vom ______ jeden Jahres für die Heizkosten und nach dem Stichtag vom ______ jeden Jahres für die Betriebskosten mit dem Mieter abzurechnen. Der Ausgleich der Nachzahlung bzw. der Gutschrift hat zu dem auf die Abrechnung folgenden Mietzahlungstermin zu erfolgen.

3. Bei verspäteter Zahlung kann der Vermieter Mahnkosten in Höhe von EUR ______ je Mahnung, unbeschadet von Verzugszinsen, erheben. Bei Mahnkosten und Verzugszinsen handelt es sich um pauschalierten Schadensersatz. Der Mieter kann nachweisen, dass ein niedrigerer Schaden entstanden ist.

§ 5 – Sammelheizung und Warmwasserversorgung

1. Der Vermieter ist verpflichtet, die Sammelheizung, soweit es die Außentemperaturen erfordern, mindestens aber in der Zeit vom 1. Oktober bis 30. April, in Betrieb zu halten. Die Warmwasserversorgung hat ständig zu erfolgen.
Ein Anspruch des Mieters auf Versorgung mit Sammelheizung und Warmwasser besteht für Sonnabende – Sonntage – gesetzliche Feiertage – nicht.

2. Der Mieter ist verpflichtet, die anteiligen Betriebs- und Wartungskosten zu bezahlen.

3. Die Betriebs- und Wartungskosten werden vom Vermieter entsprechend den gesetzlichen Abrechnungsmaßstäben umgelegt. Werden Wärmezähler und/oder Warmwasserkostenverteiler verwandt, so wird ein fester Anteil der Kosten nach dem Verbrauch aufgeteilt, nämlich ______ v. H.*)
Auf den Umlegungsbetrag für die Betriebs- und Wartungskosten sind monatlich Vorauszahlungen zu leisten, deren Höhe der Vermieter jeweils angemessen festsetzt und über die nach der Heizperiode abzurechnen sind.

*) mindestens 50 v. H., höchstens 70 v. H. (§ 7 Heizkosten-VO. vom 20. 01. 1989).

Mietzahlungen

- Werden Gebäude oder Räume aus betrieblichem Anlass angemietet, sind die Aufwendungen für die Miete abziehbar.
- Bei Vermietungen kann im Mietvertrag auf die Umsatzsteuerfreiheit der Vermietung verzichtet werden, sofern es sich nicht um Wohnraum handelt (Option nach § 9 UStG). Dabei gilt der Mietvertrag als Rechnung im Sinne von § 14 UStG.
- Als Rechnung ist auch ein Vertrag anzusehen, der die in § 14 Abs. 4 UStG geforderten Angaben enthält. Im Vertrag fehlende Angaben müssen in anderen Unterlagen enthalten sein, auf die im Vertrag hinzuweisen ist. So muss in Mietverträgen, die ab 01.01.2004 geschlossen werden, die Steuernummer des Vermieters enthalten und mit einer eindeutigen Vertragsnummer versehen sein. Altverträge brauchen jedoch nicht angepasst zu werden.[28]

Beleg buchen

Beispiel

Der monatliche Mietzins beträgt laut Mietvertrag 1.500 EUR und 240 EUR „zzgl. 16 % MwSt. 278,40 EUR". Wegen der Erhöhung des USt.-Satzes zum 01.01.2007 wird der Vertrag rechtzeitig angepasst.

Miete	1.740,00 EUR	
Vorsteuer	330,60 EUR	
an Bank		2.070,60 EUR

Der Vermieter verbucht die Mieteinnahmen.

Bank	2.070,60 EUR	
an Mieterträge		1.740,00 EUR
an Umsatzsteuer		330,60 EUR

Das richtige Konto

BGA (GHK)	IKR	SKR03	SKR04	Kontenbezeichnung (SKR04)
411	670	4210	6310	Miete
80	510	8200	4200	Mieterlöse

[28] BMF, 29.01.2004, IV B 7 – S 7280 – 19/04 Nr. 40 und 43.

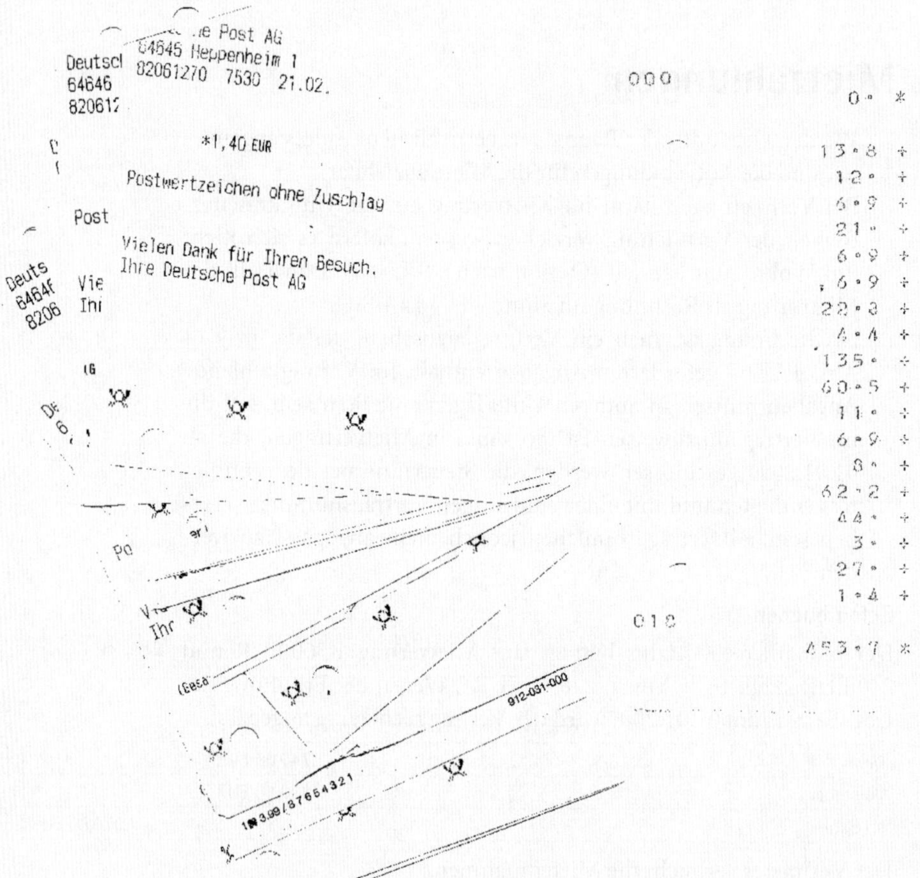

64645 Heppenheim 1
82061270 7530 21.02.
*1,40 EUR
Postwertzeichen ohne Zuschlag
Vielen Dank für Ihren Besuch.
Ihre Deutsche Post AG
912-031-000
000
0• *
13•8 +
12• +
6•9 +
21• +
6•9 +
6•9 +
22•8 +
4•4 +
135• +
60•5 +
11• +
6•9 +
8• +
62•2 +
44• +
3• +
27• +
1•4 +
018
453•7 *

Portokosten

Auf Paketsendungen sind Versandhandelsunternehmen als Absender genannt. Folglich liegen unmittelbare Rechtsbeziehungen zwischen ihnen und der Deutschen Post AG vor. Selbst eine „unfreie“ Versendung oder eine Versendung „per Nachnahme“ führt nicht zu Rechtsbeziehungen zwischen dem Empfänger des Pakets und der Post AG. Die von Versandhandelsunternehmen weiterberechneten Portokosten sind deshalb keine durchlaufenden Posten (siehe dazu auch Stichwort „Mailing“).

- Auch über das Ende des Briefmonopols zum 31.12.2007 hinaus bleiben die Freimarken der Post umsatzsteuerfrei. Seit dem 05.03.2010 können nun auch private Postdienstleister von der Steuerbefreiung profitieren, wenn sie zumindest einen Teil der allgemeinen Leistungen wie den Transport von Paketen ständig und flächendeckend anbieten. Zugleich unterliegen ab dem 01.07.2010 viele Postleistungen voll der Umsatzsteuer, die bei der Deutschen Post bislang steuerbegünstigt waren.
- Bei vielen Einzelbelegen bietet sich eine „Portokasse“ an: Zunächst werden Portokosten aus eigener Tasche ausgelegt und monatlich die gesammelten Belege addiert und in einer Summe erstattet.

Beleg buchen

Die gesammelten Einzelbelege Juni addieren sich zu 453,70 EUR. Sie werden bar erstattet. Beispiel

Porto	453,70 EUR	
an Kasse		453,70 EUR

Das richtige Konto

BGA (GHK)	IKR	SKR03	SKR04	Kontenbezeichnung (SKR04)
4820	6821	4910	6800	Porto
1595	2663	1590	1370	Durchlaufende Posten

AUTO Becker

VORFUEHR- / GESCHAEFTSFAHRZEUG
RECHNUNG

Firma Elektro Zapp
Inh. Erwin Zapp
Daimlerstr. 3

46464 Neustadt

RECHNUNGS-NR

RECHNUNGSDATUM
17.01.20
DEBITORENKONTO

FAHRZEUG-IDENT-NR
WDB

AUFTRAGSNUMMER

LIEFERDATUM

KENNZ-NL:
KM-STAND:

LAGERNUMMER

BESTELLUNG:
ERSTZULASS:

	WIR LIEFERTEN IHNEN EINEN GEBRAUCHTEN		EUR
			39.900,00
	INCLUSIVE SONDERAUSSTATTUNG		
19,00%	UMSATZSTEUER		7.581,00

	GESAMTBETRAG	EUR	47.481,00 *

GEBUCHT

BLZ :
KONTO :

UST-IDNR.:
STEUERNUMMER
16
00

Pkw-Anschaffung

- Zu den Anschaffungskosten zählen der Netto-Kaufpreis des Pkws und darüber hinaus sämtliche Aufwendungen, um es betriebsüblich nutzen zu können. Nebenkosten, wie Überführungskosten, Nummernschilder usw., gehören ebenso dazu wie Extras (z. B. Partikelfilter) und nachträgliche Anschaffungskosten, sofern sie dem Pkw einzeln zugerechnet werden können und mit Einbau ihre körperliche und wirtschaftliche Eigenart endgültig verloren haben.
- Bei der Inzahlungnahme handelt es sich üblicherweise um einen Tausch mit Wertausgleich in bar. Beim Betriebsvermögen von Kaufleuten unter sich sind beide Teile dieses Geschäfts umsatzsteuerpflichtig (Ausnahme: Differenzbesteuerung nach § 25a UStG). Am sichersten fahren beide Unternehmer bei zwei getrennten Rechnungen über den Verkauf des Neuwagens und den Verkauf des Altfahrzeugs.

Beleg buchen

Mit einem Scheck wurde am 01.06. der neue Kombi (Tageszulassung) zum Preis von brutto 39.900 EUR gekauft. Beispiel

Pkw	39.900,00 EUR	
Vorsteuer	7.581,00 EUR	
an Bank		47.481,00 EUR

Das richtige Konto

BGA (GHK)	IKR	SKR03	SKR04	Kontenbezeichnung
034	0841	0320	0520	Pkw

cards4mobil

GmbH

Firma Elektro Zapp
Inh. Erwin Zapp
Daimlerstr. 3

46464 Neustadt

Abrechnung Nr.

Datum:	12.03.2
Kundennummer:	
VP-Nummer:	
Abrechnungszeitraum:	06.03.2 bis 12.03.2
Zahlungsbedingungen:	Gesamtbetrag sofort fällig
Ihre Steuernummer:	1
Bei Rückfragen:	Fon: 0700 /
	Fax:
	fico@ de

Seite 1/1

Sehr geehrter Vertriebspartner,

in der abgelaufenen Periode wurden auf Ihrem Vertriebskonto folgende abrechnungswirksame Bewegungen registriert:

Pos.	Stück	Bezeichnung	Ust.	Einzelbetrag	Betrag
1	4	D1 Xtra-Cash 15 EUR (EL)	keine	15,0000	60,0000
2	4	D1 Xtra-Cash 15 EUR Provision (EL)	19,00 %	-0,7800	-3,1200
3	7	D2 CallNow 15 EUR	keine	15,0000	105,0000
4	7	D2 CallNow 15 EUR Provision	19,00 %	-0,6600	-4,6200
5	2	O2 Loop Cash 15 EUR	keine	15,0000	30,0000
6	2	O2 Loop Cash 15 EUR Provision	19,00 %	-0,8400	-1,6800
Summe Positionen					**185,58 €**
		Umsatzsteuer	keine	195,00 €	0,00 €
		Umsatzsteuer auf Gutschrift	19,00%	-9,42 €	1,79 €
Endbetrag					183,79 €

Zahlungsart: Abbuchung

Hotline:
Fax:
info
www

Geschäftsführer:
HRB:
USt-IdNr.: DE

Bankverbindung:

Z)

Provisionen

- Die vermittelten Umsätze im Namen und auf Rechnung eines anderen Unternehmers sind steuerfrei, die Provisionen für die Agenturtätigkeit (Verkaufskommission) jedoch in der Regel steuerpflichtig.
- Wird ein Händler in die Abgabe einer Telefonkarte eingeschaltet, so erbringt er keine eigene Telekommunikationsleistung an den Kunden. Die Differenz zwischen dem gezahlten und dem erhaltenen Betrag ist eine Vermittlungsprovision.[29]

Beleg buchen

Der Kioskbetreiber verkauft Guthabencodes für Handykarten.

Beispiel

Kasse	195,00 EUR	
an Agenturwarenabrechnung		195,00 EUR

Die Handyvertriebsfirma übermittelt wöchentlich die eingenommenen Gelder und bucht nach Abzug der Provisionen und Umsatzsteuer ab.

Agenturwarenabrechnung	195,00 EUR	
an Bank		183,80 EUR
an Provisionen		9,42 EUR
an USt.		1,78 EUR

Das richtige Konto

BGA (GHK)	IKR	SKR03	SKR04	Kontenbezeichnung (SKR04)
1597	2664	1521	1375	Agenturwarenabrechnung
872	5411	8510	4560	Provisionserlöse

[29] BMF-Schreiben vom 03.12.2001 – IV B 7 – S 7100 – 292/01.

REINIGUNG

NACH HAUSFRAUENART

für Büro - Geschäft - Privat

rasse 25

asse 25

Firma
Horst Starke
Wiesengasse 3
55586 Neustadt

Telefon (0
Fax (0
Email: @t-online.de

Rechnung

Rechnungs.Nr: RE-0
Kunden.Nr : 1
Datum : 01.11.20
Kunde seit : 20

Menge	Erbrachte Leistungen	USt. %	EP	GP
9,75	Sonderstunden a`30,- Euro	19	30,00	292,50
	Teppichreinigung			
1,00	One Step Fleckenentferner 0,5 Liter	19	6,20	6,20
1,00	Entschäumer 1,0 Liter	19	8,74	8,74
8,00	Sapur Teppichshampo	19	7,20	57,60
1,00	Rechnungsdatum gleich Lierferdatum		0,00	0,00

Währung	Summe Netto	Mwst.	Gesamtsumme	
EURO	365,04	69,36		434,40
		- Anzahlung	EURO	0,00
		Zahlbetrag	EURO	434,40

Netto innerhalb von 8 Tagen (bis zum 09.11.20): 434,40 EURO

✓ 07.11.

Sparkasse
(BLZ 5 Kto.-Nr.

Bank eG
(BLZ) Kto.-Nr.

Steuernummer:
Gerichtsstand:

Reinigungskosten

- Kosten für die Gebäudereinigung können entweder für eigenes Personal oder für eine Reinigungsfirma anfallen.
- Ab 2011 wurde die Steuerschuldnerschaft des Leistungsempfängers auf bestimmte Gebäude- und Fensterreinigungen erweitert. Gebäudereinigungsfirmen fallen dann unter die Regelung des § 13b UStG wenn es sich um Leistungen von Subunternehmen handelt.

Beleg buchen

In der Mannheimer Filiale übernimmt eine Reinigungsfirma die Reinigung des Teppichbodens. Beispiel

Reinigungskosten	365,04 EUR	
Vorsteuer	69,36 EUR	
an Bank		434,40 EUR

Das richtige Konto

BGA (GHK)	IKR	SKR03	SKR04	Kontenbezeichnung (SKR04)
4731	6933	4280	6345	Sonstige Raumkosten
4732	6933	2350	6350	Sonst. Grundstücksaufwendungen
4711	6933	4250	6330	Reinigung
403	624	4190	6030	Aushilfslöhne

Reisekostenabrechnung 20..

Name und Adresse des Abrechnenden: Erwin Lindemann
Wiesenstraße 4 44688 Gelsenkirchen — Kostenstelle:

Beginn der Reise: Oktober um ____ Uhr; **Ende:** ____ um ____ Uhr

Anlass/Zielort der Dienst-/Geschäftsreise: ____

☒ Inlandsreise ☐ Auslandsreise ☐ Zusammenstellung besuchte Länder siehe Auslandsreisekostenabrechnung

Reisemittel: ☐ Dienstwagen ☒ Privat-Pkw ☐ Bahn ☐ Flugzeug

			Brutto-ausgaben	USt-(Vorsteuer)	Netto-aufwand
Fahrtkosten					
Bahnfahrkarten/Fahrausweise lt. Anlage	EUR		0,00		0,00
Flugkarten lt. Anlage	EUR		0,00		0,00
Autokosten (Kraftstoff/Öl usw.) lt. Anlage	EUR		0,00		0,00
Kilometersatz bei Privat-/Arbeitnehmer-Kfz					
Zuschlag für ____ Mitfahrer ____ km X 0,02 EUR/km					
2806 km x 0,30 *lt. Aufstellung* EUR =	EUR	841,80	841,80		841,80
Aufwendungen für Unterbringung					
nach beigefügten Belegen ☐ ohne Frühstück	EUR				
☐ Kürzung Frühstück um 4,50 EUR/Tag bzw. 20 % bei Auslandsübernachtung	./. EUR				
oder Pauschbeträge ____ Tage x ____ EUR =	EUR	0,00	0,00		0,00
Pauschbeträge für Verpflegungsmehraufwand					
____ Tage (mindestens 24 Std.) zu 24 EUR =	EUR	0,00			
____ Tage (mindestens 14 Std.) zu 12 EUR =	EUR	0,00			
____ Tage (mindestens 8 Std.) zu 6 EUR =	EUR	0,00			
	Summe EUR	0,00	0,00		0,00
Reisenebenkosten lt. Formular „ Reisenebenkostenabrechnung"					
____	EUR	0,00	0,00		0,00
Verrechnung mit geldwertem Vorteil aus Arbeitnehmerbewirtung					
lt. Untenstehender Aufstellung	./. EUR	0,00	0,00		0,00
Abrechnung erstellt:		**Summe**	841,80	0,00	841,80
		./. Vorschüsse		Buchungsvermerke:	
		Restzahlung/Überzahlung	841,80		

11.11.20 — *Erwin Lindemann*
Datum — Unterschrift Reisender

15.11.20 — *Garemed*
Datum — Unterschrift Vorgesetzter

Nachrichtlich: **Geldwerter Vorteil aus Arbeitnehmerbewirtung:**

Ich habe vom Arbeitgeber unentgeltlich erhalten:

____ **x Frühstück à 1,[illegible] EUR** — **insgesamt EUR** 0,00

____ **x Mittagessen** ____ **x Abendessen je 2,[illegible] EUR** — **insgesamt EUR** 0,00 — **EUR** 0,00

☐ Verrechnung mit Reisekosten ☐ Versteuerung als laufender Arbeitslohn

Reisekosten

- Auch Fahrtkosten mit dem Privatwagen können Sie abrechnen.
- Die Fahrtkosten aus beruflichen Dienstreisen (Arbeitnehmer) bzw. Geschäftsreisen (Unternehmer) können Sie mit 0,30 EUR pro Kilometer steuerfrei erstatten.
- Aus diesem Kilometergeld kann keine Vorsteuer abgezogen werden.[30]

Tipp:

Im Gegensatz zu den strengen Anforderungen an ein Fahrtenbuch für den Nachweis der beruflichen und privaten Fahrten können die Fahrtkosten mit dem privaten Pkw auch geschätzt werden.

Beleg buchen

Der Einzelunternehmer rechnet monatlich die geschäftlichen Fahrten mit seinem Privatwagen ab und überweist das Kilometergeld für Oktober auf sein Privatkonto. Beispiel

Reisekosten Unternehmer	841,80 EUR	
an Bank		841,80 EUR

Das richtige Konto

BGA (GHK)	IKR	SKR03	SKR04	Kontenbezeichnung (SKR04)
4461	6856	4668	6668	Kilometergelderstattung AN
4463	6854	4673	6673	Unternehmer Fahrtkosten

[30] BFH V R 4/03 07.07.2005.

Kundenservice
Beratung/Verkauf

Deutschland GmbH

0800
0800
www. de

Modernste Geräte nutzen und dabei Kosten senken. Mit einer Hilti Flottenmanagement-Partnerschaft wird auch Ihr Unternehmen profitieren.
Ihr Verkaufsberater informiert Sie gerne über die vielen Vorteile eines Flottenmanagement-Vertrages.

EINGANG
20 OKT

Deutschland GmbH

DV 10 0,55

Warenempfänger:
.... Deutschland GmbH
Fa

Auftragsbestätigung und Servicerechnung

Seite: 1(2)

Kunden-Nr.:
Auftrags-Nr.:
Lieferschein-Nr.:
Bestellzeichen:

Rechnungs-Datum: 16.10.
Auftrags-Datum: 15.10.
Lieferdatum (UStG): 16.10.

Erfasser:
Auftrag erteilt: Herr
Lieferung an:

Gerätetyp: Pendelhubstichsäge W
Geräte-Nr.: 7
Reparaturzentrum: Reparatur Cente

Servicevereinb.: Keine Kosten
Kunden Inv. Nr.:
Paket Nr.:

Artikel-Nr.	Bezeichnung	Menge	Einh.	Preis-einh.	Einzelpreis in €	Gesamtpreis in €	Nettopreis in €
372011	Hochspannungs-/Isolationsprüfung nach VDE 0701-01 / BGV A3	1	ST				
	Summe Materialkosten						0,00
	Summe Lohnkosten / Service						47,65

Total Positionen	**EUR**	**47,65**
- Kulanz	**EUR**	**-29,65**
Versandkosten	**EUR**	**9,90**
Summe vor MWST	**EUR**	**27,90**
MWST 19 %	**EUR**	**5,30**
Gesamtbetrag	**EUR**	**33,20**

ovl_ologo_de

Reparatur und Wartung

Eine defekte Säge wird überprüft und neu isoliert. Beispiel

Beleg buchen

Reparaturkosten Betriebs- und Geschäftsausstattung	27,90 EUR	
Vorsteuer	5,30 EUR	
an Bank		33,20 EUR

Das richtige Konto

BGA (GHK)	IKR	SKR03	SKR04	Kontenbezeichnung (SKR04)
4710	668	4809	6450	Reparaturen und Instandhaltungen von Bauten
4711	6061	4800	6460	Reparatur/Instandh. Anlagen u. Maschinen
4713	6062	4805	6470	Reparatur/Instandh. Betriebs- u. Gesch.
4712	6063	4809	6485	Reparaturen und Instandhaltungen andere Anlagen
4716	6064	4809	6490	Sonst. Reparaturen und Instandhaltungen
4717	6066	4806	6495	Wartungskosten für Hard- und Software
4714	6881	4540	6540	Kfz-Reparaturen

Plus BÜRO
Ihr Service für den Kunden

Horst Starke
Wiesengasse 3
55586 Neustadt

FON 05
FAX 05

Rechnung 11

Bearbeiter: Kunden-Nr.: 3 Datum: 01.11.

Pos	Artikel	Menge	E-Preis EUR	G-Preis EUR	USt EUR
1	Grundgebühr **Plus**Büro November(=Leistungszeitraum)	1	149,00	149,00	**19**,00%
2	Sekretariatsarbeiten (Einzelkostennachweis siehe Anlage)	1	**158,76**	**158,76**	**19**,00%
3	externe Gesprächsvermittlung Grundgebühr	1	35,00	35,00	**19**,00%
	Gesamtbetrag			**342,76**	
	zuzüglich MwSt **19** % aus **342,76** = **65,13**			**65,13**	
	Endbetrag			**407,89**	
				=====	

Der Betrag wird von Ihrem Konto abgebucht

Büro ist eine eingetragene Marke
Bankverbindung:
Internet: http://www .de - eMail: info@
Steuernummer

Sekretariatsdienst

Man unterscheidet zwischen

- Fremdleistungen als „Aufwand für bezogene Leistungen“ für Erzeugnisse und andere Leistungserstellung (z. B. von Subunternehmern oder externen Dienstleistern) einerseits und
- Fremdarbeiten von freien Mitarbeitern und Leiharbeitern in Produktion/Verwaltung oder im Vertrieb andererseits, die für betriebsinterne Zwecke statt eigenem Personal herangezogen werden.

Achtung:
Achten Sie auf die aktuelle Gesetzeslage zum Thema „Scheinselbstständigkeit und arbeitnehmerähnliche Beschäftigungen"! So vermeiden Sie mögliche Nachzahlungen an Sozialversicherungsbeiträgen für den vermeintlich „freien" Mitarbeiter.

Beleg buchen

Beispiel

Der externe Sekretariatsservice *Plusbüro* übernimmt anfallende Büroarbeiten gegen eine monatliche Grundgebühr und Einzelabrechnungen der erbrachten Leistungen.

Fremdleistungen Vorsteuer	342,76 EUR 65,13 EUR	
an Bank		407,89 EUR

Das richtige Konto

BGA (GHK)	IKR	SKR03	SKR04	Kontenbezeichnung (SKR04)
4731	610	4909	6303	Fremdarbeiten (freier Mitarbeiter)
465	610	4780	6780	Fremdarbeiten (Vertrieb)
37	610	3100	5900	Fremdleistungen

EXtrasoft GmbH

EXtrasoft D

Firma
Horst Starke
Wiesengasse 3
55586 Neustadt

15.02.20

RECHNUNG — Nummer : 33 /20

Seite : 1

Bezeichnung	Anzahl	Einzelpreis	Gesamt
Hot-Line-Service 1. Quartal 20			
Service Hotline : +49 (0)6			
bzw. Mobil : 01			
Premium-Service (1. Inst.) für	1	95,70	95,70
Premium-Service (2. Inst.) für	1	39,60	39,60
Premium-Service (3. Inst.) für	1	39,60	39,60
Premium-Service (4. Inst.) für	1	39,60	39,60
Premium-Service (5. Inst.) für	1	39,60	39,60
Premium-Service (6. Inst.) für	1	39,60	39,60
Premium-Service (7. Inst.) für	1	39,60	39,60
Premium-Service (8. Inst.) für	1	39,60	39,60

Zahlungsbedingungen:
Zahlbar ohne Abzug bis 01.03.20

Netto EUR	372,90
19 % Mwst	70,85
Gesamt EUR	443,75

Die Ware bleibt bis zur restlosen Bezahlung Eigentum des Lieferanten. Es gilt der erweiterte Eigentumsvorbehalt.

Anschrift:
N
D
T
T

Internet:
http://www .de
E-Mail:
Info@ de
Ust.ID-Nr.
DE

Registergericht:
Amtsgericht Bad Kreuznach
HRB

Geschäftsführer:

Bankverbindungen:
Postbank Sparkasse

Softwaremiete/Softwareleasing

Wenn Sie Computerprogramme mieten anstatt zu kaufen, schont dies die Liquidität. Gleichzeitig sorgt eine regelmäßige Softwarepflege dafür, dass Ihre Programme aktuell bleiben. Dies ist besonders wichtig bei Steuer- und Rechtssoftware, die sich häufig ändert, und auch bei komplexer, störanfälliger Software.

- Aufwendungen für die Miete und Wartung von Hardware und Software sind sofort abzugsfähige Betriebsausgaben. Dies gilt auch für Software, die auf einem fremden Server läuft, z. B. Datenbankserver, Terminalserver in einem Rechenzentrum.
- Anschaffungskosten entstehen nur dann, wenn über die laufenden Kosten eines Servicevertrags hinaus einmalig die Grundversion erworben wird.
- Aufwendungen für einen Server, auf dem ein Internetauftritt präsentiert und zugänglich gemacht wird, können unter „Mieten für Einrichtungen" erfasst werden.

Beleg buchen

Für Lizenz, Wartung und Hotline-Service in Störfällen sind im ersten Quartal beim Einsatz von 8 Kassensystemen 372,90 EUR zu zahlen. Beispiel

Wartungskosten Software	372,90 EUR	
Vorsteuer	70,85 EUR	
an Bank		443,75 EUR

Das richtige Konto

BGA (GHK)	IKR	SKR03	SKR04	Kontenbezeichnung (SKR04)
14	23	27	135	Software
4831	6165	4806	6495	Wartungskosten Hard- und Software
4117	6705	4960	6835	Mieten für Einrichtungen

Absender

STAUBSAUGERSERVICE
Gerd Schneider
K34
68563 Mannheim

Rechnung

Nr. 21

Datum 12.3.

Liefer-datum 12.3.

Steuer-Nr. 2.17(

Empfänger

Erwin Lindemann
Kellereigasse 3
68342 Mannheim

1 P	Staubbeutel Tiger	10,–
1 P	Staubbeutel Kobold	8,–
1 P	Bürsten rollen	12,–
	Betrag erhalten	
	(Unterschrift)	
	Rechnungs-Betrag netto	25,21
	+ 19 % MwSt. = MwSt.-Betrag	4,79
	= Rechnungs-Endbetrag gesamt	30,– €

Die gelieferte Ware bleibt bis zur vollständigen Bezahlung Eigentum des Lieferanten.

Zweckform Rechnung

Sonstige Raumkosten (Teppichbodenreinigung)

- „Sonstige Raumkosten“ bezeichnen den Aufwand, den Sie anderweitig nicht zuordnen können.
- Sämtliche Aufwendungen außerhalb der geschlossenen Räume bucht man auf „Sonstige Grundstückskosten“.

Beleg buchen

Für die Teppichbodenreinigung der Mannheimer Filialen werden Staubsaugerbeutel angeschafft und bar bezahlt. Beispiel

Sonstige Raumkosten oder Reinigung	25,21 EUR	
Vorsteuer	4,79 EUR	
an Kasse		30,00 EUR

Das richtige Konto

BGA (GHK)	IKR	SKR03	SKR04	Kontenbezeichnung (SKR04)
4731	6933	4280	6345	Sonstige Raumkosten
4732	6933	2350	6350	Sonstige Grundstücksaufwendungen
4711	6933	4250	6330	Reinigung

24 Bewachung

Bewachung GmbH

Firma
Horst Starke
Wiesengasse 3
55586 Neustadt

RECHNUNG
Bei Zahlung bitte immer angeben !
Nummer : 000005
Kunde : D 82
Datum : 31.07.20

Steuer Nr. : 37
Fakturierung : R
Telefon : 0 3
E-Mail : p. line.de

\- Ihre Bestellnr.:
ID-Nr. :
Objekt : "div. Objekte"

Für die Überwachung Ihrer Alarmanlage berechnen wir Ihnen:

Pos.	Artikelnummer	Menge	Einzelpreis	Gesamtpreis S
	Abrechnungsmonat: Juli 20			
1	DE 100 301 Alarmaufschaltung	1 Mon	20,00	20,00 1
2	308 Bereitschaft Alarmverfolger	1	6,50	6,50 1
3	DE 100 301 Alarmaufschaltung und Bereitschaft Alarmverfolger	1 Mon	25,00	25,00 1
4	DE 100 301 Alarmaufschaltung und Bereitschaft Alarmverfolger	1 Mon	25,00	25,00 1

Gebucht

bank , Kto 0)

Netto USt. 1	USt. 19,00%	Netto USt. 2	USt. %	Netto USt. 0	**Endbetrag**
76,50					89,21 EUR

14 Tage netto
Zahlung bis 14.08. = 89,21 EUR

Bewachung GmbH Tel.: 0
Fax.: 0
in nline.de
w nline.de

Handelsregist
HRB
Geschäftsführung

bank
KtoNr
BLZ

Qualitätsmanagement
DQS-zertifiziert nach
DIN EN ISO 9001

Sonstige Raumkosten (Bewachungsservice)

- „Sonstige Raumkosten“ bezeichnen den Aufwand, den Sie anderweitig nicht zuordnen können.
- Sämtliche Aufwendungen außerhalb der geschlossenen Räume bucht man auf „Sonstige Grundstückskosten“.
- Die Kosten für freie Mitarbeiter, z. B. Hausmeisterservice, lassen sich auf dem Konto „Fremdleistungen/Fremdarbeiten“ erfassen.

Beleg buchen

Beispiel

Die Südwestbewachung zieht die monatliche Rechnung für Alarmaufschaltung und Bereitschaft für das gesamte Firmengelände ein.

Sonstige Grundstücksaufwendungen	76,50 EUR	
Vorsteuer	14,54 EUR	
an Bank		89,21 EUR

Das richtige Konto

BGA (GHK)	IKR	SKR03	SKR04	Kontenbezeichnung (SKR04)
4731	6933	4280	6345	Sonstige Raumkosten
4732	6933	2350	6350	Sonst. Grundstücksaufwendungen
453	615	4909	6303	Fremdleistungen/Fremdarbeiten

Arbeitgeber	Betriebsnummer des Arbeitgebers
V[illegible] Prons, [illegible]heimer S[illegible] 13, [illegible] Mann[illegible]eim	[illegible]

		Tag	Monat	Jahr
Zeitraum	von	01	05	20[illegible]
	bis	31	05	20[illegible]

Rechtskreis * Ost: ☐ West: ☒

IKK Classic in [illegible]
Friedri[illegible] Str. 10[illegible]
6810[illegible] Mann[illegible]

Dauer-Beitragsnachweis * ☐

bisheriger Dauer-Beitragsnachweis gilt erneut ab nächsten Monat * ☐

Beitragsnachweis enthält Beiträge aus Wertguthaben, das abgelaufenen Kalenderjahren zuzuordnen ist * ☐

Korrektur-Beitragsnachweis für abgelaufene Kalenderjahre * ☐

Beitragsnachweis	Beitrags-gruppe	Euro	Cent
Beiträge zur Krankenversicherung - allgemeiner Beitrag	**1000**	152	72
Beiträge zur Krankenversicherung - erhöhter Beitrag	**2000**		
Beiträge zur Krankenversicherung - ermäßigter Beitrag	**3000**		
Beiträge zur Krankenversicherung für geringfügig Beschäftigte	**6000**		
Beiträge zur Rentenversicherung der Arbeiter - voller Beitrag	**0100**	203	96
Beiträge zur Rentenversicherung der Angestellten - voller Beitrag	**0200**		
Beiträge zur Rentenversicherung der Arbeiter - halber Beitrag	**0300**		
Beiträge zur Rentenversicherung der Arbeiter für geringfügig Beschäftigte	**0500**		
Beiträge zur Rentenversicherung der Angestellten für geringfügig Beschäftigte	**0600**		
Beiträge zur Arbeitsförderung - voller Beitrag	**0010**	28	70
Beiträge zur Arbeitsförderung - halber Beitrag	**0020**		
Beiträge zur Insolvenzgeldumlage	**0050**	4	20
Beiträge zur sozialen Pflegeversicherung	**0001**	22	54
Umlage nach dem Aufwendungsausgleichsgesetz (AAG) für Krankheitsaufwendungen	**U1**	11	27
Umlage nach dem Aufwendungsausgleichsgesetz (AAG) für Mutterschaftsaufwendungen	**U2**	1	64
Gesamtsumme		425	03

Es wird bestätigt, dass die Angaben mit denen der Lohn- und Gehaltsunterlagen übereinstimmen und in diesen sämtliche Entgelte enthalten sind.

	Euro	Cent
Beiträge zur Krankenversicherung für freiwillig Krankenversicherte **		
Beiträge zur Pflegeversicherung für freiwillig Krankenversicherte **		
abzüglich Erstattung gemäß §§ 1 - 3 AAG		
zu zahlender Betrag/Guthaben	425	03

Datum, Unterschrift

* Zutreffendes ankreuzen
** freiwillige Angabe des Arbeitgebers

Sozialversicherungsabgaben

Sozialversicherungsabgaben bezeichnen die gesetzlichen Pflichtabgaben, soweit sie der Arbeitgeber trägt, nicht jedoch freiwillige oder tarifliche Zuschüsse. Definition

Beleg buchen

Bei Nettolohnverbuchung sind folgende Buchungen durchzuführen: Beispiel

Gesetzliche Sozialaufwendungen	425,03 EUR	
an Bank		425,03 EUR

In der Bruttolohnliste (hier nicht abgedruckt) sind die annähernd hälftigen Arbeitnehmer- und Arbeitgeberbeiträge aufgegliedert. Allerdings trägt der Arbeitgeber die Umlagen alleine und der Arbeitnehmer muss auf seinen Krankenkassenbeitrag einen Aufschlag zahlen:

Lohn und Gehalt	204,16 EUR	
Gesetzliche Sozialaufwendungen	221,31 EUR	
an Verbindlichkeiten soziale Sicherheit		422,33 EUR

Bei Abbuchung ist zu buchen:

Verbindlichkeiten soziale Sicherheit	425,03 EUR	
an Bank		425,03 EUR

Das richtige Konto

BGA (GHK)	IKR	SKR03	SKR04	Kontenbezeichnung (SKR04)
192	484	1742	3740	Verbindlichkeiten soziale Sicherheit
1921	4841	1759	3759	Voraussichtliche Beitragsschuld gegenüber den Sozialversicherungsträgern
404	640	4130	6110	Gesetzliche Sozialaufwendungen

Rotes Kreuz
Körperschaft des öffentlichen Rechts

Kreisverband

Tel.: 0

Zuwendungsbestätigung

Art der Zuwendung: **Mitgliedsbeitrag**

Mitgl.-Nr.: 0501000

Erwin Neumann, Kellereigasse 3, 65789 Neustadt
Name und Anschrift des Zuwendenden

200,00 EUR	ZWEI NULL NULL	200
Betrag/Wert in Ziffern	Betrag/Wert der Zuwendung in Worten	Jahr der Zuwendung

Es handelt sich nicht um den Verzicht auf Erstattung von Aufwendungen oder Leistungen.

Bestätigung über Zuwendungen im Sinne des § 10 b des Einkommensteuergesetzes an inländische juristische Personen des öffentlichen Rechts oder inländische öffentliche Dienststellen.

Es wird bestätigt, dass die Zuwendung nur zur Förderung der satzungsgemäßen Zwecke des BRK (Förderung der freien Wohlfahrtspflege) im Sinne der Anlage-1 zu § 48 EStDV Abschnitt A Nr. 6 verwendet wird.

Die Zuwendung wird von uns unmittelbar für den angegebenen Zweck verwendet.

Diese Zuwendungsbestätigung berechtigt nicht zum Spendenabzug im Rahmen des erhöhten Vomhundertsatzes nach § 10b Abs. 1 Satz 2 EStG / § 9 Abs. 1 Nr. 2 Satz 2 KStG oder zum Spendenrücktrag bzw. -vortrag nach § 10b Abs. 1 Satz 3 EStG / § 9 Abs. 1 Nr. 2 Satz 3 KStG. Entsprechendes gilt auch für den Spendenabzug bei der Gewerbesteuer (§ 9 Nr. 5 GewStG).

HINWEIS: Wer vorsätzlich oder grob fahrlässig eine unrichtige Zuwendungsbestätigung erstellt oder wer veranlasst, dass Zuwendungen nicht zu den in der Zuwendungsbestätigung angegebenen steuerbegünstigten Zwecken verwendet werden, haftet für die Steuer, die dem Fiskus durch einen etwaigen Abzug der Zuwendungen beim Zuwendenden entgeht (§ 10b Absatz 4 EStG, § 9 Absatz 3 KStG, § 9 Nr. 5 GewStG). Diese Bestätigung wird nicht als Nachweis für die steuerliche Berücksichtigung der Zuwendung anerkannt, wenn das Datum des Freistellungsbescheides länger als fünf Jahre bzw. das Datum der vorläufigen Bescheinigung länger als drei Jahre seit Ausstellung der Bestätigung zurück liegt (BMF v. 15.12.1994 BStBl I S.884).

18.02.20
Ort, Datum

Dieser Beleg wurde maschinell erstellt
und trägt daher keine Unterschrift

Spenden

- Spenden sind freiwillige unentgeltliche Leistungen und in der Regel nicht als Betriebsausgabe abziehbar. Einzelunternehmer und (Personen-)Gesellschafter können sie gleichwohl wie Privatspenden als Sonderausgabe ansetzen.
- Betriebliche Spenden mindern aber zusätzlich den Gewerbeertrag und damit die zu zahlende Gewerbesteuer.
- Davon zu unterscheiden ist das Sponsoring. Aufwendungen eines Sponsors sind Betriebsausgaben, wenn sie zur Erhöhung seines unternehmerischen Ansehens beitragen können.[31]

Achtung:
Sachspenden sind steuerlich unerheblich, da dem Abzug als Sonderausgabe ein umsatzsteuerpflichtiger Erlös durch „Unentgeltliche Wertabgabe" in gleicher Höhe entgegensteht.

Beleg buchen

Die Inhaberin des Kinderladens *Zauberburg* kann ihren Mitgliedsbeitrag von 200 EUR beim Roten Kreuz als Spende abziehen. Beispiel

Privatspende	200,00 EUR	
an Bank		200,00 EUR

Das richtige Konto

BGA (GHK)	IKR	SKR03	SKR04	Kontenbezeichnung (SKR04)
165	3026	1840	2250	Privatspenden
1651	3027	1940	2250	Privatspenden Teilhafter
2073	6869	2381	6391	Spenden für wissenschaftliche/kulturelle Zwecke
2074	6869	2382	6392	Spenden für mildtätige Zwecke
2075	6869	2383	6393	Spenden für kirchliche/religiöse/gemeinnützige Zwecke
2076	6869	2384	6394	Spenden an politische Parteien

[31] BFH, Urteil vom 03.02.1993, I R 37/91, BStBl 1993 II S. 441, 445.

Dipl.-Kfm. Heinz Wilhelm

Steuerberater/vereidigter Buchprüfer

Dipl.-Kfm. Heinz Wilhelm, Benzstr. 25, 54347 Klewe

Firma
Horst Starke
Wiesengasse 3
55586 Neustadt

Rechnung Nr.: 6 Datum: 11.05.20

Das Leistungsdatum entspricht dem Rechnungsdatum, sofern nicht anders angegeben.
Für folgende in Ihrem Auftrag ausgeführte Leistungen erlaube ich mir gemäß Steuerberatergebührenverordnung (StBGebV) zu berechnen:

Angelegenheit	Zeitraum	StBGebV §(Abs.)Nr.	Gegenstandswert	Satz	Tab.	Betra
Erkl. zur gesonderten Feststellung der Einkünfte	20	24(I)Nr.2	7.820,--	2/10	A	82,40 EU
Gewerbesteuererklärung	20	24(1)Nr.5a	8.539,--	1,75/10	A	78,58 EU
Umsatzsteuererklärung	20	24(1)Nr.8	86.749,--	1/10	A	127,70 EU

Summe Nettobeträge	288,68 EUR
Umsatzsteuerbetrag 19 %	54,85 EUR

Rechnungsbetrag	343,53 EUR
	==========

Bitte begleichen Sie den Rechnungsbetrag durch Überweisung auf das unten angegebene Konto
Nach § 7 der StBGebV ist die Vergütung zur Zahlung fällig.

Mit freundlichen Grüßen

Wilhelm, StB/vBP

Telefax 0 6
Telefon 0 6

Bankverbindung:
St.Nr.: 00

Steuerberatungskosten

- Steuerberatungskosten in Höhe von bis zu 520 EUR pro Jahr wurden in der Vergangenheit ohne Prüfung als Betriebsausgabe anerkannt. Da aber der Abzug der Beratung als Sonderausgabe seit 2006 nicht mehr zulässig ist, ist die genaue Zuordnung zu den Betriebsausgaben und Werbungskosten erforderlich.

Tipp:

Für Jahresabschlussarbeiten sind in der Bilanz Rückstellungen zu bilden, bis eine Rechnung vorliegt. Aus einer ordnungsgemäßen Rechnung können Sie Vorsteuer abziehen.

Beleg buchen

Beispiel

Für die Kosten der Jahressteuererklärungen sind zum Jahresabschluss 31.12.2010 350 EUR zurückgestellt. Bei Zahlung der vorliegenden Rechnung kann Vorsteuer abgezogen werden.

Sonstige Rückstellungen Vorsteuer	350,00 EUR 54,85 EUR	
an Bank an Erträge aus der Auflösung von Sonstigen Rückstellungen		343,53 EUR 61,32 EUR

In der Bilanz zum 31.12.2011 werden für Abschlusskosten 400 EUR eingestellt.

Abschluss- und Prüfungskosten 2011	400,00 EUR	
an Sonstige Rückstellungen		400,00 EUR

Das richtige Konto

BGA (GHK)	IKR	SKR03	SKR04	Kontenbezeichnung (SKR04)
484	677	4950	6825	Rechts- und Beratungskosten
4845	6771	4957	6827	Abschluss- und Prüfungskosten
4846	6176	4955	6830	Buchführungskosten
276	5481	2735	4930	Erträge aus der Auflösung von Rückstellungen

SB-Tankcenter Peter Schmitt

Kraftstoffe ✩ Waschstation ✩ Service ✩ Reparaturen ✩ Reifen

Firma
Elektro Zapp
60234 Frankfurt

Monatsabrechnung : Juni 30.06.20

Kartennummer: 2361 **Kennzeichen:** F - YZ 888

Datum	Kraftstoff	Abgabe / Liter	€ / Liter	Gesamt €
02.06.	Super bleifrei	56,82	1,075	61,08 €
05.06.	Super bleifrei	51,14	1,075	54,98 €
09.06.	Super bleifrei	50,93	1,075	54,75 €
14.06.	Super bleifrei	57,70	1,089	62,84 €
20.06.	Super bleifrei	55,01	1,089	59,91 €
23.06.	Super bleifrei	54,68	1,089	59,55 €
29.06.	Super bleifrei	55,54	1,089	60,48 €
	Zwischensumme	381,82		413,58 €

Kartennummer: 2374 **Kennzeichen:** F - XZ 888

Datum	Kraftstoff	Abgabe / Liter	€ / Liter	Gesamt €
01.06.	Diesel	58,36	1,039	60,64 €
03.06.	Diesel	64,41	1,039	66,92 €
08.06.	Diesel	59,82	1,039	62,15 €
12.06.	Diesel	62,87	1,039	65,32 €
16.06.	Diesel	69,08	1,048	72,40 €
19.06.	Diesel	59,51	1,048	62,37 €
21.06.	Diesel	64,70	1,048	67,81 €
25.06.	Diesel	63,12	1,048	66,15 €
28.06.	Diesel	68,58	1,048	71,87 €
30.06.	Diesel	61,33	1,048	64,27 €
	Zwischensumme	631,78		659,90 €

Summe Abrechnung	netto	1.073,47 €
19 % Mehrwertsteuer		203,96 €
	brutto	1.277,43 €

Bankeinzug:
A-Bank Frankfurt, Bankleitzahl 540 360 00, Konto-Nummer 10 057 890

SB-Tankcenter Peter Schmitt 60234 Frankfurt

Tankquittung

- Unter den laufenden Kfz-Kosten sind u. a. Benzin, Diesel oder Öl zu erfassen.
- Insbesondere wegen dem Handel mit Tankquittungen bei Ebay und anderen Online-Marktplätzen wurde zum 01.01.2008 nach § 379 Abs. 1 Satz 1 Nr. 2 AO auch der Verkauf von Belegen unter Strafe gestellt (Geldstrafe bis zu 5.000 EUR).

Achtung:
Wenn in der Buchführung des Steuerpflichtigen Tankquittungen von Tagen erfasst sind, an denen der Pkw gemäß den Angaben im Fahrtenbuch nicht bewegt worden ist, entspricht das Fahrtenbuch wegen Nichtaufzeichnung aller Fahrten nicht den formellen Voraussetzungen.[32]

Beleg buchen

Der SB-Tankcenter Peter Schmitt stellt seine Monatsrechnung Juni 2011 und zieht sie vom Bankkonto ein. Beispiel

Laufende Kfz-Kosten	1.073,47 EUR	
Vorsteuer	203,96 EUR	
an Bank		1.277,43 EUR

Das richtige Konto

BGA (GHK)	IKR	SKR03	SKR04	Kontenbezeichnung (SKR04)
434	6881	4530	6530	Laufende Kfz-Betriebskosten

[32] FG Münster, Urteil vom 18.02.2005, Az. 11 K 5218/03 E,U.

Einfach gut!

taxi Schmitz

☐ **Fahrauftrag**

☒ **Quittung über EUR** 18

(in diesem Betrag sind 7 % MwSt. enthalten)

für eine ☐ Stadt- ☐ Kranken- ☐ Besorgungsfahrt

Firma Hr. Fr. Frl.

von: Erlach

nach: Balingen

Betrag dankend erhalten

Taxi - Nr.	Datum	Unterschrift
5	5.7.20	Elbonaj

Taxiquittung

- Bahnfahrkarten gelten auch dann als Rechnungen, wenn sie keine Steuernummer, Rechnungsnummer, Nettoerlöse und den Leistungsempfänger enthalten. Anstelle des Steuersatzes kann die Tarifentfernung angegeben sein (§ 34 UStDV).
- Denn bei einer Fahrtstrecke unter 50 km beträgt der Vorsteuerabzug ermäßigt 7 %, darüber 19 %.
- Im Gegensatz zu dem Taxenverkehr ist der Verkehr mit Mietwagen nicht steuerermäßigt.[33] Der Mietwagenverkehr unterscheidet sich im Wesentlichen vom Taxenverkehr dadurch, dass nur Beförderungsaufträge ausgeführt werden dürfen, die am Betriebssitz oder in der Wohnung des Unternehmers eingegangen sind (§ 49 Abs. 4 PBefG).

Beleg buchen

Die Taxifahrt zu einem Geschäftstermin kostet 18 EUR und wird nach Vorlage dieses Belegs bar erstattet. Beispiel

Reisekosten	15,13 EUR	
Vorsteuer	2,87 EUR	
an Kasse		18,00 EUR

Das richtige Konto

BGA (GHK)	IKR	SKR03	SKR04	Kontenbezeichnung (SKR04)
4450	6850	4663	6663	Reisekosten Arbeitnehmer Fahrtkosten
4460	6851	4673	6673	Reisekosten Unternehmer Fahrtkosten

[33] BFH vom 30.10.1969, V R 99/69, BStBl II 1970, 78, BVerfG vom 11.02.1992, 1 BvL 29/87, BVerfGE 85, 238 und Abschn. 173 Abs. 9 UStR.

TELCOM
Ihre Rechnung

Postfach

01.	0,55 EUR

Firma Elektro Zapp
Inh. Erwin Zapp
Daimlerstr. 3

46464 Neustadt

Datum	11.01.
Seite	1 von 4
Kundennummer	127
Rechnungsnummer	931
Buchungskonto	472
Haben Sie noch Fragen zu Ihrer Rechnung?	Sie erreichen Ihren Kundenservice kostenfrei unter:
Telefon	freecall 080
Telefax	freecall 0800

Ihre Rechnung für Januar 20

Die Leistungen im Überblick (Summen)		Beträge (Euro)
Monatliche Beträge		34,98
Verbindungen		4,45
Beträge anderer Anbieter		2,46
Sonstige Leistungen des Konzerns		5,98
Summe der oben angeführten Beträge		**47,87**
Umsatzsteuer 19 % auf ...	47,87 Euro	9,10

Rechnungsbetrag 56,97

Der Rechnungsbetrag wird nicht vor dem 7. Tag nach Zugang der Rechnung von Ihrem Konto abgebucht.

Ihre Rechnung im Detail und weitere Hinweise finden Sie auf der Rückseite und den folgenden Seiten.

Vielen Dank!

AG, Postfach
Kto.Nr.
IBAN DE SWIFT
USt-IdNr.: DE Inkasso

Fortsetzung auf der Rückseite

014723

Telefon- und Telefaxkosten

- Von den Finanzbehörden wird grundsätzlich angenommen, dass das Telefon, wenn kein extra privater Anschluss zur Verfügung steht, vom Unternehmer auch zu privaten Telefonaten genutzt wird. Bei Einzelaufzeichnungen der Gespräche können Sie den privaten Anteil an den Gesamtkosten aus Telefonanlage, Grundgebühr und Gesprächsgebühren ermitteln. Alternativ lässt sich der Privatanteil auch mit 240 EUR (zzgl. 19 % USt.) pro Jahr (20 EUR pro Monat) ansetzen.
- Mit dem Ansatz des Privatanteils für Telefonkosten wird der Einzelunternehmer schlechter gestellt als der GmbH-Gesellschafter-Geschäftsführer bzw. der Arbeitnehmer, die ihre privaten Internet-, Mobilfunk- und Telefoneinrichtungen ohne Ansatz eines Sachbezugs steuerfrei nutzen können (§ 3 Nr. 45 EStG).

Beleg buchen

Im Heimbüro fallen für Januar 2011 Telefonkosten von brutto 56,97 EUR an. Der Unternehmer setzt eine private Nutzung von netto 20 EUR an. Beispiel

Telefonkosten Vorsteuer Privatentnahmen	47,87 EUR 9,10 EUR 23,80 EUR	
an Bank an Verwendung von Gegenständen an USt.		56,97 EUR 20,00 EUR 3,80 EUR

Das richtige Konto

BGA (GHK)	IKR	SKR03	SKR04	Kontenbezeichnung
4822	6822	4925	6810	Internet- und Faxkosten
4821	6821	4920	6805	Telefon
2782	5424	8921	4645	Verwendung von Gegenständen 19 % USt. (Telefonnutzung)

Guten Tag Quickbookseller,

dies ist Ihre elektronische Umsatzsteuer-Abrechnung fuer 1/2011 ueber Ihre bei Aragon.de Tradingplace, Auktionen und YShops gezahlten Verkaeufergebuehren.

Ihre elektronische Umsatzsteuer-Abrechnung:

Abrechnungsdatum: 31.01.2011
Abrechnungsnr.: 123456789
Name des Anbieters: Aragon Services Europe S.à.r.l.
Adresse des Anbieters: 62, Boulevard Fatal , L-2449 , Luxembourg
USt.-IDNr. des Anbieters: LU1123456
Name des Verkaeufers: Quickbookseller
Adresse des Verkaeufers: Irgendwo in Deutschland
Telefonnr. des Verkaeufers: 01234-56789
USt.-IDNr. des Verkaeufers: DE123456

Datum	Dienst-leistung	Preis (ohne USt.) in EUR	USt. in %	USt. in EUR	Gesamt in EUR	Begruendung
03.01.12	Verkaeufer-gebuehren	13,47	0 %	0,00	13,47	Angebot fuer elektronisch zur Verfuegung gestellte Dienstleistungen ausserhalb der in Luxemburg geltenden Umsatzsteuer nach Artikel 17.2.e des luxemburgischen Umsatzsteuer-Gesetzes.
17.01.12	Verkaeufer gebuehren	14,22	0 %	0,00	14,22	Angebot fuer elektronisch zur Verfuegung gestellte Dienstleistungen ausserhalb der in Luxemburg geltenden Umsatzsteuer nach Artikel 17.2.e des luxemburgischen Umsatzsteuer-Gesetzes.
31.01.12	Verkaeufer gebuehren	14,22	0 %	0,00	14,22	Angebot fuer elektronisch zur Verfuegung gestellte Dienstleistungen ausserhalb der in Luxemburg geltenden Umsatzsteuer nach Artikel 17.2.e des luxemburgischen Umsatzsteuer-Gesetzes.
Gesamt		**41,91**		**0,00**	**41,91**	

Für die Abführung der Umsatzsteuer aus den aufgefuehrten Lieferungen ist der Kunde verantwortlich (Bezugnahme auf: Artikel 21 (1) b, Sixth Council Directive 77/388/EEC vom 17.05.1977).

Bitte beachten Sie, dass diese Abrechnung keine Zahlungsaufforderung ist. Eine fortgeschrittene digitale Signatur wurde dieser elektronischen Umsatzsteuer-Abrechnung beigefuegt.

Umsatzsteuer (von ausländischen Unternehmern nach § 13b UStG)

- Nach § 13b Abs. 2 UStG schulden Unternehmer als Leistungsempfänger für bestimmte im Inland ausgeführte steuerpflichtige Umsätze ausländischer Unternehmer die Steuer. Die Steuer wird sowohl von im Inland ansässigen als auch von im Ausland ansässigen Leistungsempfängern geschuldet. Ist der Empfänger einer elektronisch erbrachten Leistung ein Unternehmer, wird die Leistung dort ausgeführt, wo der Empfänger sein Unternehmen betreibt (§ 3a Abs. 3 Satz 1 UStG).
- Der ausländische Unternehmer darf in seiner Rechnung die Steuer nicht gesondert ausweisen, muss jedoch auf die Steuerschuldnerschaft des Leistungsempfängers hinweisen (§ 14a Abs. 4 Satz 2 und Satz 3 UStG). Der abzugsberechtigte Leistungsempfänger kann die von ihm nach § 13b Abs. 2 UStG geschuldete Umsatzsteuer als Vorsteuer abziehen, wenn er die Lieferung oder sonstige Leistung für sein Unternehmen bezieht.
- Auch ohne ordnungsgemäße Rechnung kann der Leistungsempfänger als Steuerschuldner sein Vorsteuerabzugsrecht ausüben.[34]
- Auf der Rückseite der Umsatzsteuervoranmeldung (Zeile 48 in Kennziffer 52 und 53) werden der „fiktive Umsatz“ und die Umsatzsteuer ausgewiesen. In der Zeile 58 kann der Unternehmer Vorsteuer in gleicher Höhe abziehen.

Achtung:

Als Voraussetzung für den Vorsteuerabzug gilt: Die Rechnung des Providers entspricht deutschem Recht (§ 14 UStG). Achten Sie darauf, dass sämtliche Rechnungsbestandteile vorliegen. Lediglich anstelle des Umsatzsteuerausweises muss sinngemäß folgender Hinweis erfolgen: „Die Umsatzsteuer ist von Ihnen als Leistungsempfänger anzumelden und abzuführen (§ 13b UStG)."

[34] EuGH, Urteil vom 01.04.2004 C-90/02.

Offline- und Online-Umsätze

Auch bei Softwarebezug aus dem Ausland über das Internet droht Gefahr. Bei der Lieferung von Software wird zwischen Offline-Umsätzen und Online-Umsätzen unterschieden.

Sofern keine Standard-Software auf einem Datenträger, wie CD-ROM, DVD oder Disketten, physisch verschickt wird (Offline-Umsätze), handelt es sich bei den elektronischen Dienstleistungen allesamt umsatzsteuerlich um sonstige Leistungen nach § 3a Abs. 4 UStG.

Beispiel:

Die deutsche Werbefirma *E-Point* bezieht ihre neuesten Grafikprogramm-Updates direkt nach Erscheinen über Download aus den USA. Die amerikanische Firma weigert sich unter Berufung auf den „Internet Tax Freedom Act", in der Rechnung von umgerechnet 10.000 EUR auf die deutsche Umsatzsteuer und die Steuerschuldnerschaft hinzuweisen.

Beleg buchen

Beispiel

Der in Deutschland ansässige Versandbuchhändler *Quickbookseller* hat über die Internetplattform von *Aragon.de* Bücher verkauft. *Aragon.de* überweist den Verkaufserlös zuzüglich einer Versandkostenerstattung, jedoch abzüglich der Vermittlungskosten. Da *Aragon.de* die Vermittlungsleistungen für *Quickbookseller* von Luxemburg aus erbringt, schuldet der in Deutschland ansässige Leistungsempfänger die Umsatzsteuer nach § 13b UStG. Während die Buchverkäufe zum ermäßigten Steuersatz von 7 % besteuert werden, unterliegen die Vermittlungsleistungen 19 % USt. Der Leistungsempfänger kann jedoch ebenfalls 19 % Vorsteuer abziehen.

Leistungen ausländischer Unternehmer 19 %Vorsteuer und Umsatzsteuer	41,91 EUR	
Vorsteuer § 13b 19 % aus Leistungen ausländischer Unternehmer	7,96 EUR	
an Umsatzerlöse zu 7 % USt.		39,17 EUR
an Umsatzsteuer 7 %		2,74 EUR
an USt. § 13b 19 % aus Leistungen ausländischer Unternehmer		7,96 EUR

Das richtige Konto

BGA (GHK)	IKR	SKR03	SKR04	Kontenbezeichnung
3711	6101	3115	5915	Leistungen ausländischer Unternehmer 7 % Vorsteuer und 7 % USt.
3715	6105	3125	5925	Leistungen ausländischer Unternehmer 19 % Vorsteuer und 19 % USt.
146	2608	1579	1409	Abziehbare Vorsteuer § 13b 19 %
1811	4822	1758	3833	USt. § 13b 19 % aus Leistungen ausländischer Unternehmer

Steuernummer

11

20

30 Eingangsstempel oder -datum

Finanzamt

Postfach

Antrag auf Dauerfristverlängerung

Anmeldung der Sondervorauszahlung (§§ 46 bis 48 UStDV)

Unternehmer - ggf. abweichende Firmenbezeichnung - Anschrift - Telefon - E-Mail-Adresse

Firma Elektro Zapp
Inh. Erwin Zapp
Daimlerstr. 3

46464 Neustadt

Zur Beachtung
für Unternehmer, die ihre Voranmeldungen **vierteljährlich** abzugeben haben:
Der Antrag auf Dauerfristverlängerung ist nicht zu stellen, wenn Dauerfristverlängerung bereits gewährt worden ist. Er ist nicht jährlich zu wiederholen. Eine Sondervorauszahlung ist nicht zu berechnen und anzumelden.

I. Antrag auf Dauerfristverlängerung

(Dieser Abschnitt ist gegenstandslos, wenn Dauerfristverlängerung bereits gewährt worden ist.)

Ich beantrage, die Fristen für die Abgabe der Umsatzsteuer-Voranmeldungen und für die Entrichtung der Umsatzsteuer-Vorauszahlungen um einen Monat zu verlängern.

II. Berechnung und Anmeldung der Sondervorauszahlung auf die Steuer für das Kalenderjahr 20 von Unternehmern, die ihre Voranmeldungen monatlich abzugeben haben

Berichtigte Anmeldung (falls ja, bitte eine "1" eintragen) **10**

		volle EUR	Ct
1. Summe der verbleibenden Umsatzsteuer-Vorauszahlungen **zuzüglich** der angerechneten Sondervorauszahlung für das Kalenderjahr 20		6.482	
2. Davon 1 / 11 = **Sondervorauszahlung 20**	38	589	

Verrechnung des Erstattungsbetrages erwünscht / Erstattungsbetrag ist abgetreten (falls ja, bitte eine "1" eintragen) **29**

Geben Sie bitte die Verrechnungswünsche auf einem besonderen Blatt an oder auf dem beim Finanzamt erhältlichen Vordruck "Verrechnungsantrag".

Die **Einzugsermächtigung** wird ausnahmsweise (z. B. wegen Verrechnungswünschen) für die Sondervorauszahlung dieses Jahres **widerrufen** (falls ja, bitte eine "1" eintragen) **26**

Ein ggf. verbleibender Restbetrag ist gesondert zu entrichten.

Hinweis nach den Vorschriften der Datenschutzgesetze:
Die mit der Steueranmeldung angeforderten Daten werden auf Grund der §§ 149 ff. der Abgabenordnung und des § 18 des Umsatzsteuergesetzes erhoben.
Die Angabe der Telefonnummern und der E-Mail-Adressen ist freiwillig.

Bei der Anfertigung dieser Steueranmeldung hat mitgewirkt:
(Name, Anschrift, Telefon, E-Mail-Adresse)

Erwin Zapp

Datum, Unterschrift

- nur vom Finanzamt auszufüllen -

11 **19**

Bearbeitungshinweis

1. Die aufgeführten Daten sind mit Hilfe des geprüften und genehmigten Programms sowie ggf. unter Berücksichtigung der gespeicherten Daten maschinell zu verarbeiten.
2. Die weitere Bearbeitung richtet sich nach den Ergebnissen der maschinellen Verarbeitung.

Datum, Namenszeichen

Kontrollzahl und/oder Datenerfassungsvermerk

USt 1 H - Antrag auf Dauerfristverlängerung/Anmeldung der Sondervorauszahlung 20 -

Umsatzsteuersonderzahlungen

- Für eine Dauerfristverlängerung zur Abgabe von Voranmeldungen um jeweils einen Monat ist eine Umsatzsteuersonderzahlung (1/11 der Vorjahresumsatzsteuerschuld) zu leisten. Diese Zahlung stellt eine unverzinsliche Steuerkaution dar, weil das Finanzamt auf die sofort nach Monatsablauf fällige Umsatzsteuer warten muss.
- Wer Voranmeldungen im Quartal abgeben muss, braucht für die Dauerfristverlängerung keine Sonderzahlung zu leisten.

Achtung:
Die Sonderzahlung ist spätestens mit Abgabe der Voranmeldung Dezember des Vorjahres fällig, also zum 10. Januar bzw. bei schon bestehender Dauerfristverlängerung zum 10. Februar.

- In der Einnahmenüberschussrechnung wirken sich Vorauszahlungen als Ausgaben und Erstattungen als Einnahmen aus.
- In der Gewinnermittlung durch Betriebsvermögensvergleich stellen in der Bilanz Vorauszahlungen Forderungen und Erstattungen Verbindlichkeiten gegenüber dem Finanzamt dar.

Beleg buchen

Beispiel

Die gesamten Umsatzsteuervoranmeldungen 2010 betrugen 6.482 EUR. Davon sind für die Dauerfristverlängerung 1/11, also 589 EUR als Sondervorauszahlung 2011 fällig.

Umsatzsteuersonderzahlung	589,00 EUR	
an Bank		589,00 EUR

Das richtige Konto

BGA (GHK)	IKR	SKR03	SKR04	Kontenbezeichnung (SKR04)
182	4821	1781	3830	Umsatzsteuervorauszahlung 1/11

Consulting   Steuernummer: 0

Übertragungsprotokoll

G899IHPCTZVSXTX6QZASHYL1J89VBPY5

Empfangsdatum: 20.04.20 /12:43:30 Uhr	**Umsatzsteuer-Voranmeldung**
	Voranmeldungszeitraum
	März 20

Übermittelt von:
Firma Elektro Zapp
Inh. Erwin Zapp
Daimlerstr. 3
46464 Neustadt

Anmeldung der Umsatzsteuer-Vorauszahlung

Lieferungen und sonstige Leistungen (einschl. unentgeltlicher Wertabgaben)

Steuerpflichtige Umsätze

	Kz	Bemessungsgrundlage	Kz	Steuer
zum Steuersatz von 19 %	51	12.064		
zum Steuersatz von 7 %	86	2.785		
Abziehbare Vorsteuerbeträge				
Vorsteuerbeträge aus Rechnungen von anderen Unternehmern (§ 15 Abs. 1 Satz 1 Nr. 1 UStG), aus Leistungen im Sinne des § 13a Abs. 1 Nr. 6 UStG (§ 15 Abs. 1 Satz 1 Nr. 5 UStG) und aus innergemeinschaftlichen Dreiecksgeschäften (§ 25b Abs. 5 UStG)			66	
Vorsteuerbeträge, die nach allgemeinen Durchschnittssätzen berechnet sind (§§ 23 und 23a UStG)			63	75,41
Verbleibende Umsatzsteuer-Vorauszahlung bzw. verbleibender Überschuss			83	1.969,91

Hinweis zu Säumniszuschlägen

Wird die angemeldete Steuer durch Hingabe eines Schecks beglichen, fallen Säumniszuschläge an, wenn dieser nicht am Fälligkeitstag bei der Finanzkasse vorliegt (§ 240 Abs. 3 Abgabenordnung). Um Säumniszuschläge zu vermeiden wird empfohlen, am Lastschriftverfahren teilzunehmen.
Die Teilnahme am Lastschriftverfahren ist jederzeit widerruflich und völlig risikolos. Sollte einmal ein Betrag zu Unrecht abgebucht werden, können Sie diese Abbuchung bei Ihrer Bank innerhalb von 6 Wochen stornieren lassen. Zur Teilnahme am Lastschriftverfahren setzen Sie sich bitte mit Ihrem Finanzamt in Verbindung.

Dieser Protokollausdruck ist nicht zur Übersendung an das Finanzamt bestimmt. Die Angaben sind auf ihre Richtigkeit hin zu prüfen. Sofern eine Unrichtigkeit festgestellt wird, ist eine berichtigte Steueranmeldung abzugeben.

Seite 1 von 1

Umsatzsteuervoranmeldungen

- Unterjährige Umsatzsteuervoranmeldungen führen zu Umsatzsteuer-Vorauszahlungen oder -erstattungen.
- Auch Erstattungen sind ebenfalls auf dem Konto „Umsatzsteuer-Vorauszahlungen" im Haben zu erfassen.

Achtung:

Die Voranmeldungen und Zahlungen sind spätestens 10 Tage nach Ablauf eines Monats bzw. Quartals fällig. Bei Dauerfristverlängerung verlängert sich die Abgabefrist um einen ganzen Monat, also zum 10. des Folgemonats.

- In der Einnahmenüberschussrechnung wirken sich Vorauszahlungen als Ausgaben und Erstattungen als Einnahmen aus.
- In der Gewinnermittlung durch Betriebsvermögensvergleich stellen in der Bilanz Vorauszahlungen Forderungen und Erstattungen Verbindlichkeiten gegenüber dem Finanzamt dar.

Tipp:

Um sämtliche Voranmeldungen abzustimmen (Vorauszahlungssoll), wird die zum Jahresende noch nicht vorausgezahlte Umsatzsteuer aus Dezember und ggf. November als „Umsatzsteuer laufendes Jahr" eingebucht.

Beleg buchen

Beispiel

Das Vorauszahlungssoll für März 2012 beträgt 1.969,91 EUR.

Umsatzsteuer-Vorauszahlung	1.969,91 EUR	
an Bank		1.969,91 EUR

Das richtige Konto

BGA (GHK)	IKR	SKR03	SKR04	Kontenbezeichnung (SKR04)
182	482	1780	3820	Umsatzsteuer-Vorauszahlungen
182	4821	1781	3830	Umsatzsteuer-Vorauszahlung 1/11
1821	4824	1789	3840	Umsatzsteuer laufendes Jahr

Finanzamt

6

27. 2.20

Steuernummer: 4
(Bitte bei Rückfragen angeben)

Telefon (06
Telefax (06

Finanzamt

Firma Elektro Zapp
Inh. Erwin Zapp
Daimlerstr. 3

46464 Neustadt

Bescheid

über die Festsetzung der

Umsatzsteuer-Vorauszahlung

für den Monat Dezember 20

Festsetzung
Die am 7. 2.20 eingegangene Steueranmeldung steht einer Steuerfestsetzung unter dem Vorbehalt der Nachprüfung gleich. Die Steuerfestsetzung ist nach § 164 Abs. 2 AO geändert. Der Vorbehalt der Nachprüfung bleibt bestehen.

	Umsatzsteuer €
Festgesetzt werden Anrechnung (Abzug) der festgesetzten Sondervorauszahlung Verbleiben	2.884,38 1.192,00 1.692,38
Abrechnung **(Stichtag: 13.02.)** Abzurechnen sind Bereits getilgt	 1.692,38 0,00
Unterschiedsbetrag Ausgleich durch Verrechnung	1.692,38 0,00
Noch zu zahlen	1.692,38
B i t t e z a h l e n S i e sofort (soweit noch nicht getilgt) die am 10.02. in Höhe von fällig gewesenen Beträge spätestens am 09.03.	 1.579,56* 112,82*

Die mit * gekennzeichneten Forderungen werden vom Konto Nr bei (BLZ) abgebucht.

0000137

****** Fortsetzung siehe Seite 2 ******

Konten der Finanzkasse
Institut : Sparkasse

Kontonummer :
Bankleitzahl :

*

ABS-Nr.: 0000.0000 *RT*1302 *

EDV-Form BW4061 04.95
AnmSt-Bescheid (Original)

Umsatzsteuerzahlungen

- Umsatzsteuer-Vorauszahlungen, -Nachzahlungen und -Erstattungen aus Vorjahren werden gesondert von den Zahlungen für das laufende Jahr gebucht.
- In der Dezembervoranmeldung wird von der Umsatzsteuerschuld die Sondervorauszahlung vom Jahresbeginn abgezogen.
- Umsatzsteuernachzahlungen aus der Umsatzsteuer(jahres)erklärung sind unaufgefordert innerhalb eines Monats nach Abgabe der Erklärung fällig.
- In der Einnahmenüberschussrechnung wirken sich Nachzahlungen als Ausgaben und Erstattungen als Einnahmen aus. Dies gilt auch rückwirkend für Zahlungen bis zum 10. Januar des Folgejahres.
- In der Gewinnermittlung durch Betriebsvermögensvergleich stellen Nachzahlungen Forderungen und Erstattungen Verbindlichkeiten gegenüber dem Finanzamt dar.

Beleg buchen

Beispiel

Die Umsatzsteuerschuld für den Monat Dezember 2012 betrug 2.884,38 EUR, von denen eine Sondervorauszahlung 2012 in vermeintlicher Höhe von 1.304,86 EUR abgezogen wurde. Nach diesem Bescheid betrug die tatsächlich geleistete Sondervorauszahlung 2012 nur 1.192,00 EUR. Neben der erklärten Vorauszahlung 1.579,56 EUR sind weitere 112,82 EUR zu zahlen.

Umsatzsteuer Vorjahr	1.692,38 EUR	
an Bank		1.692,38 EUR

Das richtige Konto

BGA (GHK)	IKR	SKR03	SKR04	Kontenbezeichnung (SKR04)
1822	4825	1790	3841	Umsatzsteuer Vorjahr
1822	4826	1791	3845	Umsatzsteuer frühere Jahre

7

Rechnungsdatum
02.März 20
Kundennr.:
Rechnungsnr.:
Seite: 1 von 2
Kunden USt-ID-Nr.:
USt-ID-Nr.:
Steuernummer

Rechnung

...el Service Deutschland In
0000007

Firma
Horst Starke
Wiesengasse 3
55586 Neustadt

Diese Seite enthält eine Übersicht über Ihre Versandaktivitäten bis einschließlich 28.Februar 20

Bei Fragen zu dieser Rechnung wenden Sie sich an 0800 Montag bis Freitag von 8:00 - 18:00
Ihr
Service

Vielen Dank für Ihr Vertrauen.

Erhalten Sie einfache Kontrolle über die Versandausgaben Rechnungsdaten, ein System mit elektronischen Rechnungsdaten, hilft Ihnen, Kosten zuzuordnen und zu sparen. Mehr unter www .com.

Diese Rechnung ist sofort und ohne Abzug zahlbar. Bei verspäteten Zahlungen kann ab dem 7. Tag nach Rechnungseingang Verzugszinsen in Höhe von 6,5% p.a. und eine Säumnisgebühr in Höhe von bis zu 15 EUR. erheben. Es gelten die aktuellen Beförderungsbedingungen Stand 01.

Übersicht

Frachtbriefe - Innerdeutsch		13,36
Servicepauschale		3,20
MwSt.-pflichtig		16,56
19 % MwSt.		3,15
Fälliger Gesamtbetrag	**EUR**	**19,71**

---

rvice

IHRE ZAHLUNG ERFOLGT DURCH BANKEINZUG

BLZ:

Kontonummer

Rechnungsnummer
28

Fälliger Gesamtbetrag
EUR **19,71**

Versandkosten

- Versandkosten können sowohl beim Warenbezug als auch beim Warenverkauf anfallen. Sie werden entweder jeweils als Nebenleistung zusammen mit der Eingangsrechnung gebucht oder als gesonderte Rechnung des Paketdienstes auf separaten Versandkonten. Liegen Verwaltungskosten vor, können Sie das Konto „Porto“ verwenden.
- Im Gegensatz zu den Versanddiensten der Deutschen Post sind die Leistungen der privaten Paketdienste umsatzsteuerpflichtig.

Beleg buchen

Die wöchentliche Abrechnung des Paketdienstes enthält zwei Versendungen an Kunden. Beispiel

Ausgangsfrachten	16,56 EUR	
Vorsteuer	3,15 EUR	
an Bank		19,71 EUR

Das richtige Konto

BGA (GHK)	IKR	SKR03	SKR04	Kontenbezeichnung (SKR04)
302	614	3800	5800	Anschaffungsnebenkosten
462	6145	4730	6730	Ausgangsfrachten
4820	6821	4910	6800	Porto

Zweite Allgemeine Versicherung AG

Telefon + 49(0)

Telefax + 49(0)

e-mail: E

Betreuung dieses Vertrages erfolgt durch:

Vertretung:

S

4

Tel.: 0

Fax: 0

ersicherung AG - D-

Gerd Schneider

K34

68563 Mannheim

Beitragsrechung zur
Multiline-Versicherung

Versicherungsschein-Nr.

22

Datum 16.12.20

Sehr geehrte Damen und Herren,

der Beitrag zu o.g. Versicherung für den Zeitraum 01.01.20 bis 01.01.20 ist fällig.

Versicherungsumfang **IVD-Versicherungskonzept**	Nettobeitrag in Euro	Vers.-Steuer in Euro	Bruttobeitrag in Euro
Gesamtbetrag	**375,38**	**71,32**	**446,7**

Dieser Betrag wird per 01.01.20 von Ihrem Konto abgebucht : **Euro** **446,70**

Kto: 000 **BLZ: 50**

Bitte beachten Sie auch die weiteren wichtigen Hinweise auf der Rückseite.

Mit freundlichen Grüßen

Allgemeine Versicherung AG

Allgemeine Versicherung AG

Aufsichtsratsvorsitzender:

Vorstand:

Rechtsform: Aktiengesellschaft, Sitz: Registergericht Steuernummer

Bankverbindung: Dresdner Bank, Bankleit Konto

Versicherungsbeiträge

- Als Betriebsausgaben sind nur Beiträge zu solchen Versicherungen abziehbar, die den betrieblichen Bereich betreffen (betriebliche Haftpflichtversicherung, betriebliche Gebäudeversicherung usw.).
- Für Kfz-Versicherungen und Gebäudeversicherungen sind jeweils eigene Konten unter den Fahrzeugkosten bzw. Gebäudekosten vorgesehen.
- Versicherungsentschädigungen für Unfallschäden sind auf einem gesonderten Konto zu erfassen.
- Eine Erstattung von Versicherungsbeiträgen sollte nicht als zusätzlicher Ertrag, sondern als Teilstorno der ursprünglichen Aufwandszahlung verstanden werden.
- Die Versicherungssteuer ist keine Vorsteuer und darf nicht auf dem Vorsteuerkonto gebucht werden.

Achtung:

Beachten Sie, dass Sie Versicherungszahlungen, die auch für das Folgejahr gezahlt werden, zum Jahresende aktiv abgrenzen müssen. Zur Abgrenzung von Bagatellbeträgen bis zur GWG-Grenze sind Sie allerdings nicht verpflichtet.

Beleg buchen

Die Betriebshaftpflichtversicherung in Höhe von 446,70 EUR ist regelmäßig zum 01.01. eines Jahres fällig und muss deshalb nicht abgegrenzt werden. Beispiel

Versicherungen	446,70 EUR	
an Bank		446,70 EUR

Das richtige Konto

BGA (GHK)	IKR	SKR03	SKR04	Kontenbezeichnung (SKR04)
426	690	4360	6400	Versicherungen
4261	6869	4366	6405	Gebäudeversicherungen
4261	691	4520	6520	Kfz-Versicherungen
267	5431	2742	4970	Versicherungsentschädigungen
91	29	980	1900	Aktive Rechnungsabgrenzung

UBIGROS

RECHNUNG 00 0 SEITE 1

GMBH LIEFER- UND RECHNUNGSDATUM 27.05.20
8:41

TELEFON 0180 TELEFAX

USt-IdNr.: DE

Steuernr. Finanzamt:

Kiosk Endstation
Bahnhofsplatz 1
34567 Neustadt

KUNDE: 0 L.R.:

M

ZAHLBETRAG FUER LIEFERSCHEIN 157,93

EAN	ART.-NR.	ARTIKEL BEZEICHNUNG	EINZEL-PR.	INH.KOL	KOLLI-PR.	MENGE	W	GESAMTPREIS	MR
0058 1 023 822 9		LEERGUT-BON			6,00	1		6,00-	A
8713800252556	006928.6	FRUCHTGUMMI- SMILE 100ST	3,550	1	3,55	2		7,10	B
4017100740800	008783.3	ERDNUSS-LOCKEN CLASSIC 250G	1,350	1	1,35	4		5,40	B
5410601508259	055995.5	RED BAND STCK.ART.10 FRUCHT Z	3,550	1	3,55	3		10,65	B
4001686390542	112895.8	PHANTASIA 1KG	3,490	1	3,49	1		3,49	B
037000440192	136141.9	PRINGLES TEXAS BARBECUE 200G	1,190	1	1,19	4	W	4,76	B
5410076002894	140829.3	PRINGLES HOT&SPICY 200G	1,190	1	1,19	4	W	4,76	B
4001686309025	148345.2	HARIBO FRUCHT 150 ST HAPPY CH	4,350	1	4,35	1		4,35	B
4001686315613	148349.4	HARIBO FRUCHT 150 ST HAPPY-CO	4,350	1	4,35	1		4,35	B
4001686333044	148358.5	HARIBO FRUCHT 150 ST SCHLUEMP	4,350	1	4,35	1		4,35	B
4001686334027	148359.3	HARIBO FRUCHT 150 ST RIESEN-E	4,350	1	4,35	1		4,35	B
4001686378519	148531.7	HARIBO FRUCHT 150 ST COLA-SCH	4,350	1	4,35	1		4,35	B
4001686576021	148956.6	MAOAM KRACHER 300 ST COLA	4,190	1	4,19	1		4,19	B
4037400502144	149508.4	BRAUNE RATTEN- SCHWAENZE 200S	6,450	1	6,45	1		6,45	B
4009900365673	158289.9	**WRIGLEY'S EXTRA WHITE 7 MIN	0,370	36	13,32	1		13,32	B
4001686395028	192479.4	HARIBO FRUCHT 150 ST KIRSCH-C	4,350	1	4,35	1		4,35	B
4001686329214	235198.9	HARIBO FRUCHT 150 ST FISCH BE	4,350	1	4,35	1		4,35	B
4018077670015	317715.1	CRUNCHIPS 200G PAPRIKA	1,450	1	1,45	4		5,80	B
4018077685910	317716.9	CRUNCHIPS 200G CHEESE&ON	1,450	1	1,45	4		5,80	B
4018077685019	317717.7	CRUNCHIPS 200G RED CHILI	1,450	1	1,45	4		5,80	B
4018077695216	317718.5	CRUNCHIPS 200G LIMITED E	1,450	1	1,45	4		5,80	B
4018077688515	318565.9	CRUNCH.CRUST THAI S.CHILI 175	1,450	1	1,45	4		5,80	B
	057007.7	0,25 DPG DS RED BULL 24ER	1,050	24	25,20	1		25,20	A
	031210.8	DPG-PFAND 24X0,25 EUR	6,000	1	6,00	1		6,00	A

NETTO 144,77

A 19,00 % MWST 25,20 4,79
B 07,00 % MWST 119,57 8,37

KOLLI GES.: 49 KOLLI GEW.: 0

SUMME EUR 157,93
BAR EUR 160,00
RUECKGELD EUR 2,07-

00041 135,25	00000 0,00	00000 0,00	00000 0,00	00048 119,57	00000 0,00
NETTOWERT O WERB.	NONFOOD	KONSERVEN	NAEHRMITTEL	SUESSWAREN KAFFEE	FEINKOST MILCH
00001 25,20	00000 0,00	00000 0,00	00000 0,00	00000 0,00	
SPIRITUOSEN WEIN	WASCHMITTEL	FLEISCH WURST	OBST GEMUESE	TABAK	

W = WERBEARTIKEL

Wareneinkauf

- Die Wareneinkäufe müssen Sie nach Steuersätzen getrennt erfassen.
- Der unterjährige Wareneinkauf wird als Wareneinsatz behandelt. Hierbei unterstellen die Buchhalter für die Monatserfolgsrechnung, dass die gleiche Menge zugekauft wie abverkauft wird.
- Sie können geringe Pfandkosten als Warenbeschaffungskosten bzw. als Kostenersatz behandeln. Nur erhebliche Beschaffungskosten erfassen Sie auf separatem Konto.
- Im Lebensmitteleinzelhandel ebenso wie in Bäckereien, Gaststätten usw. werden die Privatentnahmen auf der Grundlage der amtlichen Richtsätze und der Anzahl der Personen im Haushalt ermittelt.

Beleg buchen

Im Großmarkt *Ubigros* kauft der Kioskinhaber Waren zu 7 % und 19 % ein und zahlt bar. Lebensmittel für den persönlichen Bedarf entnimmt er sofort. Beispiel

Wareneinkauf 7 %	119,57 EUR	
Wareneinkauf 19 %	25,20 EUR	
Vorsteuer	13,16 EUR	
Privatentnahme	21,40 EUR	
an Kasse		157,93 EUR
an Unentgeltliche Zuwendung von Waren 7 % USt.		20,00 EUR
USt. 7 %		1,40 EUR

Das richtige Konto

BGA (GHK)	IKR	SKR03	SKR04	Kontenbezeichnung (SKR04)
301	608	3200	5200	Wareneingang
3011	6081	3300	5300	Wareneingang 7 % VSt.
3012	6085	3400	5400	Wareneingang 19 % VSt.
2782	5428	8940	4680	Unentgeltliche Zuwendung Waren 19 % USt.
2781	5427	8945	4670	Unentgeltliche Zuwendung Waren 7 % USt.

Telefonbuch24Direct

stfach

Erwin Scholz
Generalvertretung
Mittelstr. 10

56728 Brohl

ban
Konto
BLZ

ank
Konto
BLZ

Sparkasse
Konto
BLZ

Rechnung

Kunden Nr.
Rechnung Nr.
vom

Bei Zahlung bitte unbedingt angeben!

Gemäß Ihrer Bestellung vom 15.08.20 berechnen wir Ihren Werbeeintrag.
Telefonbuch **Ausgabe 20 /20**

Artikel	Region	Menge Stück/mm	Stückpreis EUR	Summe EUR
010 Zeilen-Print/Online-Paket		4		
020 Zeilen-Print/Online-Paket		4		
030 Zeilen-Print/Online-Paket		4		

Nettobetrag	EUR	733,04
MwSt 19%	EUR	139,28
Bruttobetrag	**EUR**	**872,32**

Zahlbar zum 24.04.20 ohne Abzug.
Erscheinungs-/Liefertermin: April 20

Gemeinsame Herausgeber und Verleger
Beauftragte
Telefon Telefax www .de
Vorstand Aufsichtsratsvorsitzende
Sitz Amtsgericht HRB Erfüllungsort und Gerichtsstand ist, soweit gesetzlich zulässig, USt-IdNr.: DE
Es können sich Entgeltminderungen aufgrund von Rabattvereinbarungen ergeben.

überw.
19.04.
Sc

Überweisung/Zahlschein

Name und Sitz des überweisenden Kreditinstituts | Bankleitzahl

Den Vordruck bitte nicht beschädigen, knicken, bestempeln oder beschmutzen.

Begünstigter: Name, Vorname/Firma (max. 27 Stellen)
Postfach

Konto-Nr. des Begünstigten | Bankleitzahl

Kreditinstitut des Begünstigten

EUR | Betrag: Euro, Cent 872,32

Kunden-Referenznummer - Verwendungszweck, ggf. Name und Anschrift des Überweisenden - (nur für Begünstigten)

noch Verwendungszweck (insgesamt max. 2 Zeilen à 27 Stellen)

Kontoinhaber/Einzahler: Name, Vorname/Firma, Ort (max. 27 Stellen, keine Straßen- oder Postfachangaben)

Konto-Nr. des Kontoinhabers

18

Werbekosten

Definition

Werbekosten bezeichnet Aufwendungen, um Produkte und Dienstleistungen einer Öffentlichkeit bekannt zu machen. Sie dienen somit der allgemeinen Vermarktung und nicht der Pflege einer speziellen Geschäftsbeziehung.

- Einzelnen Produkten oder Aufträgen direkt zurechenbare Vertriebskosten sind stattdessen auf dem Konto „Kosten der Warenabgabe“ zu erfassen.
- Ausgaben für die Werbung, z. B. Plakatwerbung oder Anzeigenwerbung in Tageszeitungen, Fachzeitschriften u. Ä., Rundfunk- und Fernsehwerbung gehören zum sofort abzugsfähigen Aufwand und mindern im Jahr der Ausgabe in voller Höhe den Gewinn. Auch Kosten für einen Messeauftritt gehören zu den Werbekosten (z. B. Standmiete, Reisekosten für Standpersonal).
- Wegen der besonderen Aufzeichnungspflicht für Geschenke und Bewirtungen sollten Sie hier Fehlbuchungen unbedingt vermeiden. Geschenke und Bewirtungen dürfen nicht auf anderen als auf den vorgesehenen Konten verbucht werden. Sie haben also unter „Werbekosten“ nichts verloren.

Achtung:
Für Werbemaßnahmen können Sie keinen aktiven Rechnungsabgrenzungsposten bilden. Hier zählt auch nicht die Begründung, dass sich der Erfolg ebenfalls erst im kommenden Jahr einstellen wird.

Beispiel

Beleg buchen

Werbekosten	733,04 EUR	
Vorsteuer	139,28 EUR	
an Bank		872,32 EUR

Das richtige Konto

BGA (GHK)	IKR	SKR03	SKR04	Kontenbezeichnung (SKR04)
441	687	4610	6600	Werbekosten
46	6145	4700	6700	Kosten der Warenabgabe

WERBEPROFIS

bitte abtrennen

Rechnung

Lieferanschrift (falls von Rechng.-Anschrift abweichend)

Firma Elektro Zapp
Inh. Erwin Zapp
Daimlerstr. 3

46464 Neustadt

Zapp

HERR Zapp 96 45

▲ *Name des Bestellers* ▲

Bei Bezahlung und Rückfragen bitte unbedingt angeben

Rechnungs-Datum	*Rechnungs-Nummer*	Lieferungs-*Datum*	*Kunden-Nummer*
6. 11.	929	6. 11.	230·

Bestell-Nummer	*Stück*	*Artikel-Bezeichnung*	*Einzelpreis*	*Gesamtpreis*
399998	100	Schlüsselanh. "Tool-Box"	2, 49	249, 00
399998	100	Werbedruck	0, 40	40, 00
399998	1	Grundkosten	34, 00	34, 00

Versand- und Verpackungskosten
für gesamt 2, 000 KG 11, 00

Vielen Dank für Ihren Auftrag

Bitte benutzen Sie die vorbereiteten Bankbelege:
Bank , Kto. -Nr. BLZ

	Nettobetrag	*MwSt.*	*Rechnungsbetrag*
ohne Abzüge zahlbar bis 6. 12.	334, 00	63,46	397,46

Die Ware bleibt bis zur vollständigen Zahlung des Kaufpreises unser Eigentum. Ergänzend gelten unsere Verkaufs-, Liefer- und Zahlungsbedingungen aus dem jeweiligen Katalog in seiner neuesten Fassung.

· Telefon: 0 · Telefax: 0 · USt-IdNr.: DE

Werbematerial

- Zugaben – Gegenstände von geringem Wert – werden zu Hunderten oder Tausenden bei der Warenabgabe kostenlos beigegeben. Sie sind deshalb Kosten der Warenabgabe.
- Im Gegensatz dazu sind Streuartikel Geschenke von geringem Wert, bei denen kein unmittelbarer Zusammenhang mit dem Verkauf von Waren besteht.

Beleg buchen

Beispiel

Die Schlüsselanhänger sind als Zugaben bei jeder Weihnachtsbestellung vorgesehen.

Streuartikel und Zugaben	334,00 EUR	
Vorsteuer	63,46 EUR	
an Bank		397,46 EUR

Das richtige Konto

BGA (GHK)	IKR	SKR03	SKR04	Kontenbezeichnung (SKR04)
2081	6873	4632	6612	Zugaben
441	687	4610	6600	Werbekosten
46	6145	4700	6700	Kosten der Warenabgabe

Postfach

SEITE 1

Horst Starke
Wiesengasse 3
55586 Neustadt

Konto-Nummer : 07
07
Ertragsart : KONTOKORRENT-KONTO

Konto-Inhaber:

VERMERK DER BANK: 1000
00

Jahressteuerbescheinigung für 20 in EUR — NUERNBERG, 30.12.20

ZAHLUNGSTAG	ZEITRAUM	HÖHE DER KAPITALERTRÄGE	ANRECHENBARER ZINSABSCHLAG	ANRECHENBARER SOLIDARITÄTSZUSCHLAG
31.12 20	01.01.20 -31.12.20	863,27 EUR	258,98 EUR	14,24 EUR

*Finanzamt, an das der Zinsabschlag und der Solidaritätszuschlag abgeführt worden sind:
RAL, Steuernummer 2
Wir versichern, dass für oben genannte Erträge keine Einzelsteuerbescheinigungen ausgestellt wurden.
Für Ihre Steuererklärung bitten wir vorstehende Steuerbescheinigung sorgfältig aufzubewahren.

ZWEIGNIEDERLASSUNG DEUTSCHLAND

Diese Bescheinigung ist maschinell erstellt und wird nicht unterschrieben
*** Kapitalerträge sind einkommensteuerpflichtig ***

Zweigniederlassung Deutschland · Ust-IdNr.
DE Fon info@ de · www de

Zinserträge

Zu den Zinserträgen gehören ebenfalls die Zinsabschläge und der anrechenbare Solidaritätszuschlag.

Beleg buchen

Während des Jahres wurden lediglich die Nettozinserträge erfasst. Beispiel
Auf dem Bankkonto sind 590,05 EUR gutgeschrieben worden.

Bank	590,05 EUR	
an Zinserträge		590,05 EUR

Laut Jahressteuerbescheinigung zu den Zinserträgen wurden 258,98 EUR Zinsabschlag und 14,24 EUR anrechenbarer Solidaritätszuschlag einbehalten.

Zinsabschläge	258,98 EUR	
anrechenbarer Solidaritätszuschlag	14,24 EUR	
an Zinserträge		273,22 EUR

Das richtige Konto

Die nachfolgenden vier Konten sind ausschließlich Kapitalgesellschaften vorbehalten, da der Einkommensteuerbereich (inkl. Solidaritätszuschlag, Zinsabschlag u. Ä.) bei den Privatkonten des Unternehmers bzw. Personengesellschafters erfasst wird.

BGA (GHK)	IKR	SKR03	SKR04	Kontenbezeichnung (SKR04)
2216	776	2215	7635	Zinsabschlagsteuer
2217	775	2210	7607	Solidaritätszuschlag für Vorjahre Erstattungen
2215	774	2208	7608	Solidaritätszuschlag
2217	775	2209	7609	Solidaritätszuschlag für Vorjahre Nachzahlungen
163	3022	1810	2150	Privatsteuern

GEBÜHRENRECHNUNG Saisonkennzeichen/Gültigkeit

Der Landrat
– Straßenverkehrswesen –

Zahlungspflichtiger: Bemerkungen:

geboren am: geboren in: Geborene:

TÜV	**AU**

Zulassungsantrag einschließlich Steuererklärung nach § 3 KraftStDV.
Datenschutzrechtliche Belehrung / Zulassungsbescheinigung Teil I / Zulassungsbescheinigung Teil II erhalten.

Sachbearbeiter Unterschrift

Transaktion:

Gebührenschlüssel:

RIECO (0 63 59) 93 40-0

Quittung der Zahlstelle
(Maschinendruck gilt als Quittung)

```
Q u i t t u n g
===============
Belegnr. : 00
Datum    :
10250 UMAS m.Hw.+ Teil II E          33,60EU
        33,60 EURO

Zahlung in BAR          Kassierer:
```

[redacted]

JU PP 13

Nummern-
SCHILDER

Zentrale:

Hinweis- Verkehrs- Warn- und Firmenschilder

Firma:

Kfz-Schilder

Steuer-Nr.

Betrag dankend erhalten € 29,–

Im Endbetrag sind 19% MWSt (€ ....) enthalten.

Zulassungskosten

Zu den Anschaffungskosten zählen der Netto-Kaufpreis des Pkws und darüber hinaus sämtliche Aufwendungen, um es betriebsüblich nutzen zu können. Nebenkosten wie Überführungskosten, Nummernschilder usw. gehören ebenso dazu wie Extras (z. B. Partikelfilter) und nachträgliche Anschaffungskosten, sofern sie dem Pkw einzeln zugerechnet werden können und mit Einbau ihre körperliche und wirtschaftliche Eigenart endgültig verloren haben.

Achtung:
Gebühren sind umsatzsteuerfrei und berechtigen nicht zum Vorsteuerabzug.

Beleg buchen

Die Zulassungskosten für den neuen Kombi – Gebühren 33,60 EUR und Nummernschilder 29,00 EUR – werden bar bezahlt. Beispiel

Pkw	57,97 EUR	
Vorsteuer	4,63 EUR	
an Kasse		62,60 EUR

Das richtige Konto

BGA (GHK)	IKR	SKR03	SKR04	Kontenbezeichnung
034	0841	0320	0520	Pkw

Anhang

Eigenbelege

Geschenke an Geschäftsfreunde

Hier hat es Einschränkungen gegeben, aber Sie können die Aufwendungen nach wie vor steuerlich geltend machen, wenn Sie diese Punkte beachten:

- Sie brauchen die Empfänger von Geschenken nicht aufzulisten, wenn durch Art und geringer Wert des Geschenks (z. B. Taschenkalender, Kugelschreiber und dgl.) die Vermutung besteht, dass die Freigrenze von 35 EUR bei dem einzelnen Empfänger im Wirtschaftsjahr nicht überschritten wird.
- Die beschenkte Person darf nicht Arbeitnehmer des Steuerpflichtigen sein. Handelsvertreter oder andere Personen in ständiger Geschäftsbeziehung (z. B. durch Werkverträge als Subunternehmer) gelten zumindest nach dieser Vorschrift nicht als Arbeitnehmer.
- Der Wert sämtlicher Geschenke an einen Empfänger darf 35 EUR nicht übersteigen – nach Abzug von Rabatten und ggf. dem Vorsteuerabzug, aber zuzüglich z. B. der Kosten für Werbeaufschriften. Diese Obergrenze von 35 EUR ist kein Freibetrag, sondern eine Freigrenze: Übersteigt die Summe der Geschenkaufwendungen je Empfänger den Betrag von 35 EUR im Wirtschaftsjahr, entfällt jeglicher Abzug.
- Seit dem 1. Januar 2007 gibt es die Alternative, einheitlich sämtliche Geschenke – auch die unter 35 EUR – mit einem Pauschalsteuersatz von 30 % (+ Solidaritätszuschlag + Kirchensteuer) zu versteuern (§ 37b EStG). Anstelle der Grenze von 35 EUR je Empfänger und Wirtschaftsjahr tritt der Betrag von 10.000 EUR.
- Juristische Personen, wie GmbHs, und Behörden können als solche nicht beschenkt werden. Die Benennung der Firma dient bei vielen Empfängern und hohen Einzelkosten jedoch als Gedächtnisstütze, um bei der genügenden Anzahl der beschäftigten Arbeitnehmer unter der 35-Euro-Grenze zu bleiben.
- Aufwendungen für Geschenke gleicher Art können in einer Buchung zusammengefasst werden, wenn die Namen der Empfänger der Geschenke aufgelistet werden.

Formular: Geschenke-Liste

Geschenke

Empfängerliste gemäß Abschn. 22 Abs. 2 EStR

	Empfänger	Geschenk	Wert EUR	Überreicht am:
1.		Geschenke		
2.				
3.				
4.				
5.				
6.				

Sammelbuchung bei gleichartigen Gegenständen

Empfängerliste

1.	
2.	
3.	
4.	
5.	
6.	
7.	
8.	
9.	
10.	
11.	
12.	
13.	
14.	
15.	

Unternehmen	
Geschenk	
Gesamtwert EUR	
Gesamtzahl der Empfänger	
Wert pro Empfänger	
Überreicht am:	

Formular: Quittung/Quittungskopie

Quittung

EUR

Netto

19 % MwSt.

Brutto

EUR, Cent

von:

für:

dankend erhalten

Ort: Datum:

Buchungsvermerke | Unterschrift Zahlungsempfänger

Quittungskopie

EUR

Netto

19 % MwSt.

Brutto

EUR, Cent

von:

für:

dankend erhalten

Ort: Datum:

Buchungsvermerke | Unterschrift Zahlungsempfänger

Fahrtenbuch

Ermittlung des Privatanteils

Kann ein Unternehmer für seinen Firmenwagen kein vorschriftsmäßiges Fahrtenbuch vorlegen, unterstellt das Finanzamt stets, dass dieses auch privat genutzt wurde. Ohne Aufzeichnungen des Unternehmers schätzt das Finanzamt eine monatliche Privatnutzung mit 1 % des Neulistenpreises (auch bei Gebrauchtwagen). Nur wenn Sie oft privat unterwegs sind und einen preiswerten Wagen fahren, sollten Sie sich ggf. schätzen lassen, aber in folgenden Fällen lohnt sich die Mühe, ein Fahrtenbuch zu führen:

- Die laufenden Pkw-Kosten sind sehr niedrig und der Listenpreis des privat genutzten Fahrzeugs ist bei der Erstzulassung sehr hoch gewesen.
- Sie nutzen Ihren betrieblichen Pkw so gut wie nie zu Privatfahrten.
- Verwenden Sie Ihren betrieblichen Pkw zu weniger als 5 % privat, können Sie 100 % der Vorsteuern abziehen.

Lückenlose Aufzeichnung

Der Ermittlung des Privatanteils nach tatsächlichen Kosten wird der Prüfer des Finanzamts nur zustimmen, wenn das Fahrtenbuch bestimmte Mindestvoraussetzungen erfüllt. Die Fahrten mit dem betrieblichen Pkw müssen vom ersten bis zum letzten Kilometer eines Wirtschaftsjahres nachvollziehbar sein (lückenlose Aufzeichnungen). Hierzu sind folgende Mindestangaben notwendig:

- Datum
- Kilometerstand zu Beginn und zum Ende jeder Fahrt
- Reisezweck, Reiseziel und aufgesuchte Kunden bzw. Geschäftspartner. Die bloße Straßennennung genügt nach dem strengen Urteil des BFH vom 01.03.2012, VI R 33/10, nicht den Anforderungen, sicher auf den Geschäftspartner schließen zu können. Ebenso sei die bloße Nennung des Geschäftspartners ohne Adresse auch zu unbestimmt – etwa bei mehreren Filialen.
- Reiseroute
  - bei Privatfahrten genügt die Kilometerangabe
  - bei Fahrten zwischen Wohnung und Betrieb genügt die Kilometerangabe und ein Vermerk, dass Fahrten zwischen Wohnung und Betrieb vorliegen

Zeitnahe Aufzeichnung

Neben diesen Mindestangaben legt die Finanzverwaltung großen Wert darauf, dass die Aufzeichnungen zeitnah geführt werden. Angreifbar sind somit Fahrtenbücher aus „einem Guss" mit demselben Stift und einheitlicher Schriftform. Wenn jedoch aus den Aufzeichnungen eines Notizbuchs nachträglich ein Fahrtenbuch erstellt wurde, darf das Finanzamt das Fahrtenbuch nur dann verwerfen, wenn es zusätzlich auch inhaltliche Fehler aufweist (ganze Tage vergessen, Urlaubsfahrt nicht berücksichtigt etc.).

Achtung:
Vorsicht auch bei mehreren Anfahrtszielen, die nicht in das Formular passen. Wenn die dadurch verkürzte Gesamtstrecke in drei Stichproben nicht mit den aufgezeichneten Kilometern übereinstimmt, folgt das Aus für das Fahrtenbuch: Dann wird die Privatnutzung nach der 1 %-Methode geschätzt.

Für ein und dasselbe Fahrzeug darf ein Unternehmer in einem Wirtschaftsjahr entweder die Fahrtenbuch-Methode oder die 1 %-Regelung anwenden. In jedem neuen Jahr können Sie anders entscheiden.

Überprüfung des Fahrtenbuchs

Tankquittungen

Gehört nur ein Pkw zum Betriebsvermögen, dienen zur Überprüfung des Fahrtenbuchs Tankquittungen. Schnell ist entlarvt, wer in Hamburg getankt hat, obwohl er sich laut Fahrtenbuch in München aufgehalten haben soll. Sind in der Buchführung des Steuerpflichtigen Tankquittungen von Tagen erfasst, an denen der PKW gemäß den Angaben im Fahrtenbuch nicht bewegt worden ist, entspricht das Fahrtenbuch wegen Nichtaufzeichnung aller Fahrten nicht den formellen Voraussetzungen.[35]

Bewirtungsbelege

Anhand der Reisekosten und der aufgezeichneten Bewirtungsbelege lassen sich ebenfalls Rückschlüsse ziehen, ob die Aufzeichnungen des Fahrtenbuchs korrekt sind oder nicht. Anhand von Werkstattrechnungen kann der Prüfer des Finanzamts überprüfen, ob der angegebene Kilometerstand dem des Fahrtenbuchs entspricht.

[35] FG Münster, Urteil vom 18.02.2005, Az. 11 K 5218/03 E,U.

Formular: Fahrtenbuch

Route		km-Stand		gefahrene km		Datum/Zeit		Reisezweck
Abfahrtsort	Zielort	Start	Ziel	geschäftl.	privat	Abfahrt	Ankunft	Anlass der Reise und besuchten Personen/ Firmen/ Behörden

Achtung:
Diese Tabelle dient nur zur Berechnung der gefahrenen Kilometer. Sie ist nicht als ordnungsgemäßes Fahrtenbuch zugelassen, da dieses tatsächlich eine „buchförmige" Gestalt aufweisen muss, z. B. gebunden oder geheftet, um nachträglichen Austausch einzelner Blätter zu verhindern.

Die Erfassung der Privatfahrten von Arbeitnehmern mit firmeneigenem Kfz in einer Excel-Tabellenkalkulation erfüllt nicht die Anforderungen an ein ordnungsgemäßes Fahrtenbuch, da durch dieses Programm nachträgliche Änderungen weder verhindert noch hinreichend dokumentiert werden.[36]

Reisekostenabrechnung (Inland)

Formular und Checklisten zur Reisekostenberechnung

Bei den Reisekosten von Unternehmern und Arbeitnehmern liegen zwar grundsätzlich Betriebsausgaben vor. Nicht korrekte Buchungen und Belege bieten dem Finanzamt jedoch den Vorwand, den Abzug zu verweigern oder den Vorsteuerabzug nicht zuzulassen. Ob die Reisekostenabrechnung eines Arbeitnehmers formell in Ordnung ist oder nicht, entscheidet außerdem darüber, ob ihm die Spesen lohnsteuerfrei oder pauschalversteuert ersetzen werden können.

[36] BFH, Urteil vom 16.11.2005 – VI R 64/04, FG Düsseldorf Urteil vom 21.09.2004 – 9 K 1073/04 H.

<table>
<tr><th>Fahrtkosten</th><th>Verpflegungs-mehraufwendungen pauschal</th><th colspan="2">Übernachtungskosten</th></tr>
<tr><td colspan="4">Einsatzwechseltätigkeit</td></tr>
<tr><td>tatsächliche Aufwendungen, mit eigenem Pkw
bei Entfernung Wohnung-Einsatzstelle von mehr als 30 km
0,30 EUR je km
bei Entfernung von 30 km oder weniger,
ebenso nach Ablauf von 3 Monaten und
Fahrten zu einer Abholstelle
0 EUR</td><td>bei einer Abwesenheit von mindestens
24 Stunden 24 EUR
14 Stunden 12 EUR
8 Stunden 6 EUR
unter 8 Stunden 0 EUR</td><td colspan="2">im Fall der Übernachtung liegt eine doppelte Haushaltsführung vor</td></tr>
<tr><td colspan="4">Fahrtätigkeiten</td></tr>
<tr><td>0 EUR</td><td>siehe Einsatzwechseltätigkeit</td><td>In der nachgewiesenen Höhe</td><td>bei Inlandsübernachtung 20 EUR</td></tr>
<tr><td rowspan="2">Ausnahme:
Fahrten zur Fahrzeugübernahme (Bus, Lkw), falls diese an ständig wechselnden Orten erfolgt, wie bei Einsatzwechseltätigkeit</td><td rowspan="2"></td><td rowspan="2"></td><td>Ausnahme:
bei Übernachtung im Fahrzeug keine Pauschalbeträge zulässig</td></tr>
<tr><td>20 EUR</td></tr>
<tr><td colspan="4">Dienstreise (Inland) vorübergehende Auswärtstätigkeit außerhalb der regelmäßigen Arbeitsstätte und der Wohnung</td></tr>
<tr><td>Tatsächliche Aufwendungen, die bei Benutzung eines eigenen Pkw auf 0,30 EUR je km geschätzt werden. Zusätzlich werden Unfallkosten, u. U. anteilige Aufwendungen für einen Austauschmotor, berücksichtigt.</td><td>Eintägige Dienstreisen:
ab 14 Stunden 12 EUR
ab 8 Stunden 6 EUR
unter 8 Stunden 0 EUR
Mehrtägige Dienstreisen:
ab 24 Stunden 24 EUR
An- und Abreisetag wie eintägige Dienstreisen</td><td colspan="2">In der nachgewiesenen Höhe</td></tr>
</table>

Name und Adresse des Abrechnenden

____

Beginn der Reise: __________ ___ __________ Uhr
Ende der Reise: __________ ___ __________ Uhr
Anlass/Zielort der Dienst-/Geschäftsreise:

____

Reisemittel: [ ] Dienstwagen [ ] Privat-Pkw [ ] Bahn [ ] Flugzeug

		Brutto-ausgaben	**Vorsteuer**	**Netto-aufwand**
Fahrtkosten				
Bahnfahrkarten/Fahrausweise lt. Anlage	EUR ______	______	______	______
Flugkarten lt. Anlage	EUR ______	______	______	______
Autokosten (Kraftstoff/Öl usw.) lt. Anlage	EUR ______	______	______	______
Kilometersatz bei Privat-/Arbeitnehmer-Kfz				
Zuschlag für ___ Mitfahrer ___ × 0,02 EUR/km				
___ km × ___ EUR =	EUR ______	______	______	______
Aufwendungen für Unterbringung				
nach beigefügten Belegen [ ] ohne Frühstück	EUR ______			
[ ] Kürzung Frühstück um 20 % der Übernachtungskosten/Tag	./. EUR ______	______	______	______
oder Pauschbeträge ______ × ______ EUR =	EUR ______			
Pauschbeträge für Verpflegungsmehraufwand				
___ Tage (mindestens 24 Std.) zu ___ EUR =	EUR ______			
___ Tage (mindestens 14 Std.) zu ___ EUR =	EUR ______			
___ Tage (mindestens 8 Std.) zu ___ EUR =	EUR ______			
Summe	EUR ______	______	______	______
Reisenebenkosten	______	______	______	______
Verrechnung mit geldwertem Vorteil aus Arbeitnehmerbewirtung		______	______	______
lt. untenstehender Aufstellung	./. EUR ______	______	______	______
Abrechnung erstellt:	**Summe**	______	______	______
	./. Vorschüsse	______	______	______
	Rest-/Überzahl.	______		
______________________			Buchungsvermerke:	
(Datum, Unterschrift)			______________	

Nachrichtlich: **Geldwerter Vorteil aus Arbeitnehmerbewirtung**
Ich habe vom Arbeitgeber unentgeltlich erhalten:

_____ × Frühstück à 1,57 EUR (2010) insges. EUR ______
_____ × Mittagsessen
_____ × Abendessen à 2,80 EUR (2010) insges. EUR ______ EUR ______
[ ] Verrechnung mit Reisekosten [ ] Versteuerung als lauf. Arbeitslohn

Inventarkarte

Arbeitsvorlage Inventarkarte

Die Inventarkarte ist ein Überbleibsel aus der handschriftlichen Anlagenverwaltung. Für jedes Anlagegut wurde eine Karteikarte angelegt und neben Beschreibungen und Identifikationsmerkmalen auch ein Abschreibungsplan erfasst. Damit war das „Leben" des Anlageguts von der Anschaffung bis zur Verschrottung aufgezeichnet. Auch Sie können das Muster als Karteikarte ausdrucken, aber leichter geht es mit der Vorlage auf der beigefügten CD-ROM.

Die Beschreibung des Anlageguts, Angaben zum Hersteller, die Anlagennummer und Bestimmung des Standorts dienen zur schnellen Identifizierung auch vieler gleichartiger Gegenstände. Das Sachkonto aus der Buchhaltung führt zur richtigen Zuordnung bei Abschreibungen und Bilanzpositionen.

Zur Berechnung machen Sie auf den Inventarkarten zusätzlich folgende Angaben:

Anschaffungsdatum	Tag, Monat, Jahr
Anschaffungskosten in EUR	
Nutzungsdauer	1 bis 25 Jahre
Abschreibungsart	1 für linear, 2 für degressiv mit 25 % vom jeweiligen Buchwert, jedoch auf das Zweifache der linearen AfA begrenzt. Bei Anschaffung 2009 und 2010 liegen die Werte automatisch bei 25 % und dem Zweieinhalbfachen der linearen AfA. Der Übergang von der degressiven zur linearen AfA findet automatisch statt.
Sonderabschreibung nach § 7g EStG	1 für die Schlüsselung, bewirkt eine Sonder-Abschreibung von 20 % im ersten Jahr
Abschreibung im ersten Jahr	Hier setzt das Programm automatisch den Schlüssel 2 für eine Abschreibung pro rata temporis, d. h. für jeden Monat. Sie können diese Werte aber überschreiben, z. B. 0 bei Sofortabschreibung von GWG, die im zweiten Halbjahr angeschafft wurden (Nutzungsdauer 1 Jahr). Die Halbjahresvereinfachung (bei Anschaffung im ersten Halbjahr Schlüssel 0 für die volle Jahres-AfA und ansonsten 1 für die Halbjahres-AfA) ist seit 2004 abgeschafft.

Beispiel:

Im folgenden Beispiel wurde eine Maschine mit Nutzungsdauer von 10 Jahren im Juli 2010 angeschafft.

Die vorgegebene Abschreibung pro rata temporis wird akzeptiert. Bei der Sonderabschreibung nach § 7g EStG wählen Sie anstelle der vorgegebenen maximalen Abschreibung von 20 % der Anschaffungskosten (2.000 EUR) im ersten Jahr eine Verteilung auf die Jahre 2010 (1.000 EUR), 2011 (250 EUR) und 2012 (750 EUR). Sobald Sie abweichende Beträge eingeben, trägt das Programm in die Folgejahre jeweils das restliche Volumen an Sonderabschreibung vor.

Gegenstand:	Masak Drehmaschine	**Anlagen-Nr.:**		97PR07156
Beschreibung	Modell ASA-PX3	**Sachkonto:**		440
steht wo?	PR7/Halle A3	**Normal AFA:**		1.000,00
Hersteller:	Masak GmbH, Hamburg	**Gesamtkosten:**		10.000,00
angeschafft:	02.07.2010	volle Jahres-AfA = 0 1/2 Jahr-AfA = 1 pro rata temporis = 2		2
Nutzungsdauer:	10	**Anschaffungsjahr:**	2001 0	
AFA lin. = 1 degr. 2	1	§ 7g Abschreib. = 1	1	

Nach Ablauf des Begünstigungszeitraums von fünf Jahren errechnet das Programm eine neue AfA auf Basis der verbleibenden Nutzungsdauer (5 Jahre) und des Restwertes (3.500 EUR).

Datum	Betrag	AfA	§ 7g Absetzung	Restwert
2010	10.000,00	500,00	1.000,00	8.500,00
2011	8.500,00	1.000,00	250,00	7.250,00
2012	7.250,00	1.000,00		6.250,00
2013	6.250,00	1.000,00	750,00	4.500,00
2014	4.500,00	1.000,00		3.500,00
2015	3.500,00	700,00		2.800,00
2016	2.800,00	700,00		2.100,00
2017	2.100,00	700,00		1.400,00
2018	1.400,00	700,00		700,00
2019	700,00	700,00		

Formular: Abschreibungstabelle

Gegenstand:			**Anlagen-Nr.:**	
Beschreibung			**Sachkonto:**	
steht wo?			**Normal AFA:**	
Hersteller:			**Gesamtkosten:**	
angeschafft:		pro rata temporis Anzahl der Monate		
Nutzungsdauer:		**Anschaffungsjahr:**		
AFA linear = 1 degressiv = 2		§ 7g Abschreibung		

Datum	Buchungstext	Betrag	Abschreibung	§ 7g Abschreibung	Restwert
	Anschaffung				

Kassenbuch

Kassenbuch Arbeitsvorlage

Bevor Geschäftsvorfälle gebucht werden, sind sie zunächst aufzuzeichnen. Diese so genannten Grundaufzeichnungen sind auch bei einer EDV-Buchhaltung gesetzlich vorgeschrieben.
Regelmäßige Bareinnahmen sind in einem Kassenbuch aufzuzeichnen, wobei der Begriff „Buch“ nicht unbedingt wörtlich zu nehmen ist. Zulässig sind auch einzelne Formulare mit täglichen Kassenberichten oder eine Tabelle mit Ein- und Ausgängen eines Monats.
Die Aufzeichnungen über die Kasseneinnahmen und Kassenausgaben sollen

- täglich bzw. zeitgerecht festgehalten,
- vollständig, richtig und geordnet verbucht werden sowie
- die Entstehung und Abwicklung der Kassengeschäfte nachvollziehbar machen.

Der rechnerische Bestand auf Papier muss mit dem tatsächlichen, abgezählten Kassenbestand übereinstimmen. Spezielle Kassenbuch-Programme drucken die entsprechenden Listen aus, warnen vor drohenden Kassenfehlbeträgen und geben die Daten weiter an das Buchhaltungsprogramm. Während die Aufzeichnungen täglich zu machen sind, kann die spätere Eingabe in der Regel einmal pro Woche oder Monat erfolgen. Tägliche Buchungsarbeit ist also nicht nötig.

Müssen Sie ein Kassenbuch führen?

Bevor Sie mit dem Kassenbuch bzw. den Kassenberichten auf Papier starten, ist noch zu klären, ob Sie überhaupt zur Kassenführung gesetzlich verpflichtet sind. Schließlich wollen Sie sich keine unnötige Arbeit machen. **Zur Kassenführung ist nur der Unternehmer mit regelmäßigen Bareinnahmen verpflichtet.** Dies betrifft hauptsächlich Geschäfte des Einzelhandels, einige Handwerksbetriebe, Gastwirte u. a., deren Kunden sofort und bar zahlen. Viele Großhändler, Dienstleister und Freiberufler sind dagegen nicht verpflichtet, ein Kassenbuch zu führen, weil die meisten ihrer Umsätze unbar laufen.

Tipp:

Im Gegensatz zu Bareinnahmen sind gelegentliche Barausgaben in jedem Betrieb üblich und werden in der Buchführung erfasst. Wenn Sie jedoch nicht ohnehin zur Kassenführung verpflichtet sind, so braucht es hierfür keine Grundaufzeichnung, kein Kassenbuch. Die Zahlungen aus der „Portokasse" oder das „Verauslagen" aus der Brieftasche des Unternehmers oder Geschäftsführers können direkt verbucht werden. Eine vollständige Sammlung der Belege ist ausreichend.

Was sind die Vorteile der Führung eines Kassenbuchs?

Selbstkontrolle

Ein ordentlich geführtes Kassenbuch ermöglicht eine lückenlose Kontrolle über alle baren Einnahmen und Ausgaben. Von der Selbstkontrolle abgesehen, die bei einer unüberschaubaren Anzahl von Einzahlungen und Auszahlungen tatsächlich die Mühe lohnt, sind es in der Hauptsache Geldgeber und Außenstehende, die einen Nutzen aus Kassenberichten ziehen.

Ein Kassenbuch empfiehlt sich in solchen Fällen, in denen Sie Ihre Barumsätze mithilfe einer Registrierkasse, Verkaufsstrichlisten oder sonstigen Aufzeichnungen festhalten. In einem Kassenbuch werden in getrennten Spalten sämtliche Bareinnahmen und -ausgaben lückenlos aufgezeichnet. Beginnen Sie mit dem Vortrag des Anfangsbestandes eines Monats, dann ergibt sich als Endsaldo der tatsächliche Kassenstand am Ende dieses Monats. Daneben wird in einer separaten Spalte der tägliche Kassenstand festgehalten, um nicht rechnerisch zu einem Fehlbetrag zu kommen. Wenn es wiederholt zu Kassenminusbeständen kommt, sind die Steuerprüfer zur Schätzung von Umsatz und Gewinn berechtigt.

Beispiel:

Bäckerei Schröder schreibt aus Zeitmangel die täglichen Ein- und Ausgaben jeweils einige Tage später nach. Dabei übersieht Schröder eine Einzahlung der Bank in Höhe von 1.000 EUR. Durch die vergessene Einzahlung rutscht der Kassenbestand ins Minus.

Muster: Kassenbuch

Kassenbuch

Erfassungszeitraum: Dezember 11

Einnahmen	Ausgaben	Datum		Belegnummer		Text	
1.340,40		1	12			Tageseinnahmen	
	300,00	1				Privatentnahme	
980,00		2				Tageseinnahmen	
	23,20	2				Bürobedarf	
…	…					usw. …	
	3.000,00	30	12			Einzahlung Bank	
10.320,40	10.323,20	**Seitensumme**					
400,00		**Anfangsbestand**					
	397,20	**Endbestand**					
10.720,40	10.720,40	**Kontrollsumme**					

Formular: Kassenbuch

Kassenbuch						Erfassungszeitraum:	
Einnahmen	Ausgaben	Datum		Belegnummer		Text	
		Seitensumme					
		Anfangsbestand					
		Endbestand					
		Kontrollsumme					

Kassenberichte

In täglichen Kassenberichten werden die Tageseinnahmen nach einem Kassensturz ausgerechnet. Hier gilt folgende Rechnung:

Arbeitsvorlage Kassenbericht

	Kassenbestand bei Geschäftsschluss
+	Kassenausgaben im Laufe des Tages
–	Kassenendbestand des Vortages
–	sonstige Kasseneinnahmen
=	Tageseinnahmen

Tipp:

Geben Sie grundsätzlich nur Geld gegen Quittung heraus, sonst laufen Sie beim Buchen den Belegen hinterher. Vorschusszahlungen sind Sonstige Ausgaben, die noch zur späteren Abrechnung offenstehen.

Die Bareinnahmen sind in der Regel umsatzsteuerpflichtig. Ziehen Sie deshalb vom Kasseneingang sämtliche steuerfreien Einnahmen ab wie:

1. Privateinlagen aus der Brieftasche des Unternehmers, weil nicht genug Geld in der Kasse liegt.
2. Bar gezahlte Kundenrechnung, die bereits als steuerpflichtige Einnahme verbucht wurde (Kundenforderung).
3. Zurückgezahlte Vorschüsse. Wenn Sie den kompletten Vorschuss formell einlegen und den Auslagenbeleg abrechnen, stimmt die Kasse wieder.

Beispiel:

Für den Einkauf im Baumarkt wurden am Vorabend 200 EUR entnommen und am nächsten Tag ein Beleg über 156 EUR vorgelegt. Der sonstigen Ausgabe von 200 EUR stehen einen Tag später sonstige Einnahmen in gleicher Höhe gegenüber. Die sonstige Ausgabe über 156 EUR ist erfasst und das Wechselgeld von 44 EUR wieder eingelegt.

Muster: Kassenbericht

Kassenbericht	Datum:	01.07.2011	Nr. 1
Kassenbestand bei Geschäftsschluss		924,45	① **Vermerke**
Betriebsausgaben im Laufe des Tages	**Betrag**		
Wareneinkauf Fa. Müller, Hagen	575,00		5400,00
Baumarkt, Material	156,00		
		731,00	
Privatentnahmen			
Privatentnahme	300,00		2100,00
		300,00	
Sonstige Ausgaben			
Nachttresor	7.000,00		
		7.000,00	
	Summe	8.955,45	
Abzüglich Kassenendbestand des Vortages		799,45	
Kasseneingang		8.156,00	
Abzüglich sonstiger Einnahmen			
② Kundenrechnung Müller Rg. 1428	560,00		11255,00
③ Vorschuss Vortag	200,00		1460,00
		760,00	
④ **Bareinnahmen (Tageslosung) 3**		7.396,00	
Kundenzahl	**Unterschrift** *Arnold Schmitt*		

① In der Spalte „Buchvermerke" könnten Sie schon am selben Tag die richtige Kontenzuordnung vornehmen.

② Bar gezahlte Kundenrechnung (z. B. Kunde Müller Rg. 1428 über 560,00 EUR), die bereits als steuerpflichtige Einnahme verbucht wurde.

③ Zurückgezahlte Vorschüsse. Wenn Sie den kompletten Vorschuss formell einlegen und den Auslagenbeleg abrechnen, stimmt die Kasse wieder.

④ Die Bareinnahmen sind in der Regel umsatzsteuerpflichtig. Ziehen Sie deshalb vom Kasseneingang sämtliche steuerfreien Einnahmen ab wie: Privateinlagen aus der Brieftasche des Unternehmers, weil nicht genug Geld in der Kasse liegt.

Tipp:

Geben Sie grundsätzlich nur Geld gegen Quittung heraus, sonst laufen Sie beim Buchen den Belegen hinterher.

Formular: Kassenbericht

Kassenbericht	Datum:		Nr.
Kassenbestand bei Geschäftsschluss			Vermerke
Betriebsausgaben im Laufe des Tages	Betrag		
Privatentnahmen			
Sonstige Ausgaben			
	Summe		
Abzüglich Kassenendbestand des Vortages			
Kasseneingang			
Abzüglich sonstiger Einnahmen			
Bareinnahmen (Tageslosung)			
Kundenzahl	Unterschrift		

DATEV-Kontenrahmen nach dem Bilanzrichtlinien-Gesetz
Standardkontenrahmen (SKR) 03, mit Konten zur E-Bilanz
Gültig ab 2012

Kontenfunktionen

Automatische Umsatzsteuerfunktionen

Vom DATEV-System sind bereits etliche Konten im SKR mit Automatikfunktionen zu Umsatzsteuerberechnungen ausgestattet. Wenn Sie den Kontenrahmen zur Hand nehmen, sehen Sie zu Beginn etlicher Kontenklassen eine Box mit Kontenbereichen, markiert durch KU, M oder V. Unmittelbar vor den einzelnen Kontennummern stehen die Buchstaben AM und AV.
Das Kürzel AV vor der Kontonummer bedeutet, dass die Vorsteuer aus dem auf diesem Konto gebuchten Bruttobetrag herausgerechnet und automatisch auf dem Vorsteuerkonto verbucht wird. Das Kürzel AM steht für die automatische Verbuchung der Mehrwertsteuer, wenn Sie die so gekennzeichneten Erlöskonten ansprechen.

Als weitere Kontenfunktionen, eingearbeitet in den DATEV-Kontenrahmen, sind hier zu erwähnen:
USt-Zusatzfunktionen:

KU = Keine Umsatzsteuer
V = Nur Vorsteuerabzug/Korrektur möglich
M = Nur Mehrwertsteuer/Korrektur möglich

Eine Sonderrolle bilden die mit S gekennzeichneten Konten Verbindlichkeiten bzw. Forderungen aus Lieferungen und Leistungen. Da auf diesen Konten automatisch die Salden der Personenkonten erscheinen, können sie als einzige Sammelkonten nicht direkt bebucht werden. Dieser Schutz verhindert eventuelle Differenzen zwischen dem Sachkonto und den entsprechenden Personenkonten.

Ebenfalls nicht bebucht werden können die mit R reservierten Konten. Hier behält sich die DATEV vor, zukünftig Konten mit neuen Merkmalen festzulegen. Beispielsweise wurden viele Konten mit 15 % und 16 % USt für die Umsatzsteuererhöhung in 2007 gesperrt und neu belegt.

Konten mit dem Kürzel F machen auf spezielle Funktionen, z. B. die Abfrage und das Einsteuern in die USt-Voranmeldung oder die Zusammenfassende Meldung aufmerksam.

Konten mit dem Kürzel E kennzeichnen die Konten der E-Bilanz/E-GuV.

Funktionen	Konto	Beschriftung SKR03 2012
	0001	Aufwendungen für die Ingangsetzung und Erweiterung des Geschäftsbetriebes
		Immaterielle Vermögensgegenstände
		Entgeltlich erworbene immaterielle Vermögensgegenstände
	0010	Entgeltlich erworbene Konzessionen und gewerbl. Schutzrechte
	0015	Konzessionen
	0020	Gewerbliche Schutzrechte
	0025	Ähnliche Rechte und Werte
	0027	EDV-Software
	0030	Lizenzen an gewerblichen Schutzrechten
	0035	Geschäfts- oder Firmenwert
	0038	Anzahlungen auf Geschäfts-, Firmenwert
	0039	Anzahlungen immaterielle VermG
	0040	Verschmelzungsmehrwert
	0043	Selbstgeschaffene immaterielle VermG
	0044	EDV Software
	0045	Lizenzen und Franchise
	0046	Konzessionen und gewerbl. Schutzrechte
	0047	Rezepte, Verfahren, Prototypen
	0048	Immaterielle VermG in Entwicklung
		Sachanlagen
	0050	Grundstücke, grundstückstgl. Rechte und Bauten
	0059	Grundstücksanteil häusl. Arbeitszimmer
E	0060	Grundstücksgleiche Rechte ohne Bauten
	0065	Unbebaute Grundstücke
	0070	Grundstücksgleiche Rechte
	0075	Grundstücke mit Substanzverzehr
	0079	Anzahlungen a. Grundstücke ohne Bauten
	0080	Bauten auf eigenen Grundstücken
	0085	Grundstückswert bebauter Grundstücke
	0090	Geschäftsbauten
	0100	Fabrikbauten
	0110	Garagen
	0111	Außenanlagen
	0112	Hof- und Wegebefestigungen
	0113	Einrichtung Fabrik- und Geschäftsbauten
	0115	Andere Bauten
	0120	Geschäfts-, Fabrik- u. andere Bauten im Bau
	0129	Anzahlungen auf Bauten auf eigen. Grundstücken
	0140	Wohnbauten
	0145	Garagen
	0146	Außenanlagen
	0147	Hof- und Wegebefestigungen
	0148	Einrichtungen für Wohnbauten
	0149	Gebäudeteil häusliches Arbeitszimmer
	0150	Wohnbauten im Bau
	0159	Anzahlung. auf Wohnbauten a. eigenen Grundst.
	0160	Bauten auf fremden Grundstücken
	0165	Geschäftsbauten
	0170	Fabrikbauten
	0175	Garagen

Funktionen	Konto	Beschriftung SKR03 2012
	0176	Außenanlagen
	0177	Hof- und Wegebefestigungen
	0178	Einrichtung Fabrik- und Geschäftsbauten
	0179	Andere Bauten
	0180	Geschäfts-, Fabrik- u. andere Bauten im Bau
	0189	Anzahlungen. auf Bauten fremd. Grundstücken
	0190	Wohnbauten
	0191	Garagen
	0192	Außenanlagen
	0193	Hof- und Wegebefestigungen
	0194	Einrichtungen für Wohnbauten
	0195	Wohnbauten im Bau
	0199	Anzahlungen a. Wohnbauten a. fremd. Grundst.
	0200	Technische Anlagen und Maschinen
	0210	Maschinen
	0220	Maschinengebundene Werkzeuge
	0240	Maschinelle Anlagen
	0260	Transportanlagen und Ähnliches
	0280	Betriebsvorrichtungen
	0290	Technische Anlagen und Maschinen im Bau
	0299	Anzahlungen auf technische Anlagen
	0300	Betriebs- und Geschäftsausstattung
	0310	Andere Anlagen
	0320	PKW
	0350	LKW
	0380	Sonstige Transportmittel
	0400	Betriebsausstattung
	0410	Geschäftsausstattung
	0420	Büroeinrichtung
	0430	Ladeneinrichtung
	0440	Werkzeuge
	0450	Einbauten
	0460	Gerüst- und Schalungsmaterial
	0480	Geringwertige Wirtschaftsgüter
	0485	Wirtschaftsgüter 150–1000 Euro (Sammelposten)
	0490	Sonstige Betriebs- u. Geschäftsausstattung
	0498	Betriebs- u. Geschäftsausstattung im Bau
	0499	Anzahlung Betriebs- u. Geschäftsausstattung
		Finanzanlagen
	0500	Anteile an verbundenen Unternehmen
E	0501	Anteile an verbundenen UN, PersG
E	0502	Anteile an verbundenen UN, KapG
E	0503	Anteile an herrschender Gesellschaft, KapG
	0504	Anteile an herrschender Gesellschaft
	0505	Ausleihungen an verbundene Unternehmen
E	0506	Ausleihungen an verbundene UN, PersG
E	0507	Ausleihungen an verbundene UN, KapG
E	0508	Ausleihungen an verbundene UN, EinzelUN
E	0509	Anteile an herrschender Gesellschaft, PersG
	0510	Beteiligungen
	0513	Typisch stille Beteiligungen
	0516	Atypische stille Beteiligungen
E	0517	Beteiligungen an Kapitalgesellschaft
E	0518	Beteiligungen an Personengesellschaft

Funktionen	Konto	Beschriftung SKR03 2012
	0519	Beteiligung GmbH & Co. an Komplementär GmbH
	0520	Ausleihungen an UN mit Beteiligungsverhältnis
E	0523	Ausleihungen an UN mit Beteiligungsver., PersG
E	0524	Ausleihungen an UN mit Beteiligungsver., KapG
	0525	Wertpapiere des Anlagevermögens
	0530	Wertpapiere mit Gewinnbeteiligungsansprüche
	0535	Festverzinsliche Wertpapiere
	0540	Sonstige Ausleihungen
	0550	Darlehen
	0570	Genossenschaftsanteile zum langfristigen Verbleib
	0580	Ausleihungen an Gesellschafter
E	0582	Ausleihungen an GmbH-Gesellschafter
E	0583	Ausleihungen an stille Gesellschafter
E	0584	Ausleihungen an persönlich haftende Gesellschaft.
E	0586	Ausleihungen an Kommanditisten
	0590	Ausleihungen an nahe stehende Personen
	0595	LV-Rückdeckungsansprüche z. langfr. Verbleib
		Verbindlichkeiten
	0600	Anleihen nicht konvertibel
	0601	– Restlaufzeit bis 1 Jahr
	0605	– Restlaufzeit 1 bis 5 Jahre
	0610	– Restlaufzeit größer 5 Jahre
	0615	Anleihen konvertibel
	0616	– Restlaufzeit bis 1 Jahr
	0620	– Restlaufzeit 1 bis 5 Jahre
	0625	– Restlaufzeit größer 5 Jahre
	0630	Verbindlichkeiten gg. Kreditinstituten
	0631	– Restlaufzeit bis 1 Jahr
	0640	– Restlaufzeit 1 bis 5 Jahre
	0650	– Restlaufzeit größer 5 Jahre
	0660	TZ-Verbindlichkeit. gg. Kreditinstituten
	0661	– Restlaufzeit bis 1 Jahr
	0670	– Restlaufzeit 1 bis 5 Jahre
	0680	– Restlaufzeit größer 5 Jahre
	0690	(Frei, in Bilanz kein Restlaufzeitvermerk)
	–0698	
	0699	Gegenkonto bei Aufteilung Kto 0690–98
	0700	Verbindlichkeit. gegenüber verbundenen UN
	0701	– Restlaufzeit bis 1 Jahr
	0705	– Restlaufzeit 1 bis 5 Jahre
	0710	– Restlaufzeit größer 5 Jahre
	0715	Verbindlichkeit. gg. UN mit Beteiligungsverhältnis
	0716	– Restlaufzeit bis 1 Jahr
	0720	– Restlaufzeit 1 bis 5 Jahre
	0725	– Restlaufzeit größer 5 Jahre
	0730	Verbindlichkeit. gg. Gesellschaftern
	0731	– Restlaufzeit bis 1 Jahr
	0740	– Restlaufzeit 1 bis 5 Jahre
	0750	– Restlaufzeit größer 5 Jahre
	0755	Verbindl. gg. Gesellschaftern, offene Ausschüttg.
	0760	Darlehen typisch stiller Gesellschafter
	0761	– Restlaufzeit bis 1 Jahr
	0764	– Restlaufzeit 1 bis 5 Jahre
	0767	– Restlaufzeit größer 5 Jahre

Funktionen	Konto	Beschriftung SKR03 2012
	0770	Darlehen atypisch stiller Gesellschafter
	0771	– Restlaufzeit bis 1 Jahr
	0774	– Restlaufzeit 1 bis 5 Jahre
	0777	– Restlaufzeit größer 5 Jahre
	0780	Partiarische Darlehen
	0781	– Restlaufzeit bis 1 Jahr
	0784	– Restlaufzeit 1 bis 5 Jahre
	0787	– Restlaufzeit größer 5 Jahre
	0790	(frei, in Bilanz kein Restlaufzeitvermerk)
	–0798	
E	0799	Gegenkonto bei Aufteilung Kto 0790–98
		Kapital Kapitalgesellschaft
	0800	Gezeichnetes Kapital
R	0801	Buchungssperre
	–0808	
	0809	Kapitalerhöhung aus Gesellschaftsmittel
R	0810	Buchungssperre
	–0818	
	0819	Erworbene eigene Anteile
	0820	Ausstеh. Einlag., nicht eingeford. (Passivausweis)
	–0829	
	0830	Ausstеh. Einlagen, eingefordert (Aktivausweis)
	–0838	
	0839	Eingeforderte Nachschüsse
		Kapitalrücklage
	0840	Kapitalrücklage
	0841	Kapitalrücklage/Anteile ü. Nennbetrag
	0842	Kapitalrücklage/Ausgabe Schuldverschreibung
	0843	Kapitalrücklage gg. Vorzugsgewährung
	0844	Kapitalrücklage durch andere Zuzahlung. i. das EK
	0845	Eingefordertes Nachschusskapital
		Gewinnrücklagen
	0846	Gesetzliche Rücklage
	0848	Andere Gewinnrücklagen Erwerb eigener Anteile
	0849	Rücklage Anteile an herrsch. Unternehmen
	0850	Buchungssperre
	0851	Satzungsmäßige Rücklagen
	0853	Gewinnrücklagen a. Übergangsvorschriften BilMoG
	0854	Gewinnrücklagen Zuschreibungen Sachanlagen
	0855	Andere Gewinnrücklagen
	0856	Eigenkapitalanteil von Wertaufholungen
	0857	Gewinnrücklagen Zuschreibungen Finanzanlagen
	0858	Gewinnrücklagen Auflösung SoPo Rücklagenanteil
	0859	Latente Steuern (H) neutrale Verrechnung
	0860	Gewinnvortrag vor Verwendung
	0868	Verlustvortrag vor Verwendung
	0869	Vortrag auf neue Rechnung (Bilanz)

0 Anlage- und Kapitalkonten

Funktionen	Konto	Beschriftung SKR03 2012
		Kapital
	0870 –0879	Festkapital (EK), Vollhafter/EinzelUN
	0880 –0889	Variables Kapital (EK), Vollhafter/EinzelUN
	0890 –0899	Gesellschafter-Darlehen (FK) Vollhafter
	0900 –0909	Kommandit-Kapital (EK) Teilhafter
	0910 –0919	Verlustausgleich (EK) Teilhafter
	0920 –0929	Gesellschafter-Darlehen (FK) Teilhafter
		Sonderposten mit Rücklageanteil
	0930	SoPo mit Rücklageanteil, stfr. Rücklage
	0931	SoPo mit Rücklageanteil § 6b EStG
	0932	SoPo mit Rücklageanteil EStR R 6.6
	0939	SoPo mit Rücklageanteil § 52 Abs. 16 EStG
	0940	SoPo mit Rücklageanteil, Sonder-AfA
	0943	SoPo mit Rücklageanteil § 7g Abs. 2 EStG n. F.
E	0945	Ausgleichsposten Entnahmen § 4g EStG
E	0946	Rücklage für Zuschüsse
	0947	SoPo mit Rücklageanteil Sonder-AfA § 7g Abs. 1 EStG a. F./§ 7g Abs. 5 EStG n. F.
	0948	SoPo mit Rücklageanteil § 7g Abs. 3 und 7 EStG a. F.
	0949	Sonderposten für Zuschüsse u. Zulagen
		Rückstellungen
	0950	Pensions- und ähnliche Rückstellungen
	0951	Rückstellung Pensionen zur Saldierung
E	0952	Pensionsrückstellungen ggb. Gesellschaftern
E	0953	Rückstellungen für Direktzusagen
E	0954	Rückst. Zuschussverpfl. Pensionskassen, LV
	0955	Steuerrückstellungen
	0956	Gewerbesteuerrückstellung § 4 Abs. 5b EStG
	0957	Gewerbesteuerrückstellung
	0963	Körperschaftsteuerrückstellung
	0964	Rückstellungen für langfristige Verpflichtung
	0965	Rückstellungen für Personalkosten
	0966	Rückstellungen für Aufbewahrungspflicht
	0967	Rückst. langfr. Verpflichtungen, Saldierung
	0968	Passive latente Steuern
	0969	Rückstellungen für latente Steuern
	0970	Sonstige Rückstellungen
	0971	Rückstellungen Instandhaltung bis 3 Monate
R	0972	Buchungssperre
	0973	Rückstellungen Abraum-/Abfallbeseitigung
	0974	Rückstellungen f. Gewährleistungen
	0976	Rückstellungen f. drohende Verluste
	0977	Rückstellungen für Abschluss u. Prüfung
	0978	Aufwandsrückstellungen § 249, 2 HGB a. F.
	0979	Rückstellungen für Umweltschutz

0 Anlage- und Kapitalkonten

Funktionen	Konto	Beschriftung SKR03 2012
		Abgrenzungsposten
	0980	Aktive Rechnungsabgrenzung
	0983	Aktive latente Steuern
	0984	Aufwand Zölle und Verbrauchsteuern
	0985	Aufwand Umsatzsteuer auf Anzahlungen
	0986	Damnum/Disagio
	0987	Rechnungsabgrenzungen (S), neutr. Verrechnung
	0988	Latente Steuern (S), neutr. Verrechnung
	0990	Passive Rechnungsabgrenzung
	0992	Abgrenzung unterjährige AfA für BWA
	0996	Pauschalwertberichtigung Forderg., Restlz. b. 1 J.
	0997	Pauschalwertberichtigung Forderg., Restlz. g. 1 J.
	0998	Einzelwertberichtigung Forderung, Restlz. b. 1 J.
	0999	Einzelwertberichtigung Forderung, Restlz. g. 1 J.

1 Finanz- und Privatkonten

Funktionen		Konto	Beschriftung SKR03 2012
			Kassenbestand, Bundesbank- und Postbankguthaben, Guthaben bei Kreditinstituten und Schecks
KU	F	1000	Kasse
KU	F	1010	Nebenkasse 1
KU	F	1020	Nebenkasse 2
KU	F	1100	Postbank
KU	F	1110	Postbank 1
KU	F	1120	Postbank 2
KU	F	1130	Postbank 3
KU	F	1190	LZB-Guthaben
KU	F	1195	Bundesbankguthaben
KU	F	1200	Bank
KU	F	1210	Bank 1
KU	F	1220	Bank 2
KU	F	1230	Bank 3
KU	F	1240	Bank 4
		1250	Bank 5
KU		1290	Finanzmittelanlagen kurzfristige Disposition
KU		1295	Verbindlichkeiten gg. Kreditinstituten
KU	F	1300	Wechsel aus Lieferung und Leistung
KU	F	1301	– Restlaufzeit bis 1 Jahr
KU	F	1302	– Restlaufzeit größer 1 Jahr
KU	F	1305	Wechsel a. L. + L., bundesbankfähig
KU		1310	Besitzwechsel gegen verbundene Unternehmen
KU		1311	– Restlaufzeit bis 1 Jahr
KU		1312	– Restlaufzeit größer 1 Jahr
KU		1315	Besitzwechsel gg. verbund. UN, bundesbankfähig
KU		1320	Besitzwechsel gg. UN m. Beteiligungsverhältnis
KU		1321	– Restlaufzeit bis 1 Jahr
KU		1322	– Restlaufzeit größer 1 Jahr
KU		1325	Besitzwechsel gg. UN m. Beteiligungsverh., bbf.
KU		1327	Finanzwechsel
KU		1329	Wertpapiere mit geringen Wertschwankungen
KU	F	1330	Schecks

Funktionen		Konto	Beschriftung SKR03 2012
			Wertpapiere
KU		1340	Anteile an verbundenen Unternehmen
KU		1344	Anteile a. herrschender Gesellschaft
KU	R	1345	Buchungssperre
KU		1348	Sonstige Wertpapiere
KU		1349	Wertpapieranlagen kurzfr. Disposition
			Forderungen und sonstige Vermögensgegenstände
KU		1350	GmbH-Anteile z. kurzfristigen Verbleib
KU		1352	Genossenschaftsanteile z. kurzfristigen Verbleib
KU		1353	VermG z. Erfüllung langfr.Verpflichtung
KU		1354	VermG z. Saldierung langfr.Verpflichtung
KU		1355	Ansprüche a. Rückdeckungsversicherung
KU		1356	VermG z. Erfüllung Pensionsrückstellungen
KU		1357	VermG z. Saldierung Pensionsrückstellungen
KU	F	1358 –1359	
KU	F	1360	Geldtransit
KU	F	1370	Gewinnermittlung § 4/3 EStG ergebniswirksam
KU	F	1371	Gewinnermittlung § 4/3 EStG nicht ergebniswirk.
V		1372	Wirtschaftsgüter Umlaufvermögen § 4/3 EStG
KU	E	1373	Forderung. gg. Kommanditist, atyp.stille Gesellsch.
KU	E	1374	– Restlaufzeit bis 1 Jahr
KU	E	1375	– Restlaufzeit größer 1 Jahr
KU	E	1376	Forderungen gg. typisch stille Gesellschafter
KU	E	1377	– Restlaufzeit bis 1 Jahr
KU	E	1378	– Restlaufzeit größer 1 Jahr
KU	F	1380	Überleitungskonto Kostenstellen
KU	E	1381	Forderungen gegen GmbH-Gesellschafter
KU	E	1382	– Restlaufzeit bis 1 Jahr
KU	E	1383	– Restlaufzeit größer 1 Jahr
KU	E	1385	Forderungen g. persönlich haftend. Gesellschafter
KU	E	1386	– Restlaufzeit bis 1 Jahr
KU	E	1387	– Restlaufzeit größer 1 Jahr
KU	F	1390	Verrechnung Ist-Versteuerung
KU	S	1400	Forderungen aus Lieferungen u. Leistung
KU	R	1401 –1406	Forderungen aus L. + L., nicht bebuchbar
KU	F	1410 –1444	Forderungen aus L. + L., ohne Kontokorrent
KU	F	1445	Forderungen aus L. + L., allgem. Steuersatz
KU	F	1446	Forderungen aus L. + L., ermäßigt. Steuersatz
KU	F	1447	Forderg. aus steuerfrei., n. steuerbaren L. + L.
KU	F	1448	Forderungen aus L. + L. gemäß § 24 UStG
KU	F	1449	Gegenkto Aufteilung der Forderungen L. + L.
KU	F	1450	Forderungen nach § 11 EStG für § 4/3
KU	F	1451	Forderg. a. L. + L., ohne Kontokorr., Restlz. b. 1 J.
KU	F	1455	Forderg. a. L. + L., ohne Kontokorr., Restlz. g. 1 J.
KU	F	1460	Zweifelhafte Forderungen
KU	F	1461	– Restlaufzeit bis 1 Jahr
KU	F	1465	– Restlaufzeit größer 1 Jahr
KU	F	1470	Forderg. a. L. + L. gg. verbundenen UN
KU	F	1471	– Restlaufzeit bis 1 Jahr

1 Finanz- und Privatkonten

Funktionen		Konto	Beschriftung SKR03 2012
KU	F	1475	– Restlaufzeit größer 1 Jahr
KU		1478	WB Forderungen gg. verbundene UN, Rlz. b. 1 J.
KU		1479	WB Forderungen gg. verbundene UN, Rlz. g. 1 J.
KU	F	1480	Ford. L. + L. gg. UN m. Beteiligungsverhältnis
KU	F	1481	– Restlaufzeit bis 1 Jahr
KU	F	1485	– Restlaufzeit größer 1 Jahr
KU		1488	WB Forderg. gg. UN m. Beteiligungsv., Rlz. b. 1 J.
KU		1489	WB Forderg. gg. UN m. Beteiligungsv., Rlz. g. 1 J.
KU	F	1490	Forderungen aus L. + L. gg. Gesellschafter
KU	F	1491	– Restlaufzeit bis 1 Jahr
KU	F	1495	– Restlaufzeit größer 1 Jahr
KU		1498	Gegenkonto sonst. VermG bei Buchung Debitoren
KU		1499	Gegenkonto 1451–1497 bei Aufteilung Debitoren
KU		1500	Sonstige Vermögensgegenstände
KU		1501	– Restlaufzeit bis 1 Jahr
KU		1502	– Restlaufzeit größer 1 Jahr
KU		1503	Forderung. gg. Vorstandsm. u. Geschäftsf. (b. 1 J.)
KU		1504	Forderung. gg. Vorstandsm. u. Geschäftsf. (g. 1 J.)
KU		1505	Forderung. gg. Aufsichtsrats- u. Beiratsm. (b. 1 J.)
KU		1506	Forderung. gg. Aufsichtsrats- u. Beiratsm. (g. 1 J.)
KU	E	1507	Forderung. gg. sonst. Gesellschaft., Restlz. b. 1 J.
KU	E	1508	Forderung. gg. sonst. Gesellschaft., Restlz. g. 1 J.
V		1510	Geleistete Anzahlungen auf Vorräte
V	AV	1511	Geleistete Anzahlungen 7 % Vorsteuer
V	R	1512 –1515	Buchungssperre
V	AV	1516	Geleistete Anzahlungen 15 % Vorsteuer
V	AV	1517	Geleistete Anzahlungen 16 % Vorsteuer
V	AV	1518	Geleistete Anzahlungen 19 % Vorsteuer
KU	E	1519	Forderungen gg. Arbeitsgemeinschaften
KU		1520	Forderungen ggü. Krankenkassen aus AAG
KU		1521	Agenturwarenabrechnung
KU	E	1522	Genussrechte
KU	E	1524	Einzahlungsansprüche zu Nebenleist./Zuzahlung
KU		1525	Kautionen
KU		1526	– Restlaufzeit bis 1 Jahr
KU		1527	– Restlaufzeit größer 1 Jahr
KU	F	1528	Nachträgl. abz. Vorsteuer § 15a Abs. 2 UStG
KU	F	1529	Zurückzuzahlende Vorsteuer § 15a Abs. 2 UStG
KU		1530	Forderg. gg. Personal Lohn- u. Gehaltsabrechnung
KU		1531	– Restlaufzeit bis 1 Jahr
KU		1537	– Restlaufzeit größer 1 Jahr
KU		1538	KSt-Guthaben § 37 KStG, Restlaufzeit bis 1 Jahr
KU		1539	KSt-Guthaben § 37 KStG, Restlaufzeit größer 1 J.
KU		1540	Forderung aus Gewerbesteuerüberzahlung
KU		1542	Steuererstattungsanspruch gg. anderen Ländern
KU	F	1543	Forderg. an FA aus abgeführtem Bauabzug
KU		1544	Forderg. gegen Bundesagentur für Arbeit
KU		1545	USt-Forderungen
KU		1547	Forderungen aus entrichteten Verbrauchsteuern
KU		1548	Vorsteuer im Folgejahr abziehbar
KU		1549	Körperschaftsteuerrückforderung
KU		1550	Darlehen
KU		1551	– Restlaufzeit bis 1 Jahr
KU		1555	– Restlaufzeit größer 1 Jahr

Funktionen		Konto	Beschriftung SKR03 2012
KU	F	1556	Nachtr. abziehbare Vorsteuer, § 15a Abs. 1 UStG, bewegliche Wirtschaftsgüter
KU	F	1557	Zurückzuzahlende Vorsteuer, § 15a Abs. 1 UStG, bewegliche Wirtschaftsgüter
KU	F	1558	Nachtr. abziehbare Vorsteuer, § 15a Abs. 1 UStG, unbewegliche Wirtschaftsgüter
KU	F	1559	Zurückzuzahlende Vorsteuer, § 15a Abs. 1 UStG, unbewegliche Wirtschaftsgüter
KU	S	1560	Aufzuteilende Vorsteuer
KU	S	1561	Aufzuteilende Vorsteuer 7 %
KU	S	1562	Aufzuteilende Vorsteuer aus EU-Erwerb
KU	S	1563	Aufzuteilende Vorsteuer aus EG-Erwerb 19 %
KU	R	1564 –1565	Buchungssperre
KU	S	1566	Aufzuteilende Vorsteuer 19 %
KU	S	1567	Aufzuteilende Vorsteuer §§ 13a/13b UStG
KU	R	1568	Buchungssperre
KU	S	1569	Aufzuteilende Vorsteuer §§ 13a/13b USt 19 %
KU	S	1570	Abziehbare Vorsteuer
KU	S	1571	Abziehbare Vorsteuer 7 %
KU	S	1572	Abziehbare Vorsteuer aus EU-Erwerb
KU	S	1573	Vorst. letzter Abnehmer innerh. Dreiecksgeschäft
KU	S	1574	Abziehbare Vorsteuer aus EU-Erwerb 19 %
KU	R	1575	Buchungssperre
KU	S	1576	Abziehbare Vorsteuer 19 %
KU	S	1577	Abziehbare Vorsteuer § 13b UStG 19 %
KU	S	1578	Abziehbare Vorsteuer § 13b UStG
KU	R	1579	Buchungssperre
KU		1580	Gegenkonto Vorsteuer § 4/3 EStG
KU		1581	Auflösung Vorsteuer Vorjahr § 4/3 EStG
KU		1582	Vorsteuer aus Investitionen § 4/3 EStG
KU		1583	Gegenkto. Vorst. Durchschnittssätze § 4/3 EStG
KU	S	1584	Vorsteuer EU-Erwerb neue Kfz ohne UStID
KU	S	1585	Abziehbare Vorsteuer § 13a UStG
KU	F	1587	Vorsteuer allgem. Durchschnittssätze UStVA Kz. 63
KU	F	1588	Einfuhr-Umsatzsteuer
KU	R	1589	Buchungssperre
KU		1590	Durchlaufende Posten
KU		1592	Fremdgeld
KU	F	1593	Verrechnung erhaltene Anzahlungen
KU		1594	Forderungen gegen verbund. Unternehmen
KU		1595	– Restlaufzeit bis 1 Jahr
KU		1596	– Restlaufzeit größer 1 Jahr
KU		1597	Forderungen gg. UN m. Beteiligungsverhältnis
KU		1598	– Restlaufzeit bis 1 Jahr
KU		1599	– Restlaufzeit größer 1 Jahr
			Verbindlichkeiten
KU	S	1600	Verbindlichkeiten aus Lieferungen u. Leistungen
KU	R	1601 –1603	Verbindlichkeiten aus L. + L., nicht bebuchbar
KU	F	1605	Verbindlichkeiten L. + L., allgem. Steuersatz
KU	F	1606	Verbindlichkeiten L. + L., ermäßigt. Steuersatz
KU	F	1607	Verbindlichkeiten L. + L., ohne Vorsteuerabzug
KU	F	1609	Gegenkto Aufteilung Verbindlichk. L. + L.

Funktionen		Konto	Beschriftung SKR03 2012
KU	F	1610 –1623	Verbindlichk. L. + L., ohne Kontokorrent
KU	F	1624	Verbindlichk. L. + L., Investitionen § 4/3 EStG
KU	F	1625	Verbindlichk. L. + L., ohne Kontokorr, Rlz. bis 1 J.
KU	F	1626	– Restlaufzeit 1 bis 5 Jahre
KU	F	1628	– Restlaufzeit größer 5 Jahre
KU	F	1630	Verbindlichkeiten L. + L. gg. verbundenen UN
KU	F	1631	– Restlaufzeit bis 1 Jahr
KU	F	1635	– Restlaufzeit 1 bis 5 Jahre
KU	F	1638	– Restlaufzeit größer 5 Jahre
KU	F	1640	Verbindl. L. + L. gg. UN m. Beteiligungsverhältnis
KU	F	1641	– Restlaufzeit bis 1 Jahr
KU	F	1645	– Restlaufzeit 1 bis 5 Jahre
KU	F	1648	– Restlaufzeit größer 5 Jahre
KU	F	1650	Verbindlichkeiten L. + L. gg. Gesellschaftern
KU	F	1651	– Restlaufzeit bis 1 Jahr
KU	F	1655	– Restlaufzeit 1 bis 5 Jahre
KU	F	1658	– Restlaufzeit größer 5 Jahre
KU		1659	Gegenkonto 1625–1658 bei Aufteilung Kreditoren
KU	F	1660	Schuldwechsel
KU	F	1661	– Restlaufzeit bis 1 Jahr
KU	F/E	1662	– Restlaufzeit 1 bis 5 Jahre
KU	F/E	1663	– Restlaufzeit größer 5 Jahre
KU	E	1665	Verbindlichk. ggb. GmbH-Gesellschaftern
	E	1666	– Restlaufzeit bis 1 Jahr
	E	1667	– Restlaufzeit 1 bis 5 Jahre
	E	1668	– Restlaufzeit größer 5 Jahre
	E	1670	Verbindl. gg. persönl. haftenden Gesellschaftern
	E	1671	– Restlaufzeit bis 1 Jahr
	E	1672	– Restlaufzeit 1 bis 5 Jahre
	E	1673	– Restlaufzeit größer 5 Jahre
	E	1675	Verbindlichkeiten ggb. Kommanditisten
	E	1676	– Restlaufzeit bis 1 Jahr
	E	1677	– Restlaufzeit 1 bis 5 Jahre
	E	1678	– Restlaufzeit größer 5 Jahre
	R	1680	Buchungssperre
	R	1690	Buchungssperre
		1691	Verbindlichkeiten gg. Arbeitsgemeinschaften
	E	1695	Verbindl. gg. stillen Gesellschaftern
	E	1696	– Restlaufzeit bis 1 Jahr
	E	1697	– Restlaufzeit 1 bis 5 Jahre
	E	1698	– Restlaufzeit größer 5 Jahre
KU		1700	Sonstige Verbindlichkeiten
KU		1701	– Restlaufzeit bis 1 Jahr
KU		1702	– Restlaufzeit 1 bis 5 Jahre
KU		1703	– Restlaufzeit größer 5 Jahre
KU		1704	Sonst. Verbindlichkeiten nach § 11 EStG
KU		1705	Darlehen
KU		1706	– Restlaufzeit bis 1 Jahr
KU		1707	– Restlaufzeit 1 bis 5 Jahre
KU		1708	– Restlaufzeit größer 5 Jahre
KU		1709	Gewinnverfügung stiller Gesellschafter
M		1710	Erhaltene Anzahlungen
M	AM	1711	Erhaltene, versteuerte Anzahlungen 7 % USt

Funktionen		Konto	Beschriftung SKR03 2012
KU	R	1712 –1715	Buchungssperre
M	AM	1716	Erhaltene, versteuerte Anzahlungen 15 % USt
M	AM	1717	Erhaltene, versteuerte Anzahlungen 16 % USt
M	AM	1718	Erhaltene, versteuerte Anzahlungen 19 % USt
M		1719	Erhaltene Anzahlungen Restlaufzeit bis 1 Jahr
M		1720	– Restlaufzeit 1 bis 5 Jahre
M		1721	– Restlaufzeit größer 5 Jahre
M		1722	Erhaltene Anzahlungen (von Vorr. offen abgesetzt) (von Vorräten offen abgesetzt)
KU		1730	Kreditkartenabrechnung
KU		1731	Agenturwarenabrechnung
KU		1732	Erhaltene Kautionen
KU		1733	– Restlaufzeit bis 1 Jahr
KU		1734	– Restlaufzeit 1 bis 5 Jahre
KU		1735	– Restlaufzeit größer 5 Jahre
KU		1736	Verbindlichkeiten aus Steuern und Abgaben
KU		1737	– Restlaufzeit bis 1 Jahr
KU		1738	– Restlaufzeit 1 bis 5 Jahre
KU		1739	– Restlaufzeit größer 5 Jahre
KU		1740	Verbindlichkeiten aus Lohn und Gehalt
KU		1741	Verbindlichkeiten aus Lohn- und Kirchensteuer
KU		1742	Verbindlichkeiten soziale Sicherheit
KU		1743	– Restlaufzeit bis 1 Jahr
KU		1744	– Restlaufzeit 1 bis 5 Jahre
KU		1745	– Restlaufzeit größer 5 Jahre
KU		1746	Verbindlichkeiten aus Einbehaltungen (KapESt) für offene Ausschüttungen
KU		1747	Verbindlichkeiten für Verbrauchsteuern
KU		1748	Verbindlichkeiten Einbehaltung Arbeitnehmer
KU		1749	Verbindlichkeiten an FA abzuführender Bauabzug
KU		1750	Verbindlichkeiten aus Vermögensbildung
KU		1751	– Restlaufzeit bis 1 Jahr
KU		1752	– Restlaufzeit 1 bis 5 Jahre
KU		1753	– Restlaufzeit größer 5 Jahre
KU		1754	Steuerzahlungen an andere Länder
KU		1755	Lohn- und Gehaltsverrechnungen
KU		1756	Lohn/Gehaltsverrechnung § 11 f. 4/3 EStG
KU		1759	Voraus. Beitrag ggb. Sozialversicherungsträger
KU	S	1760	Umsatzsteuer nicht fällig
KU	S	1761	Umsatzsteuer nicht fällig, 7 %
KU	S	1762	USt nicht fällig, EU-Lieferungen
KU	R	1763	Buchungssperre
KU	S	1764	USt nicht fällig, EU-Lieferungen 19 %
KU	R	1765	Buchungssperre
KU	S	1766	Umsatzsteuer nicht fällig, 19 %
KU	S	1767	USt im anderen EU-Land steuerpfl. Lieferung
KU	S	1768	USt im and. EU-Land sonst. Leist./Werklieferung.
KU	S	1769	Umsatzsteuer nach § 13a UStG
KU	S	1770	Umsatzsteuer
KU	S	1771	Umsatzsteuer 7 %
KU	S	1772	Umsatzsteuer aus EU-Erwerb
KU	R	1773	Buchungssperre
KU	S	1774	Umsatzsteuer aus EU-Erwerb, 19 %
KU	R	1775	Buchungssperre
KU	S	1776	Umsatzsteuer 19 %
KU	S	1777	Umsatzsteuer EU-Lieferungen
KU	S	1778	Umsatzsteuer EG-Lieferungen, 19 %
KU	S	1779	USt aus EG-Erwerb ohne Vorsteuerabzug
KU	F	1780	Umsatzsteuervorauszahlungen
KU	F	1781	Umsatzsteuervorauszahlungen 1/11
KU	F	1782	Nachsteuer
KU	F	1783	Unrichtig oder unberechtigt ausgew. USt
KU	S	1784	USt EG-Erwerb Neufahrzeuge ohne UStID
KU	S	1785	Umsatzsteuer nach § 13b UStG
KU	R	1786	Buchungssperre
KU	S	1787	Umsatzsteuer nach § 13b UStG 19 %
KU		1788	Aufgeschobene Einfuhr-Umsatzsteuer
KU		1789	Umsatzsteuer laufendes Jahr
KU		1790	Umsatzsteuer Vorjahr
KU		1791	Umsatzsteuer frühere Jahre
KU		1792	Sonstige Verrechnung (Interimskonten)
KU		1793	Verrechnung geleistete Anzahlungen
KU	S	1794	USt letzter Abnehmer Dreiecksgeschäft
KU		1795	Verbindlichkeiten soziale Sicherheit § 4/3 EStG
KU		1796	Ausgegebene Geschenkgutscheine
KU	F	1799	
			Privat (Eigenkapital) Vollhafter/Einzelunternehmer
KU		1800 –1809	Privatentnahmen allgemein
KU		1810 –1819	Privatsteuern
KU		1820 –1829	Sonderausgaben beschränkt abzugsfähig
KU		1830 –1839	Sonderausgaben unbeschränkt abzugsfähig
KU		1840 –1849	Zuwendungen, Spenden
KU		1850 –1859	Außergewöhnliche Belastungen
KU		1860 –1868	Grundstücksaufwand
V		1869	Grundstücksaufwand (USt.schlüssel möglich)
KU		1870 –1878	Grundstücksertrag
M		1879	Grundstücksertrag (USt.schlüssel möglich)
KU		1880 –1889	Unentgeltliche Wertabgaben
KU		1890 –1899	Privateinlagen
			Privat (Fremdkapital) Teilhafter
KU		1900 –1909	Privatentnahmen allgemein
KU		1910 –1919	Privatsteuern
KU		1920 –1929	Sonderausgaben beschränkt abzugsfähig

1 Finanz- und Privatkonten

Funktionen	Konto	Beschriftung SKR03 2012
KU	1930 –1939	Sonderausgaben unbeschränkt abzugsfähig
KU	1940 –1949	Zuwendungen, Spenden
KU	1950 –1959	Außergewöhnliche Belastungen
KU	1960 –1969	Grundstücksaufwand
KU	1970 –1979	Grundstücksertrag
KU	1980 –1989	Unentgeltliche Wertabgaben
KU	1990 –1999	Privateinlagen

2 Abgrenzungskonten

Funktionen	Konto	Beschriftung SKR03 2012
		Außerordentliche Aufwendungen
	2000	Außerordentliche Aufwendungen
	2001	Außerordentliche Aufwendungen finanzwirksam
E	2004	Verluste durch Verschmelzung/Umwandlung
	2005	Außerordentliche Aufwend. nicht finanzwirksam
E	2006	Verluste d. außergewöhnl.Schadensfälle
E	2007	Aufw. für Restrukturierung u. Sanierung
E	2008	Verlust Veräuß/Aufg.Geschäftsaktivität
		Betriebsfremde und periodenfremde Aufwendungen
	2010	Betriebsfremde Aufwendungen
	2020	Periodenfremde Aufwendungen
		Außerordentliche Aufwendungen aus der Anwendung von Übergangsvorschriften i. S. d. BilMoG
	2090	Ao. Aufwendungen aufgr. Übergangsvorschriften
	2091	Ao. Aufwendungen (Pensionsrückstellungen)
	2092	Ao. Aufwendungen (Bilanzierungshilfen)
	2094	Ao. Aufwendungen (latente Steuern)
		Zinsen und ähnliche Aufwendungen
	2100	Zinsen und ähnliche Aufwendungen
	2102	Nicht abzugsfähige, andere Nebenleistungen § 4 Abs.5 EStG
	2103	Abzugsfähige andere Nebenleistungen zu Steuern
	2104	Nicht abzugsfäh. and. Nebenleist. z. Steuern
	2105	Zinsaufwendungen § 233a AO, § 4 Abs. 5b EStG
	2106	Abzinsung KSt-Erhöhungsbetrag § 38 KStG
	2107	Zinsaufwendungen § 233a AO betriebliche Steuern
	2108	Zinsaufwendungen §§ 233a bis 237 AO
	2109	Zinsaufwendungen an verbundene Unternehmen
	2110	Zinsaufwendungen f. kurzfristige Verbindlichkeiten
	2113	Nicht abzugsfähige Schuldzinsen § 4/4a EStG
E	2114	Zinsen für Gesellschafterdarlehen
	2115	Zinsen und ähnl. Aufwend., §§ 3 Nr. 40, 3c EStG/ § 8b KStG
	2116	Zinsen und ähnliche Aufwendungen an verb. UN §§ 3 Nr. 40, 3c EStG/§ 8b Abs. 1 KStG
E	2117	Zinsen an Gesellschafter, Beteiligung gr. 25 %
	2118	Zinsen auf Kontokorrentkonten
	2119	Zinsaufwend., kurzfr. Verbindl. an verbund. UN
	2120	Zinsaufwendungen, langfr. Verbindl. an verb. UN
	2123	Abschr. auf Disagio zur Finanzierung
	2124	Abschr. Disagio z. Finanzierung Anlagevermögen
	2125	Zinsen für Gebäude im Betriebsvermögen
	2126	Zinsen zur Finanzierung Anlagevermögen
	2127	Renten und dauernde Lasten
	2128	Zinsen an Mitunternehmer § 15 EStG
	2129	Zinsaufw., langfr. Verbindl. ab verbund. UN
	2130	Diskontaufwendungen
	2139	Diskontaufwendungen an verbundene UN
	2140	Zinsähnliche Aufwendungen
E	2141	Kreditprovision, Verwaltungskostenbeitrag
E	2142	Zinsanteil der Zuführung z. Pensionsrückstellung
	2143	Zinsaufw. aus der Abzinsg. von Verbindlichkeiten
	2144	Zinsaufw. aus der Abzinsg. von Rückstellungen
	2145	Zinsaufw. aus der Abzinsg. v. Pensionsrückst. und ähnlichen/vergleichbaren Verpflichtungen
	2146	Zinsaufw. aus der Abzinsg. v. Pensionsrückst. u. ähnl./vergl. Verpflichtungen § 246 Abs. 2 HGB
	2147	Zinsaufwendungen aus der Abzinsung Verrechnungen § 246 Abs. 2 HGB
	2149	Zinsähnliche Aufwendungen an verbundene UN
	2150	Aufwendungen aus Währungsumrechnung
	2166	Auwendungen aus Bewertung Finanzmittelfonds
	2170	Nicht abziehbare Vorsteuer
	2171	Nicht abziehbare Vorsteuer 7 %
KU R	2174 –2175	Buchungssperre
	2176	Nicht abziehbare Vorsteuer 19 %
		Steuern vom Einkommen und Ertrag
	2200	Körperschaftsteuer
	2203	Körperschaftsteuer für Vorjahre
	2204	Körperschaftsteuererstattung Vorjahre
	2208	Solidaritätszuschlag
	2209	Solidaritätszuschlag für Vorjahre
	2210	Solidaritätszuschlagerstattung für Vorjahre
R	2212	Buchungssperre
	2213	Kapitalertragsteuer 25 %
	2216	SolZ auf Kapitalertragsteuer 25 %
	2218	Solidaritätszuschlag auf Zinsabschlagsteuer
	2219	Anzurechn. ausländische Quellensteuer
	2250	Aufwend. Zuführung/Auflösung latente Steuern
	2255	Erträge Zuführung/Auflösung latente Steuern
	2280	GewSt-Nachzahlung Vorjahre
	2281	GewSt-Nachzahlung/-Erstattung VJ § 4/5b EStG
	2282	GewSt-Erstattung Vorjahre
	2283	Auflösung GewSt-Rückstellg. § 4/5b EStG
	2284	Auflösung Gewerbesteuerrückstellung
	2285	Steuernachzahlungen, VJ sonstige Steuern

Funktionen		Konto	Beschriftung SKR03 2012
		2287	Erstattung VJ für sonstige Steuern
		2289	Auflösung Rückstellung sonstige Steuern
			Sonstige Aufwendungen
		2300	Sonstige Aufwendungen
		2307	Sonst. Aufwendungen, betriebsfremd u. regelm.
		2309	Sonstige Aufwendungen, unregelmäßig
		2310	Abgänge Sachanlagen Restbuchwert
		2311	Abgänge immat. Vermögensgegen. RBW (Verlust)
		2312	Abgänge Finanzanlagen Restbuchwert (Verlust)
		2313	Abgänge Finanzanlagen, §§ 3 Nr. 40, 3c EStG/ § 8b KStG, RBW (Verlust)
		2315	Abgänge Sachanlagen Restbuchwert (Gewinn)
		2316	Abgänge immat. Vermögensgegen. RBW (Gewinn)
		2317	Abgänge Finanzanlagen Restbuchwert (Gewinn)
		2318	Abgänge Finanzanlagen, §§ 3 Nr. 40, 3c EStG/ § 8b KStG, RBW (Gewinn)
		2320	Verluste aus Anlagenabgang
		2323	Verluste, Veräußerungen, Anteile KapGes §§ 3 Nr. 40, 3c EStG/§ 8b KStG
		2325	Verluste aus Abgang von Umlaufvermögen
		2326	Verluste aus Abgang UV, §§ 3 Nr. 40, 3c EStG/ § 8b KStG
		2327	Abgang WG des UV § 4 Abs. 3 EStG
		2328	Abgang WG des UV , §§ 3 Nr. 40, 3c EStG/ § 8b KStG nach § 4 Abs. 3 Satz 4 EStG
	E	2339	Einstellungen steuerl. Rücklage § 4g EStG
	R	2340 –2341	Buchungssperre
	E	2342	Einstellungen steuerliche Rücklage § 6b Abs.3
	E	2343	Einstellungen steuerliche Rücklage § 6b Abs.10
	E	2344	Einstellungen steuerliche Rücklage R 6.6 EStR
	E	2345	Einstellungen steuerliche Rücklage
		2347	Aufwend. aus dem Erwerb eigener Anteile
	R	2348 –2349	Buchungssperre
		2350	Grundstücksaufwendungen, neutral
		2375	Grundsteuer
		2380	Zuwendungen, Spenden steuerl. nicht abziehbar
		2381	Zuwendg. Spenden wissensch./kult. Zweck
		2382	Zuwendungen, Spenden mildtätige Zwecke
		2383	Zuwendungen, Spenden kirchl./rel./gemein.
		2384	Zuwendungen, Spenden an politische Partei
		2385	Nicht abziehbare Aufsichtsratsvergütung
		2386	Abziehbare Aufsichtsratsvergütung
		2387	Zuwendg. an Stiftungen gem. § 52/2/1–3 AO
		2388	Zuwendg. an Stiftungen gem. § 52/2/4 AO
		2389	Zuwendg. an Stiftungen kirchl./rel./gemein.
		2390	Zuwendg. an Stiftungen wiss./mildt./kultur.
M		2400	Forderungsverluste (übliche Höhe)
M	AM	2401	Forderungsverluste 7 % USt
M	AM	2402	Forderungsverluste steuerfreie EU-Lieferungen
M	AM	2403	Forderungsverluste EU-Lieferungen 7 % USt
M	AM	2404	Forderungsverlust EU-Lieferung 16 % USt
M	AM	2405	Forderungsverluste 16 % USt
M	AM	2406	Forderungsverluste 19 % USt
M	AM	2407	Forderungsverluste 15 % USt
M	AM	2408	Forderungsverluste EU-Lieferung 19 % USt
M	AM	2409	Forderungsverluste EU-Lieferung 15 % USt
M		2430	Forderungsverluste, unüblich hoch
M	AM	2431	Forderungsverluste 7 % USt (unüblich hoch)
M	R	2432 –2434	Buchungssperre
M	AM	2435	Forderungsverluste 16 % USt (unüblich hoch)
M	AM	2436	Forderungsverluste 19 % USt (unüblich hoch)
M	AM	2437	Forderungsverluste 15 % USt (unüblich hoch)
M	R	2438	Buchungssperre
	E	2440	Abschr. Forderungen ggb.KapG, unüblich hoch
	E	2441	Abschr. Ford. ggb.Gesellschaftern, unüblich hoch
		2450	Einstellung in die PWB zu Forderungen
		2451	Einstellung in die EWB zu Forderungen
		2480	Einstellung in die Rücklage f. Anteile an beherrschenden Unternehmen
		2490	Aufwendungen aus Verlustübernahme
		2492	Abgeführte Gewinne, Gewinngemeinschaft
		2493	Abgeführte Gewinne, stille Gesellsch. § 8 GewStG
		2494	Abgeführte Gewinne/Gewinn-/Teilgewinnabführ
		2495	Einstellungen, Kapitalrücklage
		2496	Einstellungen, gesetzliche Rücklage
		2497	Einstellungen, satzungsmäß. Rücklage
		2498	Einstellungen, Rücklage eigene Anteile
		2499	Einstellungen, andere Gewinnrücklagen
			Außerordentliche Erträge
		2500	Außerordentliche Erträge
		2501	Außerordentliche Erträge, finanzwirksam
	E	2504	Erträge Verschmelzung und Umwandlung
		2505	Außerordentliche Erträge nicht finanzwirksam
	E	2506	Erträge Verkauf bedeutende Beteiligung
	E	2507	Erträge Verkauf bedeutende Grundstücke
	E	2508	Gewinn Veräuß/Aufg. Geschäftsaktivität
			Betriebsfremde und periodenfremde Erträge
		2510	Betriebsfremde Erträge (nicht außerordentlich)
		2520	Periodenfremde Erträge (nicht außerordentlich)
			Außerordentliche Erträge aus der Anwendung Übergangsvorschriften i. S. d. BilMoG
		2590	Ao. Erträge Übergangsvorschriften BilMoG
		2591	Ao Ertrag Zuschreibung SAV BilMoG
		2592	Ao Ertrag Zuschreibung FAV BilMoG
		2593	Ao Ertrag aus Wertpapieren UV BilMoG
		2594	Ao Ertrag Übergangsvorschr. latente Steuern
			Zinserträge
		2600	Erträge aus Beteiligungen
	E	2603	Ertr. Beteiligungen PersG, verb. UN, § 9 GewStG
	E	2615	Erträge aus Beteiligungen, § 3 Nr. 40 EStG/ § 8b KStG

Funktionen	Konto	Beschriftung SKR03 2012
E	2616	Erträge, Beteiligungen verb. UN, § 3 Nr. 40 EStG/ § 8b KStG
	2617	Sonst. GewStfreie Gewinne, Anteile KapGes
	2618	Gewinnant. aus Mitunternehmschaft § 9 GewStG
	2619	Erträge, Beteiligungen verbundene UN
	2620	Erträge, Wertpapiere/Ausleihungen FAV
E	2621	Erträge, Ausleihungen Finanzanlagevermögen
E	2622	Erträge, Ausleihungen FAV an verbund. UN
E	2623	Erträge Anteile an PersG, FAV
E	2625	Erträge, Beteiligungen FAV, § 3 Nr. 40 EStG/ § 8b KStG
E	2626	Erträge, Beteiligungen verb. UN, § 3 Nr. 40 EStG/ § 8b KStG
E	2640	Zins- und Dividendenerträge
E	2641	Erhaltene Ausgleichszahlungen
E	2646	Erträge Anteile PersG, verbundene UN
E	2647	Erträge andere WP FAV an KapG, verb.UN
E	2648	Erträge andere WP FAV an PersG, verb.UN
	2649	Erträge Wertpapiere/FAV-Ausleihung. verb. UN
	2650	Sonstige Zinsen und ähnliche Erträge
	2652	Steuerfr. Aufzinsung Körperschaftsteuerguthaben
	2653	Zinserträge § 233a AO, § 4 Abs. 5b EStG, steuerfr.
	2654	Erträge Wertpapiere/Ausleihungen UV
E	2655	Erträge, Beteiligungen UV, § 3 Nr. 40 EStG/ § 8b KStG
E	2656	Erträge, Beteiligungen verb. UN, § 3 Nr. 40 EStG/ § 8b KStG
	2657	Zinserträge § 233a AO, steuerpflichtig
	2658	Zinserträge § 233a AO, Anlage A KSt, steuerfrei
	2659	Sonst. Zinsen u. ä. Erträge aus verbund. UN
	2660	Erträge aus Währungsumrechnung
	2666	Erträge Bewertung Finanzmittelfonds
	2670	Diskonterträge
	2679	Diskonterträge verbundene Unternehmen
	2680	Zinsähnliche Erträge
	2683	Zinserträge, Abzinsung von Verbindlichkeiten
	2684	Zinserträge, Abzinsung von Rückstellungen
	2685	Zinserträge, Abzinsung Pensions-/ähnl. Rückst.
	2686	Zinserträge, Abzinsung Pensions-/ähnl. Rückst., zur Verrechnung, § 246 Abs. 2 HGB
	2687	Zinserträge, Abzinsung VermG zur Verrechnung § 246 Abs. 2 HGB
	2688	Zinserträge Rückzahlung KSt-Erhöhg. § 38
	2689	Zinsähnliche Erträge verbundene UN
		Sonstige Erträge
	2700	Sonstige Erträge
	2705	Sonstige betriebliche regelm. Erträge
	2707	Sonstige betriebsfremde regelm. Erträge
	2709	Sonstige Erträge unregelmäßig
	2710	Erträge Zuschreibungen Sachanlagevermögen
	2711	Erträge Zuschreibungen immat. Anlagevermög.
	2712	Erträge Zuschreibungen Finanzanlagevermögen
	2713	Erträge Zuschreibungen FAV, § 3 Nr. 40 EStG/ § 8b KStG

2 Abgrenzungskonten

Funktionen	Konto	Beschriftung SKR03 2012
	2714	Erträge aus Zuschreibungen § 3 Nr. 40 EStG
	2715	Erträge Zuschreibungen Umlaufvermögen
	2716	Erträge Zuschreibg. UV, § 3 Nr. 40 EStG/§ 8b KStG
	2720	Erträge aus Abgang von AV-Gegenständen
	2723	Erträge Veräußerung Anteil. KapGes; § 3 Nr. 40 EStG/§ 8b KStG
	2725	Erträge aus Abgang von UV-Gegenständen
	2726	Erträge aus Abgang UV, § 3 Nr. 40 EStG/§ 8b KStG
E	2727	Erträge Auflösung stl. Rücklage § 6b Abs. 3 EStG
E	2728	Erträge Auflösung stl. Rücklage § 6b Abs. 10 EStG
E	2729	Erträge Auflösung stl. Rücklage R 6.6 EStR
	2730	Erträge aus Herabsetzung PWB zu Forderungen
	2731	Erträge aus Herabsetzung EWB zu Forderungen
	2732	Erträge aus abgeschriebenen Forderungen
E	2733	Erträge Aufl. Existenzgründerrücklage § 7g Abs. 7 EStG a. F.
R	2734	Buchungssperre
	2735	Erträge Auflösung von Rückstellungen
E	2737	Erträge Auflösung stl. Rücklage § 4g EStG
E	2738	Erträge Auflös. stl. Rücklage § 52 Abs. 16 EStG
E	2739	Erträge Auflösung stl. Rücklage § 7g/3 a. F., § 7g/2 n. F.
E	2740	Erträge Auflösung steuerliche Rücklage
E	2741	Erträge Auflös. steuerliche Sonderabschreibungen
E	2742	Versicherungsentschädig., Schadenersatzleist.
	2743	Investitionszuschüsse (steuerpflichtig)
	2744	Investitionszulage (steuerfrei)
	2745	Erträge aus Kapitalherabsetzung
E	2746	Steuerfreie Erträge Auflösung steuerl. Rücklage
	2747	Sonstige steuerfreie Betriebseinnahmen
	2749	Erstattungen AufwendungsausgleichsG
	2750	Grundstückserträge
AM/E	2751	Erlöse Vermietung u.Verpachtung, ustfrei § 4 Nr. 12 UStG
AM/E	2752	Erlöse Vermietung u.Verpachtung 19 % USt
R	2753 –54	Buchungssperre
E	2760	Erträge Aktivierung unentgeltl. erworbener VG
E	2762	Kostenerstatt.,Rückvergütg. früh. Jahre
E	2764	Erträge aus Verwaltungskostenumlagen
	2790	Erträge aus Verlustübernahme
	2792	Gewinne auf Grund Gewinngemeinschaft
	2794	Gewinne auf Grund Gewinn/Teilgewinnabführung.
	2795	Entnahmen aus Kapitalrücklagen
	2796	Entnahmen aus der gesetzliche Rücklage
	2797	Entnahmen aus satzungsmäßige Rücklagen
	2798	Entnahmen Rücklage für eigene Anteile
	2799	Entnahmen aus anderen Gewinnrücklagen
	2840	Rücklageentnahmen f. Anteile an beherrsch UN
	2860	Gewinnvortrag nach Verwendung
	2868	Verlustvortrag nach Verwendung
	2869	Vortrag auf neue Rechnung (GuV)
	2870	Vorabausschüttung

2 Abgrenzungskonten

Funktionen		Konto	Beschriftung SKR03 2012
			Verrechnete kalkulatorische Kosten
		2890	Verrechneter kalkulatorischer Unternehmerlohn
		2891	Verrechnete kalkulatorische Miete und Pacht
		2892	Verrechnete kalkulatorische Zinsen
		2893	Verrechnete kalkulatorische Abschreibungen
		2894	Verrechnete kalkulatorische Wagnisse
		2895	Verrechneter kalkulatorischer Lohn, unentgeltl. AN
KU	R	2900	Buchungssperre

3 Wareneingangs- und Bestandskonten

Funktionen		Konto	Beschriftung SKR03 2012
			Materialaufwand
V		3000	Roh-, Hilfs- und Betriebsstoffe
V	AV/E	3010 –3019	Einkauf RHB 7 % Vorsteuer
V	R	3020	Buchungssperre
V		–3029	
V	AV/E	3030 –3039	Einkauf RHB 19 % Vorsteuer
V	R	3040	Buchungssperre
V		–3059	
V	AV/E	3060	Einkauf RHB, EU-Erwerb 7 % Vorst./USt
V	R	3061	Buchungssperre
V	AV/E	3062 –3063	Einkauf RHB, EU-Erwerb 19 % Vorst./USt
	AV/E	3066	Einkauf RHB, EU-Erw.ohne Vorst., 7 % USt
	AV/E	3067	Einkauf RHB, EU-Erw.ohne Vorst., 19 % USt
V	R	3068	Buchungssperre
V		–3069	
V	AV/E	3070	Einkauf RHB 5,5 % Vorsteuer
V	AV/E	3071	Einkauf RHB 10,7 % Vorsteuer
V	R	3072 –3074	Buchungssperre
V	AV/E	3075	Einkauf RHB aus USt-Lager 7 % Vorst./USt
V	AV/E	3076	Einkauf RHB aus USt-Lager 19 % Vorst./USt
V	R	3077 –3088	Buchungssperre
V	AV	3089	Erwerb RHB letzter letzter Abnehmer innerhalb Dreiecksgeschäft 19 % Vorst./USt
V		3090	Energiestoffe
V	AV/E	3091	Energiestoffe (Fertigung) 7 % Vorsteuer
V	AV/E	3092	Energiestoffe (Fertigung) 19 % Vorsteuer
	R	3093 –3098	Buchungssperre
V		3100	Fremdleistungen
V	E	3106	Fremdleistungen 19 % Vorsteuer
	R	3107 –3108	Buchungssperre
KU	E	3109	Fremdleistungen ohne Vorsteuer

3 Wareneingangs- und Bestandskonten

Funktionen		Konto	Beschriftung SKR03 2012
			Umsätze, für die als Leistungsempfänger die Steuer nach § 13b Abs. 2 UStG geschuldet wird
V	AV	3110	Bauleistungen § 13b 7 % Vorsteuer, 7 % USt
V	R	3111 –3112	Buchungssperre
V	AV	3113	Sonstige Leistungen EG-ausl. Unternehmer 7 % VorSt., 7 % Ust
V	R	3114	Buchungssperre
V	AV	3115	Leistungen ausl. UN 7 % Vorsteuer, 7 % USt
V	R	3116 –3119	Buchungssperre
V	AV	3120 –3121	Bauleistungen § 13b 19 % Vorsteuer, 19 % USt
KU	R	3122	Buchungssperre
V	AV	3123	Sonstige Leistungen EU 7 % Vorsteuer, 19 % USt
	R	3124	Buchungssperre
V	AV	3125 –3126	Leistungen ausl. UN 19 % Vorsteuer, 19 % USt
V	R	3127 –3129	Buchungssperre
V	AV	3130	Bauleistungen § 13b ohne Vorsteuer, 7 % USt
V	AV	3131 –3132	Buchungssperre
V	AV	3133	Sonst. Leistung EU ohne Vorsteuer, 7 % USt
V	R	3134	Buchungssperre
V	AV	3135	Leistungen ausl. UN ohne Vorsteuer, 7 % USt
V	R	3136 –3139	Buchungssperre
V	AV	3140 –3141	Bauleistungen § 13b ohne Vorsteuer, 19 % USt
V	R	3142	Buchungssperre
V	AV	3143	Sonst. Leistung EU ohne Vorsteuer, 19 % USt
V	R	3144 –3144	Buchungssperre
V	AV	3145 –3146	Leistungen ausl. UN ohne Vorst., 19 % USt
V	R	3147 –3149	Buchungssperre
V	S	3150	Erhaltene Skonti Leistungen § 13b UStG
V	S/AV	3151	Erhaltene Skonti Leistg. § 13b 19 % Vorst./USt
V	R	3152	Buchungssperre
V	S	3153	Erhaltene Skonti Leistg. § 13b o. Vorst./m. USt
V	S	3154	Erh. Skonti Leistg. § 13b o. Vorst./m. 19 % USt
V	R	3155 –3159	Buchungssperre
V	E	3160	Leistungen § 13b mit Vorsteuerabzug
V	E	3165	Leistungen § 13b ohne Vorsteuerabzug
V		3200	Wareneingang
V	AV	3300 –3309	Wareneingang 7 % Vorsteuer
V	R	3310 –3349	Buchungssperre
V	AV	3400 –3409	Wareneingang 19 % Vorsteuer

Funktionen		Konto	Beschriftung SKR03 2012
V	R	3410 –3419	Buchungssperre
V	AV	3420 –3424	EU-Erwerb 7 % Vorsteuer und 7 % USt
V	AV	3425 –3429	EU-Erwerb 19 % Vorsteuer und 19 % USt
V	AV	3430	EU-Erwerb ohne Vorsteuer und 7 % USt
V	R	3431 –3434	Buchungssperre
V	AV	3435	EU-Erwerb ohne Vorsteuer und 19 % USt
V	R	3436 –3439	Buchungssperre
V	AV	3440	EU-Erw. Nutzfahrzeug. o.UStID 19 % Vorsteuer/USt
V	R	3441 –3449	Buchungssperre
V	R	3500 –3504	Buchungssperre
V	AV	3505 –3509	Wareneingang 5,5 % Vorsteuer
V	R	3510 –3539	Buchungssperre
V	AV	3540 –3549	Wareneingang 10,7 % Vorsteuer
V	AV	3550	Steuerfreier EU-Erwerb
V		3551	Wareneingang, im Drittland steuerbar
V		3552	Erwerb 1. Abnehmer im Dreiecksgeschäft
V		3553	Erwerb Waren letzt. Abn. DG 19 % Vorst./USt
V	R	3554 –3557	Buchungssperre
V		3558	Wareneingang, im anderen EU-Land steuerbar
V		3559	Steuerfreie Einfuhren
V	AV	3560	Waren aus USt-Lager, 7 % Vorsteuer, 7 % USt
V	R	3561 –3564	Buchungssperre
V	AV	3565	Waren aus USt-Lager, 19 % Vorst., 19 % USt
V	R	3566 –3569	Buchungssperre
V		3600 –3609	Nicht abziehbare Vorsteuer
V		3610 –3619	Nicht abziehbare Vorsteuer 7 %
V	R	3620 –3629	Buchungssperre
V	R	3650 –3659	Buchungssperre
V		3660 –3669	Nicht abziehbare Vorsteuer 19 %
V		3700	Nachlässe
V	E	3701	Nachlässe aus Einkauf RHB
V	AV	3710 –3711	Nachlässe 7 % Vorsteuer
KU	R	3712 –3713	Buchungssperre
V	AV/E	3714	Nachlässe aus Einkauf RHB 7 % Vorsteuer
V	AV/E	3715	Nachlässe aus Einkauf RHB 19 % Vorsteuer
V	R	3716	Buchungssperre
V	AV/E	3717	Nachlässe RHB, EU-Erwerb 7 % Vorsteuer/USt
V	AV/E	3718	Nachlässe RHB, EU-Erwerb 19 % Vorsteuer/USt
V	R	3719	Buchungssperre
V	AV	3720 –3721	Nachlässe 19 % Vorsteuer
V	AV	3722	Nachlässe 16 % Vorsteuer
V	AV	3723	Nachlässe 15 % Vorsteuer
V	AV	3724	Nachlässe EU-Erwerb 7 % Vorsteuer/USt
V	AV	3725	Nachlässe EU-Erwerb 19 % Vorsteuer/USt
V	AV	3726	Nachlässe EU-Erwerb 16 % Vorsteuer/USt
V	AV	3727	Nachlässe EU-Erwerb 15 % Vorsteuer/USt
V	R	3728 –3729	Buchungssperre
V	S	3730	Erhaltene Skonti
V	S/AV	3731	Erhaltene Skonti 7 % Vorsteuer
V	R	3732	Buchungssperre
V	E	3733	Erhaltene Skonti Einkauf RHB
V	AV/E	3734	Erhaltene Skonti Einkauf RHB 7 % Vorst.
V	R	3735	Buchungssperre
V	S/AV	3736	Erhaltene Skonti 19 % Vorsteuer
V	R	3737	Buchungssperre
	AV/E	3738	Erhaltene Skonti Einkauf RHB 19 %Vorst.
V	R	3739 –3740	Buchungssperre
V	AV/E	3741	Erhalt. Skonti RHB EU-Erwerb 19 %Vorst./USt
V	R	3742	Buchungssperre
V	AV/E	3743	Erhalt. Skonti RHB EU-Erwerb 7 % Vorst./USt
V	R	3744	Buchungssperre
V	S	3745	Erhaltene Skonti EU-Erwerb
V	S/AV	3746	Erhalt. Skonti EG-Erwerb 7 % Vorsteuer u. 7 % USt
V	R	3747	Buchungssperre
V	S/AV	3748	Erhalt. Skonti EG-Erwerb 19 % Vorst. u. 19 % USt
V	R	3749	Buchungssperre
V	AV	3750 –3751	Erhaltene Boni 7 % Vorsteuer
V	R	3752	Buchungssperre
	E	3753	Erhaltene Boni aus Einkauf RHB
V	AV/E	3754	Erhaltene Boni Einkauf RHB 7 % Vorst.
	AV/E	3755	Erhaltene Boni Einkauf RHB 19 % Vorst.
V	R	3756 –3759	Buchungssperre
V	AV	3760 –3761	Erhaltene Boni 19 % Vorsteuer
V	R	3762 –3768	Buchungssperre
V		3769	Erhaltene Boni
V		3770	Erhaltene Rabatte
V	AV	3780 –3781	Erhaltene Rabatte 7 % Vorsteuer
V	R	3782	Buchungssperre
	E	3783	Erhaltene Rabatte aus Einkauf RHB
V	AV/E	3784	Erhaltene Rabatte Einkauf RHB 7 % Vorst.
V	AV/E	3785	Erhaltene Rabatte Einkauf RHB 19 %Vorst.

3 Wareneingangs- und Bestandskonten

Funktionen		Konto	Beschriftung SKR03 2012
V	R	3786 –3789	Buchungssperre
V	AV	3790 –3791	Erhaltene Rabatte 19 % Vorsteuer
V	AV	3792	Erh. Skonti RHB letz. Abn. DG 19 % Vorst./USt
	AV	3793	Erh. Skonti Waren letz. Abn. DG 19 % Vorst./USt
V	R	3794 –3799	Buchungssperre
V		3800	Bezugsnebenkosten
V		3830	Leergut
KU		3850	Zölle und Einfuhrabgaben
KU	E	3850 –3954	Bestandsveränderungen Waren
KU	E	3955 –3959	Bestandsveränderungen RHB
KU		3960 –3969	Bestandsveränderung RHB-Stoffe/bezogene Ware
			Bestand an Vorräten
KU		3970 –3979	Bestand Roh-, Hilfs- und Betriebsstoffe
KU		3980 –3989	Bestand Waren
			Verrechnete Stoffkosten
KU		3990 –3999	Verrechnete Stoffkosten (Gegenkonto zu 4000–99)

4 Betriebliche Aufwendungen

Funktionen		Konto	Beschriftung SKR03 2012
			Material- und Stoffverbrauch
V		4000 –4099	Material- und Stoffverbrauch
			Personalaufwendungen
		4100	Löhne und Gehälter
		4110	Löhne
		4120	Gehälter
		4124	Geschäftsführergehälter GmbH-Gesellschafter
		4125	Ehegattengehalt
		4126	Tantiemen
		4127	Geschäftsführergehälter
		4128	Vergütung angestellte Mituntern. § 15 EStG
		4130	Gesetzliche Sozialaufwendungen
		4137	Ges. soz. Aufwendung. Mituntern. § 15 EStG
		4138	Beiträge zur Berufsgenossenschaft
		4139	Ausgleichsabgabe SchwerbehindertenG
		4140	Freiwillige soziale Aufwendung. LSt-frei
		4141	Sonstige soziale Abgaben
		4145	Freiwillige soziale Aufwendung. LSt-pflichtig
		4149	Pauschale Steuer für Zuschüsse
		4150	Krankengeldzuschüsse
		4152	Sachzuwendungen und Dienstleistung an AN
		4155	Zuschüsse Agenturen für Arbeit
		4160	Versorgungskassen

4 Betriebliche Aufwendungen

Funktionen		Konto	Beschriftung SKR03 2012
		4165	Aufwendungen für Altersversorgung
	E	4166	Aufwendungen Altersversorgung Gesellschafter-GF
		4167	Pauschale Steuer für Versicherungen
		4168	Aufwendungen Altersversorgung Mitunternehmer § 15 EStG
		4169	Aufwendungen für Unterstützung
		4170	Vermögenswirksame Leistungen
		4175	Fahrtkostenerstattung Whg./Arbeitsstätte
		4180	Bedienungsgelder
		4190	Aushilfslöhne
	E	4195	Löhne für Minijobs
		4198	Pauschale Steuern/Abgaben für Zuwend. an AN
		4199	Pauschale Steuer für Aushilfen
			Sonstige betriebliche Aufwendungen und Abschreibungen
V		4200	Raumkosten
V		4210	Miete, unbewegliche Wirtschaftsgüter
V		4211	Aufwendungen für unbewegliche WG, GewSt
		4212	Miete Aufwendungen für doppelte Haushaltsführung
V		4215	Leasing, unbewegliche Wirtschaftsgüter
V	E	4219	Vergütung Mituntern. Miete, unbewegliche Wirtschaftsgüter § 15 EStG
V		4220	Pacht, unbewegliche Wirtschaftsgüter
V	E	4222	Vergütung, Gesellschafter Miete/Pacht, unbewegliche Wirtschaftsgüter
V		4228	Miet- und Pachtnebenkosten
V	E	4229	Vergütung Mituntern. Pacht, unbewegliche Wirtschaftsgüter § 15 EStG
V		4230	Heizung
V		4240	Gas, Strom, Wasser
V		4250	Reinigung
V		4260	Instandhaltung betrieblicher Räume
V		4270	Abgaben betrieblich genutzt. Grundbesitz
V		4280	Sonstige Raumkosten
V		4288	Aufwendung. Arbeitszimmer, abziehb. Anteil
V		4289	Aufwendung. Arbeitszimmer nicht abziehb. Anteil
V		4290	Grundstücksaufwendungen, betrieblich
		4300	Nicht abziehbare Vorsteuer
		4301	Nicht abziehbare Vorsteuer 7 %
KU	R	4304 –4305	Buchungssperre
		4306	Nicht abziehbare Vorsteuer 19 %
		4320	Gewerbesteuer
		4340	Sonstige Betriebssteuern
		4350	Verbrauchsteuer
		4355	Ökosteuer
		4360	Versicherungen
		4366	Versicherung für Gebäude
		4370	Prämie Rückdeckung f. Versorgungsleistungen
		4380	Beiträge
		4390	Sonstige Abgaben
		4396	Abzugsfähiger Verspätungszuschlag/Zwangsgeld
		4397	Nicht abzugsf. Verspätungszuschlag/Zwangsgeld

Funktionen		Konto	Beschriftung SKR03 2012
V		4400 –4499	(zur freien Verfügung)
V		4500	Fahrzeugkosten
V		4510	Kfz-Steuern
V		4520	Kfz-Versicherungen
V		4530	Laufende Kfz-Betriebskosten
V		4540	Kfz-Reparaturen
V		4550	Garagenmieten
V		4560	Mautgebühren
V		4570	Mietleasing Kfz
V		4580	Sonstige Kfz-Kosten
V		4590	Kfz-Kosten betriebliche Nutzung Kfz im PV
V		4595	Fremdfahrzeugkosten
V		4600	Werbekosten
V		4605	Streuartikel
V		4630	Geschenke abzugsfähig ohne § 37b EStG
V		4631	Geschenke abzugsfähig mit § 37b EStG
V		4632	Pausch. Steuern Geschenke/Zugaben abzugsfähig
V		4635	Geschenke nicht abzugsfähig ohne §37b EStG
V		4636	Geschenke nicht abzugsfähig mit § 37b EStG
V		4637	Pausch. Steuern für Zuwendungen nicht abzugsf.
V		4638	Geschenke ausschließlich betrieblich genutzt
V		4639	Zugaben mit § 37b EStG
V		4640	Repräsentationskosten
V		4650	Bewirtungskosten
V		4651	Eingeschr. abziehb. BA, abziehbarer Anteil
V		4652	Eingeschr. abziehb. BA, nicht abziehbarer Anteil
V		4653	Aufmerksamkeiten
V		4654	Nicht abzugsfähige Bewirtungskosten
V		4655	Nicht abzugsfähige Betriebsausgaben
V		4660	Reisekosten Arbeitnehmer
V	R	4662	Buchungssperre
V		4663	Reisekosten Arbeitnehmer, Fahrtkosten
V		4664	Reisekosten AN Verpflegungsmehraufwand
V		4666	Reisekosten AN Übernachtungsaufwand
V	R	4667	Buchungssperre
V		4668	Kilometergelderstattung Arbeitnehmer
V		4670	Reisekosten Unternehmer
V		4672	Reisekosten Unternehmer, nicht abziehbarer Anteil
V		4673	Reisekosten Unternehmer, Fahrtkosten
V		4674	Reisekosten UN Verpflegungsmehraufwand
V	R	4675	Buchungssperre
V		4676	Reisekosten UN Übernachtungsaufwand
V	R	4677	Buchungssperre
V		4678	Fahrten Wohnung/Betrieb, abziehb. Anteil
V		4679	Fahrten Wohnung/Betrieb, nicht abziehb. Anteil
V		4680	Fahrten Wohnung/Betriebsstätte, Haben
V		4681	Verpflegungsmehraufwand dopp. Haushaltsführ.
V	R	4685	Buchungssperre
V		4700	Kosten Warenabgabe
V		4710	Verpackungsmaterial
V		4730	Ausgangsfrachten
V		4750	Transportversicherungen
V		4760	Verkaufsprovisionen
V		4780	Fremdarbeiten (Vertrieb)

Funktionen		Konto	Beschriftung SKR03 2012
V		4790	Aufwand für Gewährleistungen
V		4800	Reparatur/Instandh. Anlagen u. Maschinen
V		4801	Reparatur u.Instandhaltung von Bauten
V		4805	Reparatur/Instandh. Betriebs- u. Geschäftsausst.
V		4806	Wartungskosten für Hard- und Software
V	E	4808	Zuführung zu Aufwandsrückstellungen
V		4809	Sonst. Reparaturen und Instandhaltungen
V		4810	Mietleasing bewegliche Wirtschaftsgüter
V		4815	Kaufleasing
		4820	Abschreibung Ingangsetzung, Erweiterung
		4822	Abschreibung immaterielle VermG
		4823	Abschreibung selbstgeschaffene immaterielle VermG
		4824	Abschreibung Geschäfts- oder Firmenwert
	E	4825	Außerplanm. Abschreib. Geschäfts-, Firmenwert
		4826	Außerplanm. Abschreibungen immaterielle VermG
		4827	Apl. Abschreibung selbstgeschaffene immaterielle VermG
		4830	Abschreibungen auf Sachanlagen
		4831	Abschreibungen auf Gebäude
		4832	Abschreibungen auf Kfz
		4833	Abschreibung Arbeitszimmer
		4840	Außerplanmäßige Abschreibung auf Sachanlagen
		4841	Außergewöhnliche Abschreibung Gebäude
		4842	Außergewöhnliche Abschreibung auf Kfz
		4843	Außergewöhnliche Abschreibung sonstige WG
		4850	Abschreib. Sachanlagen, steuerl. Sondervorschr.
		4851	Sonder-AfA, § 7g Abs. 1 u. 2 EStG a. F./ § 7g Abs. 5 EStG n. F. (ohne Kfz)
		4852	Sond.-AfA, § 7g Abs. 1 u. 2 EStG a. F./ § 7g Abs. 5 EStG n. F. (für Kfz)
		4853	Kürzung AHK, § 7g Abs. 2 EStG n. F. (ohne Kfz)
		4854	Kürzung AHK, § 7g Abs. 2 EStG n. F. (für Kfz)
		4855	Sofortabschreibung GWG
		4860	Abschreibungen auf aktivierte GWG
		4862	Abschreibung WG Sammelposten
		4865	Außerplanmäßige Abschreib. auf aktivierte GWG
	E	4866	Abschreibungen Finanzanlagen (nicht dauerhaft)
	E	4870	Abschreibungen auf Finanzanlagen (dauerhaft)
	E	4871	Abschreibungen Finanzanlagen § 3 Nr. 40 EStG/ § 8b Abs. 3 KStG (inl. Kap.Ges., dauerhaft)
		4872	Abschr. Verlustanteil Mitunternehmerschaft § 8 GewStG
		4873	Abschreibung auf Finanzanlagen § 6b EStG-Rücklage § 3 Nr. 40 EStG/§ 8b Abs. 3 KStG
		4874	Abschreibung auf Finanzanlagen § 6b EStG-Rücklage
		4875	Abschreibungen Wertpapiere des UV
		4876	Abschreib. Wertpapiere UV, § 3 Nr. 40 EStG/ § 8b KStG
	E	4877	Abschreibungen Finanzanlagen, verb. UN
	E	4878	Abschreibungen auf WP des UV, verb. UN
	R	4879	Buchungssperre
	E	4880	Abschr. sonstige VG des UV, unüblich hoch

4 Betriebliche Aufwendungen

Funktionen		Konto	Beschriftung SKR03 2012
		4882	Abschreibungen auf UV, steuerrechtl. bedingt, unüblich hoch
	R	4885	Buchungssperre
		4886	Abschreibungen auf Umlaufvermögen
		4887	Abschreibungen auf UV, steuerrechtl. bedingt übliche Höhe
	R	4890	Buchungssperre
	E	4892	Abschreibungen RHB/Waren, unüblich hoch
	E	4893	Abschreibungen fertige, unfert. EZ, unüblich hoch
V		4900	Sonstige betriebliche Aufwendungen
V		4902	Interimskonto Vorsteuervergütung
V		4905	Sonstige betriebl. u. regelmäßige Aufwendungen
V		4909	Fremdleistungen und Fremdarbeiten
V		4910	Porto
V		4920	Telefon
V		4925	Telefax und Internetkosten
V		4930	Bürobedarf
V		4940	Zeitschriften, Bücher
V		4945	Fortbildungskosten
V		4946	Freiwillige Sozialleistungen
V		4948	Vergütungen an Mitunternehmer § 15 EStG
V		4949	Haftungsvergütung an Mitunternehmer § 15 EStG
V		4950	Rechts- und Beratungskosten
V		4955	Buchführungskosten
V		4957	Abschluss- und Prüfungskosten
V	E	4958	Vergütung Gesellschafter Miete/Pacht bewegl. WG
V	E	4959	Vergütung Mitunternehmer Miete/Pacht bew. WG
V		4960	Mieten für Einrichtungen bewegliche WG
V		4961	Pacht (bewegliche Wirtschaftsgüter)
V		4963	Aufwendungen für bewegliche WG, GewSt
V		4964	Aufwendungen für Lizenzen, Konzessionen
V		4965	Mietleasing bewegliche Wirtschaftsgüter
V		4969	Aufwand Abraum-/Abfallbeseitigung
V		4970	Nebenkosten des Geldverkehrs
V		4975	Aufwendungen, Anteile KapGes, §§ 3 Nr. 40, 3c EStG/§ 8b Abs. 1 KStG
V		4976	Veräußerungskosten Anteile KapGes, § 3 Nr. 40 EStG/§ 8b Abs. 2 KStG
V		4980	Betriebsbedarf
V		4985	Werkzeuge und Kleingeräte
			Kalkulatorische Kosten
		4990	Kalkulatorischer Unternehmerlohn
		4991	Kalkulatorische Miete und Pacht
		4992	Kalkulatorische Zinsen
		4993	Kalkulatorische Abschreibungen
		4994	Kalkulatorische Wagnisse
		4995	Kalkulatorischer Lohn, unentgeltl. AN
			Kosten bei Anwendung des Umsatzkostenverfahrens
		4996	Herstellungskosten
		4997	Verwaltungskosten
		4998	Vertriebskosten
		4999	Gegenkonto zu 4996 bis 4998

5 Sonstige betriebliche Aufwendungen

Funktionen		Konto	Beschriftung SKR03 2012
			Sonstige betriebliche Aufwendungen
		5000 –5999	

6 Sonstige betriebliche Aufwendungen

			Sonstige betriebliche Aufwendungen
		6000 –6999	

7 Bestände an Erzeugnissen

KU		7000	Unfertige Erzeugnisse und Leistungen
KU		7050	Unfertige Erzeugnisse
KU		7080	Unfertige Leistungen
KU		7090	In Ausführung befindl. Bauaufträge
KU		7095	In Arbeit befindliche Aufträge
KU		7100	Fertige Erzeugnisse und Waren
KU		7110	Fertige Erzeugnisse
KU		7140	Waren

8 Erlöskonten

			Umsatzerlöse
M		8000 –8099	(Zur freien Verfügung)
M	AM	8100	Steuerfreie Umsätze § 4 Nr. 8 ff UStG
M	AM	8105	Stfr. Umsätze aus V & V § 4 Nr. 12 UStG
M	AM	8110	Sonstige steuerfreie Umsätze Inland
M	AM	8120	Steuerfreie Umsätze § 4 Nr. 1a UStG
M	AM	8125	Steuerfreie EU-Lieferungen § 4 Nr. 1b UStG
M	R	8128	Buchungssperre
M	AM	8130	Lieferungen 1. Abnehmer innergemeinschaftliche Dreiecksgeschäft
M	AM	8135	Steuerfreie EU-Lief. v. Neufahrzg. ohne UStID
M	AM	8140	Steuerfreie Umsätze Offshore usw.
M	AM	8150	Steuerfreie Umsätze § 4 Nr. 2–7 UStG
M	AM	8160	Steuerfreie Umsätze ohne Vorsteuerabzug
M		8190	Erlöse gemäß § 24 UStG
	AM/E	8191	Umsatzerlöse §§ 25 und 25a UStG 19 % USt
KU	R	8192	Buchungssperre
KU	E	8193	Umsatzerlöse §§ 25 u. 25a UStG ohne USt
M	AM/E	8194	Umsatzerlöse Reiseleist. § 25 Abs. 2 UStG, stfrei.
M		8195	Erlöse Kleinunternehmer § 19 Abs. 1 UStG
M	AM	8196	Erlöse Geldspielautomaten 19 % USt
M	R	8197 –8198	Buchungssperre
M		8200	Erlöse
M	AM	8300 –8309	Erlöse 7 % USt
M	AM	8310 –8314	Erlöse EU-Lieferungen 7 % USt
M	AM	8315 –8319	Erlöse EU-Lieferungen 19 % USt

Funktionen		Konto	Beschriftung SKR03 2012
M		8320 –8329	Erlöse and. EU-Land steuerpflichtige Lieferungen
M	AM	8330	Erlöse and. EU-Land steuerpfl. Lief. 16 % USt
M	R	8331 –8334	Buchungssperre
M	AM	8335	Erlöse Lief. Mobilfunkgeräten/Schaltkreisen § 13b UStG, Leistungsempf. als USt-Schuldner
M	AM	8336	Erlöse and. EU-Land stpfl. sonstige Leistungen Leistungsempfänger als USt-Schuldner
M	AM	8337	Erlöse aus Leistungen nach § 13b UStG Leistungsempfänger als USt-Schuldner
M	AM	8338	Erlöse aus im Drittland steuerbaren Leistungen, im Inland nicht steuerbare Umsätze
M	AM	8339	Erlöse and. EU-Land stpfl. sonstige Leistungen, im Inland nicht steuerbare Umsätze
M	AM	8340 –8349	Erlöse 16 % USt
M	AM	8400 –8409	Erlöse 19 % USt
M	AM	8410	Erlöse 19 % USt
M	R	8411 –8449	Buchungssperre
M	R	8507	Buchungssperre
M	R	8509	Buchungssperre
M		8510	Provisionsumsätze
M	R	8511 –8513	Buchungssperre
M	AM	8514	Provisionsumsätze, steuerfrei § 4 Nr. 8 ff. UStG
M	AM	8515	Provisionsumsätze, steuerfrei § 4 Nr. 5 UStG
M	AM	8516	Provisionsumsätze 7 % USt
M	R	8517	Buchungssperre
M	R	–8518	
M	AM	8519	Provisionsumsätze 19 % USt
M		8520	Erlöse Abfallverwertung
M		8540	Erlöse Leergut
M	E	8570	Sonstige Erträge aus Provision/Lizenzen/Patenten
KU	R	8571 –8573	Buchungssperre
M	AM/E	8574	Sonstige Erträge aus Provision/Lizenzen/Patenten, steuerfrei, § 4 Nr. 8 ff. StG
M	AM/E	8575	Sonstige Erträge aus Provision/Lizenzen/Patenten, steuerfrei, § 4 Nr. 5 UStG
M	AM/E	8576	Sonstige Erträge a. Prov./Lizenz./Patent., 7 % USt
M	R	8577 –8578	Buchungssperre
M	AM/E	8579	Sonstige Erträge a. Prov./Lizenz./Patent., 19 % USt
			Statistische Konten EÜR
M		8580	Stat. Konto Erlöse allgemeiner USt-Satz
M		8581	Stat. Konto Erlöse ermäßigter USt-Satz
M		8582	Stat. Konto Erlöse steuerfrei/nicht steuerbar
M		8589	Gegenkto 8580–8582, Aufteil. Erlöse Steuersatz
M		8590	Verrechnete sonstige Sachbezüge (keine Waren)
M	AM	8591	Sachbezüge 7 % USt (Waren)
M	R	8594	Buchungssperre

Funktionen		Konto	Beschriftung SKR03 2012
M	AM	8595	Sachbezüge 19 % USt (Waren)
M	R	8596 –8597	Buchungssperre
M		8600	Sonst. Erlöse betrieblich u. regelmäßig
KU		8604	Erstattete Vorsteuer anderer Länder
M		8605	Sonstige Erträge betrieblich u. regelmäßig
M	E	8606	Sonstige betriebliche Erträge verbundene UN
M	E	8607	Andere Nebenerlöse
M	AM	8609	Sonst. Erlös, betr./regelm., stfr, § 4 Nr. 8 ff. UStG
M		8610	Verrechnete sonstige Sachbezüge
M	AM/E	8611	Verrechn sonstige Sachbezüge Kfz 19 % USt
M	R	8612	Buchungssperre
M	AM/E	8613	Verrechn. sonstige Sachbezüge 19 % USt
KU		8614	Verrechnete sonstige Sachbezüge ohne USt
M	AM	8625 –8629	Sonst. Erlös, betr. u. regelm., stfr, § 4 Nr. 2–7 USt
M	AM	8630 –8634	Sonstige Erlöse betrieblich u. regelmäßig 7 % USt
M	R	8635 –8639	Buchungssperre
M	AM	8640 –8644	Sonstige Erlöse betrieblich u. regelmäßig 19 % USt
M	R	8645 –8648	Buchungssperre
M	AM	8649	Sonstige Erlöse betrieblich u. regelmäßig 16 % USt
M		8650	Erlöse Zinsen und Diskontspesen
M		8660	Erlöse Zinsen u. Diskontspesen aus verbund. UN
M		8700	Erlösschmälerungen
M	AM	8705	Erlösschmälerungen steuerfrei § 4 Nr. 1a UstG
M	AM	8710 –8711	Erlösschmälerungen 7 % USt
M	R	8712 –8719	Buchungssperre
M	AM	8720 –8721	Erlösschmälerungen 19 % USt
M	R	8722	Buchungssperre
M	AM	8723	Erlösschmälerungen 16 % USt
M	AM	8724	Erlösschmälerung EU-Lieferung steuerfrei
M	AM	8725	Erlösschmälerung EU-Lieferung 7 % USt
M	AM	8726	Erlösschmälerung EU-Lieferung 19 % USt
M		8727	Erlösschmälerung i. and. EG-Länd. steuerpfl. Lief.
M	R	8728	Buchungssperre
M	AM/E	8729	Erlösschmälerung EU-Lieferung 16 % USt
M	S	8730	Gewährte Skonti
M	S/AM	8731	Gewährte Skonti 7 % USt
M	R	8732 –8735	Buchungssperre
M	S/AM	8736	Gewährte Skonti 19 % USt
M	R	8737	Buchungssperre
M	S/AM	8738	Gewährte Skonti a. Lieferung a.Mobilfunkgeräten/ Schaltkreisen, § 13b UStG, Leistungsempfänger als USt-Schuldner
M	S/AM	8741	Gewährte Skonti a. Leistungen, § 13b UStG, Leistungsempfänger als USt-Schuldner

Funktionen		Konto	Beschriftung SKR03 2012
M	S/AM	8742	Gew. Skonti a. Erlöse i. and. EU-Land steuerpfl. sonst. Leist., Leistungsempf. als USt-Schuldner
M	S/AM	8743	Gewährte Skonti a. steuerfreien Innergem. Lief. § 4 Nr. 1b UStG
M	R	8744	Buchungssperre
M	S/AM	8745	Gewährte Skonti steuerpfl. EU-Lieferung
M	S/AM	8746	Gewährte Skonti EU-Lieferung 7 % USt
M	R	8747	Buchungssperre
M	S/AM	8748	Gewährte Skonti EU-Lieferung 19 % USt
M	R	8749	Buchungssperre
M	AM	8750 –8751	Gewährte Boni 7 % USt
M	R	8752 –8759	Buchungssperre
M	AM	8760 –8761	Gewährte Boni 19 % USt
M	R	8762 –8768	Buchungssperre
M		8769	Gewährte Boni
M		8770	Gewährte Rabatte
M	AM	8780 –8781	Gewährte Rabatte 7 % USt
M	R	8782 –8789	Buchungssperre
M	AM	8790 –8791	Gewährte Rabatte 19 % USt
M	R	8792 –8799	Buchungssperre
M		8800	Erlöse Sachanlageverkäufe (bei Buchverlust)
M	AM	8801 –8806	Erlöse Sachanlageverkäufe 19 % USt (b. Buchverl.)
M	AM	8807	Erlöse Sachanlageverkäufe steuerfrei, § 4 Nr. 1a UStG (bei Buchverlust)
M	AM	8808	Erlöse Sachanlageverkäufe steuerfrei, § 4 Nr. 1b UStG (bei Buchverlust)
M	R	8809 –8816	Buchungssperre
M		8817	Erlöse Verkäufe immat. VermG (bei Buchverlust)
M		8818	Erlöse a. Verkäufen Finanzanlagen
		8819	Erlöse Verkauf Finanzanl., § 3 Nr. 40 EStG/ § 8b Abs. 3 KStG (inland. Kap.Ges., b. Buchverlust)
M	AM	8820 –8825	Erlöse Sachanlageverkäufe 19 % USt (bei Buchgewinn)
M	R	8826	Buchungssperre
M	AM	8827	Erlöse Sachanlageverkäufe steuerfrei § 4 Nr. 1a UStG (bei Buchgewinn)
M	AM	8828	Erlöse Sachanlageverkäufe steuerfrei § 4 Nr. 1b UStG (bei Buchgewinn)
M		8829	Erlöse Sachanlageverkäufe (bei Buchgewinn)
M	R	8830 –8836	Buchungssperre
M		8837	Erlöse Verkauf immat. VermG (bei Buchgewinn)
M		8838	Erlöse Verkauf Finanzanlagen (bei Buchgewinn)
		8839	Erlöse Verkauf Finanzanlagen, § 3 Nr. 40 EStG/ § 8b Abs. 2 KStG (inländ. Kap.Ges, b. Buchgewinn)

Funktionen		Konto	Beschriftung SKR03 2012
M	AM	8850	Erlöse Verkauf WG des UV, 19 % USt, § 4 Abs. 3 Satz 4 EStG
M	AM	8851	Erlöse Verkauf WG des UV, ustfrei, § 4 Nr. 8 ff. UStG i. V. m. § 4 Abs. 3 Satz 4 EStG
M	AM	8852	Erlöse Verkauf WG d. UV, ustfrei, § 4 Nr. 8 ff. UStG i. V. m. § 4 Abs. 3 Satz 4 EStG, § 3 Nr. 40 EStG/ § 8b Abs. 2 KStG (inländ. Kap.Ges.)
M		8853	Erlöse Verkauf WG des UV, § 4 Abs. 3 Satz 4 EStG
M		8900	Unentgeltliche Wertabgaben
KU		8905	Entnahme von Gegenständen ohne USt
KU		8906	Verwendung von Gegenständen ohne USt
M	R	8908 –8909	Buchungssperre
M	AM	8910 –8913	Entnahme Unternehmer (Waren) 19 % USt
M	R	8914	Buchungssperre
M	AM	8915 –8917	Entnahme Unternehmer (Waren) 7 % USt
KU		8918	Verwendung von Gegenst. (Tel) ohne USt
KU		8919	Entnahme Unternehmer (Waren) ohne USt
M	AM	8920	Verwendung von Gegenständen 19 % USt
M	AM	8921	Verwendung von Gegenst. (Kfz) 19 % USt
M	AM	8922	Verwendung von Gegenst. (Tel) 19 % USt
M	R	8923	Buchungssperre
KU		8924	Verwendung von Gegenst.(Kfz) ohne USt
M	AM	8925 –8927	Unentgeltl. Erbringung sonst. Leist. 19 % USt
M	R	8928	Buchungssperre
KU		8929	Unentgeltl. Erbringung sonst. Leist. ohne USt
M	AM	8930 –8931	Verwendung von Gegenständen 7 % USt
M	AM	8932 –8933	Unentgeltl. Erbringung sonst. Leist. 7 % USt
M	R	8934	Buchungssperre
M	AM	8935 –8937	Unentgeltl. Zuwend. Gegenstände 19 % USt
M	R	8938	Buchungssperre
KU		8939	Unentgeltl. Zuwend. Gegenstände ohne USt
M	AM	8940 –8943	Unentgeltl. Zuwend. von Waren 19 % USt
M	R	8944	Buchungssperre
M	AM	8945 –8947	Unentgeltl. Zuwend. von Waren 7 % USt
M	R	8948	Buchungssperre
KU		8949	Unentgeltl. Zuwend. von Waren ohne USt
KU		8950	Nicht steuerbare Umsätze (Innenumsätze)
KU		8955	Umsatzsteuer-Vergütungen, § 24 UStG
KU		8960	Bestandsveränderung unfertige Erzeugnisse
KU		8970	Bestandsveränderung unfertige Leistung
KU		8975	Bestandsveränderung Bauaufträge
KU		8977	Bestandsveränderung Aufträge in Arbeit
KU		8980	Bestandsveränderung fertige Erzeugnisse
KU		8990	Andere aktivierte Eigenleistungen
KU		8995	Aktivierte Eigenleistungen selbstgeschaff. immat. Vermögensgegenstände

Funktionen		Konto	Beschriftung SKR03 2012
			Vortragskonten
KU	S	9000	Saldenvorträge, Sachkonten
KU	F	9001 –9007	Saldenvorträge, Sachkonten
KU	S	9008	Saldenvorträge, Debitoren
KU	S	9009	Saldenvorträge, Kreditoren
KU	F	9060	Offene Posten 1990
KU	F	9069	Offene Posten 1999
KU	F	9070	Offene Posten 2000
KU	F	9071	Offene Posten 2001
KU	F	9072	Offene Posten 2002
KU	F	9073	Offene Posten 2003
KU	F	9074	Offene Posten 2004
KU	F	9075	Offene Posten 2005
KU	F	9076	Offene Posten 2006
KU	F	9077	Offene Posten 2007
KU	F	9078	Offene Posten 2008
KU	F	9079	Offene Posten 2009
KU	F	9080	Offene Posten 2010
KU	F	9081	Offene Posten 2011
KU	F	9082	Offene Posten 2012
KU	F	9090	Summenvortrag
KU	F	9091	Offene Posten 1991
KU	F	9092	Offene Posten 1992
KU	F	9093	Offene Posten 1993
KU	F	9094	Offene Posten 1994
KU	F	9095	Offene Posten 1995
KU	F	9096	Offene Posten 1996
KU	F	9097	Offene Posten 1997
KU	F	9098	Offene Posten 1998
			Statistische Konten für Betriebswirtschaftliche Auswertungen (BWA)
KU	F	9101	Verkaufstage
KU	F	9102	Anzahl der Barkunden
KU	F	9103	Beschäftigte Personen
KU	F	9104	Unbezahlte Personen
KU	F	9105	Verkaufskräfte
KU	F	9106	Geschäftsraum qm
KU	F	9107	Verkaufsraum qm
KU	F	9116	Anzahl Rechnungen
KU	F	9117	Anzahl Kreditkunden monatlich
KU	F	9118	Anzahl Kreditkunden aufgelaufen
KU		9120	Erweiterungsinvestitionen
KU	F	9130 –9131	BWA-Formen mit statistischen Mengeneinheiten; Umrechnungssperre, Funktion 18000
KU		9135	Auftragseingang im Geschäftsjahr
KU		9140	Auftragsbestand
KU	F	9190	Gegenkto. zu Konten 9101–9107, 9116–9118
KU		9199	Gegenkonto zu Konten 9120, 9135–9140

9 Vortrags-, Kapital- und statistische Konten

Funktionen		Konto	Beschriftung SKR03 2012
			Statistische Konten für den Kennzifferteil der Bilanz
KU	F	9200	Beschäftigte Personen
KU	F	9201 –9208	BWA-Formen mit statistischen Mengeneinheiten; Umrechnungssperre, Funktion 18000
KU	F	9209	Gegenkonto zu 9200
KU		9210	Produktive Löhne
KU		9219	Gegenkonto zu 9210
			Statistische Konten zur informativen Angabe des gezeichneten Kapitals in anderer Währung
KU	F	9220	Gez. Kapital in DM (Art. 42/3/1 EGHGB)
KU	F	9221	Gez. Kapital in Euro (Art. 42/3/2 EGHGB)
KU	F	9229	Gegenkonto zu Konten 9220–9221
			Passive Rechnungsabgrenzung
KU		9230	Passive RAP Baukostenzuschüsse
KU		9232	Passive RAP Investitionszulagen
KU		9234	Passive RAP Investitionszuschüsse
KU		9239	Gegenkonto zu Konten 9230–9238
KU		9240	Investitionsverbindlichk., Leistungsverbindlichk.
KU		9241	Investitionsverbindlichk. Sachanlagen
KU		9242	Investitionsverbindlichk. immat. VG
KU		9243	Investitionsverbindlichk. Finanzanlagen
KU		9244	Gegenkonto zu Konten 9240–43
KU		9245	Forderungen Sachanlagenverkäufe
KU		9246	Forderungen Verkäufe immat.Vermögensg.
KU		9247	Forderungen Verkäufe von Finanzanlagen
KU		9249	Gegenkonto zu Konten 9245–47
			Eigenkapitalersetzende Gesellschafterdarlehen
KU		9250	Eigenkapitalersetzung Gesellschafterdarlehen
KU		9255	Ungesicherte Gesellschafterdarl., Rlz. größer 5 J.
KU		9259	Gegenkonto zu 9250 und 9255
			Aufgliederung der Rückstellungen
KU		9260	Kurzfristige Rückstellungen
KU		9262	Mittelfristige Rückstellungen
KU		9264	Langfristige Rückstellung o. Pensionen
KU		9269	Gegenkonto zu Konten 9260–9268
			Statistische Konten für in der Bilanz auszuweisende Haftungsverhältnisse
KU		9270	Gegenkonto zu Konten 9271–9279 (Soll-Buchung)
KU		9271	Verbindl. Wechselbegebung/-übertragung
KU		9272	Verbindl. Wechselbegebung/-übertr. gg. verb. UN
KU		9273	Verbindl. Bürgsch.,Wechsel-/Scheckbürg.
KU		9274	Verbindl. Bürgsch.,Wechsel-/Scheckbürg verb. UN
KU		9275	Verbindl.a. Gewährleistungsverträgen
KU		9276	Verbindl. Gewährleist.-vertrag v. UN
KU		9277	Haftung fremde Verbindlichkeiten

Funktionen		Konto	Beschriftung SKR03 2012
KU		9278	Haftung fremde Verbindlichk. gg. verbund. UN
KU		9279	Verpflichtungen aus Treuhandvermögen
			Statistische Konten für die im Anhang anzugebenden sonstigen finanziellen Verpflichtungen
KU		9280	Gegenkonto zu Konten 9281–9286
KU		9281	Verpflichtungen Leasing u. Mietverträgen
KU		9282	Verpflichtung. Leasing- u. Mietverträgen verb. UN
KU		9283	Andere Verpflichtungen gem. § 285 Nr. 3 HGB
KU		9284	Andere Verpflichtungen § 285 Nr. 3 HGB verb. UN
KU		9285	(statistisches Konto für den oberen Grenzwert)
KU		9286	(statistisches Konto für den unteren Grenzwert)
			Statistische Konten für § 4 Abs. 3 EStG
KU		9287	Zinsen bei Debitoren Buchung § 4 Abs. 3 EStG
KU		9288	Mahngebühr bei Debitoren Buch. § 4 Abs. 3 EStG
KU		9289	Gegenkonto zu Konto 9287 und 9288
KU		9290	Statistisches Konto steuerfreie Auslagen
KU		9291	Gegenkonto zu 9290
KU		9292	Statistisches Konto Fremdgeld
KU		9293	Gegenkonto zu 9292
KU		9295	Einlagen stiller Gesellschafter
KU		9297	Steuerrechtlicher Ausgleichsposten
KU		9298 –9299	Frei
KU	F	9300 –9320	BWA-Formen mit statistischen Mengeneinheiten; Umrechnungssperre, Funktion 18000
KU	F	9326 –9343	BWA-Formen mit statistischen Mengeneinheiten; Umrechnungssperre, Funktion 18000
KU	F	9346 –9349	BWA-Formen mit statistischen Mengeneinheiten; Umrechnungssperre, Funktion 18000
KU	F	9357 –9364	BWA-Formen mit statistischen Mengeneinheiten; Umrechnungssperre, Funktion 18000
KU	F	9365 –9367	BWA-Formen mit statistischen Mengeneinheiten; Umrechnungssperre, Funktion 18000
KU	F	9371 –9372	BWA-Formen mit statistischen Mengeneinheiten; Umrechnungssperre, Funktion 18000
KU		9390 –9394	BWA-Formen der Branchenlösung
KU	F	9395 –9399	BWA-Formen mit statistischen Mengeneinheiten; Umrechnungssperre, Funktion 18000
			Privat Teilhafter (für Verrechnung Gesellschafterdarlehen mit Eigenkapitalcharakter – Konto 9840–9849)
KU		9400 –9409	Privatentnahmen allgemein
KU		9410 –9419	Privatsteuern
KU		9420 –9429	Sonderausgaben beschränkt abzugsfähig
KU		9430 –9439	Sonderausgaben unbeschränkt abzugsfähig
KU		9440 –9449	Zuwendungen, Spenden

9 Vortrags-, Kapital- und statistische Konten

Funktionen		Konto	Beschriftung SKR03 2012
KU		9450 –9459	Außergewöhnliche Belastungen
KU		9460 –9469	Grundstücksaufwand
KU		9470 –9479	Grundstücksertrag
KU		9480 –9489	Unentgeltliche Wertabgaben
KU		9490 –9499	Privateinlagen
			Statistische Konten für die Kapitalkontenentwicklung
KU		9500	Anteil für Konto 0900, Teilhafter
KU		9501	Anteil für Konto 0901, Teilhafter
KU		9502	Anteil für Konto 0902, Teilhafter
KU		9503	Anteil für Konto 0903, Teilhafter
KU		9504	Anteil für Konto 0904, Teilhafter
KU		9505	Anteil für Konto 0905, Teilhafter
KU		9506	Anteil für Konto 0906, Teilhafter
KU		9507	Anteil für Konto 0907, Teilhafter
KU		9508	Anteil für Konto 0908, Teilhafter
KU		9509	Anteil für Konto 0909, Teilhafter
KU		9510	Anteil für Konto 0910, Teilhafter
KU		9511	Anteil für Konto 0911, Teilhafter
KU		9512	Anteil für Konto 0912, Teilhafter
KU		9513	Anteil für Konto 0913, Teilhafter
KU		9514	Anteil für Konto 0914, Teilhafter
KU		9515	Anteil für Konto 0915, Teilhafter
KU		9516	Anteil für Konto 0916, Teilhafter
KU		9517	Anteil für Konto 0917, Teilhafter
KU		9518	Anteil für Konto 0918, Teilhafter
KU		9519	Anteil für Konto 0919, Teilhafter
KU		9520	Anteil für Konto 0920, Teilhafter
KU		9521	Anteil für Konto 0921, Teilhafter
KU		9522	Anteil für Konto 0922, Teilhafter
KU		9523	Anteil für Konto 0923, Teilhafter
KU		9524	Anteil für Konto 0924, Teilhafter
KU		9525	Anteil für Konto 0925, Teilhafter
KU		9526	Anteil für Konto 0926, Teilhafter
KU		9527	Anteil für Konto 0927, Teilhafter
KU		9528	Anteil für Konto 0928, Teilhafter
KU		9529	Anteil für Konto 0929, Teilhafter
KU		9530	Anteil für Konto 9950, Teilhafter
KU		9531	Anteil für Konto 9951, Teilhafter
KU		9532	Anteil für Konto 9952, Teilhafter
KU		9533	Anteil für Konto 9953, Teilhafter
KU		9534	Anteil für Konto 9954, Teilhafter
KU		9535	Anteil für Konto 9955, Teilhafter
KU		9536	Anteil für Konto 9956, Teilhafter
KU		9537	Anteil für Konto 9957, Teilhafter
KU		9538	Anteil für Konto 9958, Teilhafter
KU		9539	Anteil für Konto 9959, Teilhafter
KU		9540	Anteil für Konto 9930, Vollhafter
KU		9541	Anteil für Konto 9931, Vollhafter

Funktionen	Konto	Beschriftung SKR03 2012
KU	9542	Anteil für Konto 9932, Vollhafter
KU	9543	Anteil für Konto 9933, Vollhafter
KU	9544	Anteil für Konto 9934, Vollhafter
KU	9545	Anteil für Konto 9935, Vollhafter
KU	9546	Anteil für Konto 9936, Vollhafter
KU	9547	Anteil für Konto 9937, Vollhafter
KU	9548	Anteil für Konto 9938, Vollhafter
KU	9549	Anteil für Konto 9939, Vollhafter
KU	9550	Anteil für Konto 9810, Vollhafter
KU	9551	Anteil für Konto 9811, Vollhafter
KU	9552	Anteil für Konto 9812, Vollhafter
KU	9553	Anteil für Konto 9813, Vollhafter
KU	9554	Anteil für Konto 9814, Vollhafter
KU	9555	Anteil für Konto 9815, Vollhafter
KU	9556	Anteil für Konto 9816, Vollhafter
KU	9557	Anteil für Konto 9817, Vollhafter
KU	9558	Anteil für Konto 9818, Vollhafter
KU	9559	Anteil für Konto 9819, Vollhafter
KU	9560	Anteil für Konto 9820, Vollhafter
KU	9561	Anteil für Konto 9821, Vollhafter
KU	9562	Anteil für Konto 9822, Vollhafter
KU	9563	Anteil für Konto 9823, Vollhafter
KU	9564	Anteil für Konto 9824, Vollhafter
KU	9565	Anteil für Konto 9825, Vollhafter
KU	9566	Anteil für Konto 9826, Vollhafter
KU	9567	Anteil für Konto 9827, Vollhafter
KU	9568	Anteil für Konto 9828, Vollhafter
KU	9569	Anteil für Konto 9829, Vollhafter
KU	9570	Anteil für Konto 0870, Vollhafter
KU	9571	Anteil für Konto 0871, Vollhafter
KU	9572	Anteil für Konto 0872, Vollhafter
KU	9573	Anteil für Konto 0873, Vollhafter
KU	9574	Anteil für Konto 0874, Vollhafter
KU	9575	Anteil für Konto 0875, Vollhafter
KU	9576	Anteil für Konto 0876, Vollhafter
KU	9577	Anteil für Konto 0877, Vollhafter
KU	9578	Anteil für Konto 0878, Vollhafter
KU	9579	Anteil für Konto 0879, Vollhafter
KU	9580	Anteil für Konto 0880, Vollhafter
KU	9581	Anteil für Konto 0881, Vollhafter
KU	9582	Anteil für Konto 0882, Vollhafter
KU	9583	Anteil für Konto 0883, Vollhafter
KU	9584	Anteil für Konto 0884, Vollhafter
KU	9585	Anteil für Konto 0885, Vollhafter
KU	9586	Anteil für Konto 0886, Vollhafter
KU	9587	Anteil für Konto 0887, Vollhafter
KU	9588	Anteil für Konto 0888, Vollhafter
KU	9589	Anteil für Konto 0889, Vollhafter
KU	9590	Anteil für Konto 0890, Vollhafter
KU	9591	Anteil für Konto 0891, Vollhafter
KU	9592	Anteil für Konto 0892, Vollhafter
KU	9593	Anteil für Konto 0893, Vollhafter
KU	9594	Anteil für Konto 0894, Vollhafter
KU	9595	Anteil für Konto 0895, Vollhafter
KU	9596	Anteil für Konto 0896, Vollhafter

9 Vortrags-, Kapital- und statistische Konten

Funktionen	Konto	Beschriftung SKR03 2012
KU	9597	Anteil für Konto 0897, Vollhafter
KU	9598	Anteil für Konto 0898, Vollhafter
KU	9599	Anteil für Konto 0899, Vollhafter
KU	9600 –9609	Name des Gesellschafters, Vollhafter
KU	9610 –9619	Tätigkeitsvergütung, Vollhafter
KU	9620 –9629	Tantieme, Vollhafter
KU	9630 –9639	Darlehensverzinsung, Vollhafter
KU	9640 –9649	Gebrauchsüberlassung, Vollhafter
KU	9650 –9689	Sonstige Vergütungen, Vollhafter
KU	9690 –9699	Restanteil, Vollhafter
KU	9700 –9709	Name des Gesellschafters, Teilhafter
KU	9710 –9719	Tätigkeitsvergütung, Teilhafter
KU	9720 –9729	Tantieme, Teilhafter
KU	9730 –9739	Darlehensverzinsung, Teilhafter
KU	9740 –9749	Gebrauchsüberlassung, Teilhafter
KU	9750 –9779	Sonstige Vergütungen, Teilhafter
KU	9780	Anteil für Konto 9840, Teilhafter
KU	9781	Anteil für Konto 9841, Teilhafter
KU	9782	Anteil für Konto 9842, Teilhafter
KU	9783	Anteil für Konto 9843, Teilhafter
KU	9784	Anteil für Konto 9844, Teilhafter
KU	9785	Anteil für Konto 9845, Teilhafter
KU	9786	Anteil für Konto 9846, Teilhafter
KU	9787	Anteil für Konto 9847, Teilhafter
KU	9788	Anteil für Konto 9848, Teilhafter
KU	9789	Anteil für Konto 9849, Teilhafter
KU	9790 –9799	Restanteil, Teilhafter
	9800	Lösch- und Korrekturschlüssel
	9801	Lösch- und Korrekturschlüssel
		Kapital Personenhandelsgesellschaft Vollhafter
KU	9810 –9819	Kapitalkonto III
KU	9820 –9829	Verlust-/Vortragskonto
KU	9830 –9839	Verrechnungskonto für Einzahlungsverpflichtungen

Funktionen	Konto	Beschriftung SKR03 2012
		Kapital Personenhandelsgesellschaft Teilhafter
KU	9840 –9849	Kapitalkonto III
KU	9850 –9859	Verrechnungskonto für Einzahlungsverpflichtungen
		Einzahlungsverpflichtungen im Bereich der Forderungen
KU	9860 –9869	Einzahlungsverpfl. persönlich haft. Gesellschafter
KU	9870 –9879	Einzahlungsverpfl. Kommanditisten
		Ausgleichsposten für aktivierte eigene Anteile und Bilanzierungshilfen
KU	9880	Ausgleichsposten f. aktiv. eigene Anteile
KU	9882	Ausgleichsposten f. aktiv. Bilanzierungshilfen
		Nicht durch Vermögenseinlagen gedeckte Entnahmen
KU	9883	Ungedeckte Entnahme pers. haft. Gesellschafter
KU	9884	Ungedeckte Entnahme Kommanditisten
		Verrechnungskonto für nicht durch Vermögenseinlagen gedeckte Entnahmen
KU	9885	Verr.kto ungedeckte Entnahme pers. haft. Ges.
KU	9886	Verr.kto ungedeckte Entnahme Kommandit.
		Steueraufwand der Gesellschafter
KU	9887	Steueraufwand der Gesellschafter
KU	9889	Gegenkonto zu 9887
		Statistische Konten für Gewinnzuschlag
KU	9890	Gewinnzuschlag §§ 6b, 6c, 7g a. F. (H)
KU	9891	Gewinnzuschlag §§ 6b, 6c, 7g a. F. (S) – Gegenkonto zu 9890
		Vorsteuer-/Umsatzsteuerkonten zur Korrektur der Forderungen/ Verbindlichkeiten (EÜR)
KU	9893	Umsatzsteuer in Forderungen allg. Satz
KU	9894	Umsatzsteuer in Forderungen ermäß. Satz
KU	9895	Gegenkonto 9893–9894 Aufteilung Umsatzsteuer
KU	9896	Vorsteuer in Verbindl. allgem. Satz
KU	9897	Vorsteuer in Verbindl. ermäßig. Satz
KU	9899	Gegenkonto 9896–9897 Aufteilung Vorsteuer
		Statistische Konten zu § 4 (4a) EStG
KU	9910	Gegenkto. Minderung Entnahmen § 4, 4a EStG
KU	9911	Minderung der Entnahmen § 4, 4a EStG (Haben)
KU	9912	Erhöhung der Entnahmen § 4, 4a EStG
KU	9913	Gegenkto. Erhöhg. Entnahm. § 4, 4a EStG (Haben)
KU	9918	Auswertungen mit Vorjahresvergleich
KU	9919	Auswertungen mit Vorjahresvergleich
		Ausstehende Einlagen
KU	9920 –9929	Ausst. Einlage Komplementär, nicht eingefordert
KU	9930 –9939	Ausst. Einlage Komplementär, eingefordert
KU	9940 –9949	Ausst. Einlage Kommanditist, nicht eingefordert
KU	9950 –9959	Ausst. Einlage Kommanditist, eingefordert
		Konten zu Bewertungskorrekturen
	9960	Bewertungskorrektur zu Forderungen L+L
	9961	Bewertungskorrektur zu sonst. Verbindl.
	9962	Bewertungskorrektur Guthaben Kreditinstitut
	9963	Bewertungskorr. Verbindl. Kreditinstitut
	9964	Bewertungskorrektur zu Verbindlichk. L+L
	9965	Bewertungskorrektur zu sonstigen VermG
		Statistische Konten für den außerhalb der Bilanz zu berücksichtigenden Investitionsabzugsbetrag nach § 7g EStG
KU	9970	Investitionsabzugsbetrag § 7g Abs. 1 EStG (S)
KU	9971	Investitionsabzugsbetrag § 7g Abs. 1 EStG (H) – Gegenkonto zu 9970
KU	9972	Hinzurechnung IAB § 7g Abs. 2 EStG (H)
KU	9973	Hinzurechnung IAB § 7g Abs. 2 EStG (S) – Gegenkonto zu 9972
KU	9974	Rückgängigmachung IAB § 7g Abs. 3, 4 EStG. Erhöhung IAB im früheren Abzugsjahr (H)
KU	9975	Rückgängigmachung IAB § 7g Abs. 3, 4 EStG. Erhöhung IAB im früheren Abzugsjahr (H) – Gegenkonto zu 9974
		Statistische Konten für die Zinsschranke § 4h EStG/§ 8a KStG
KU	9976	Nicht abzugsfähige Zinsaufwand § 4h EStG, (H)
KU	9977	Nicht abzugsfähige Zinsaufwand § 4h EStG, (S) – Gegenkonto zu 9976
KU	9978	Abziehb. Zinsaufwand Vorjahre § 4h EStG, (S)
KU	9979	Abziehb. Zinsaufwand Vorjahre § 4h EStG, (H) – Gegenkonto zu 9978
		Statistische Konten für den GuV-Ausweis in „Gutschrift bzw. Belastung auf Verbindlichkeitskonten" bei den Zuordnungstabellen für PersHG nach KapCoRiLiG
KU	9980	Belastung auf Verbindlichkeitskonten
KU	9981	Verrechnungskonto Anteil Belastung Verb.konten
KU	9982	Anteil Gutschrift auf Verbindl.konten
KU	9983	Verrechnungskonto Anteil Gutschrift Verb.konten

Funktionen	Konto	Beschriftung SKR03 2012
		Statistische Konten für die Gewinnkorrektur nach § 60 Abs. 2 EStDV
KU	9984	Gewinnkorrektur § 60 Abs. 2 EStDV – Erhöhung handelsrechtl. Ergebnis (Haben) – Minderunghandelsrechtl. Ergebnis (Soll)
KU	9985	Gegenkonto zu 9984
		Statistische Konten für die Korrekturbuchungen in der Überleitungsrechnung
KU	9986	Ergebnisverteilung auf Fremdkapital
KU	9987	Bilanzberichtigung
KU	9989	Gegenkonto zu 9986-9988
		Personenkonten
KU	10000 –69999	Debitoren
KU	70000 –99999	Kreditoren

DATEV-Kontenrahmen nach dem Bilanzrichtlinien-Gesetz Standardkontenrahmen (SKR) 04 – (Abschlussgliederungsprinzip) mit Konten zur E-Bilanz Gültig ab 2012

Kontenfunktionen

Automatische Umsatzsteuerfunktionen
Vom DATEV-System sind bereits etliche Konten im SKR mit Automatikfunktionen zu Umsatzsteuerberechnungen ausgestattet. Wenn Sie den Kontenrahmen zur Hand nehmen, sehen Sie zu Beginn etlicher Kontenklassen eine Box mit Kontenbereichen, markiert durch KU, M oder V. Unmittelbar vor den einzelnen Kontennummern stehen die Buchstaben AM und AV.
Das Kürzel AV vor der Kontonummer bedeutet, dass die Vorsteuer aus dem auf diesem Konto gebuchten Bruttobetrag herausgerechnet und automatisch auf dem Vorsteuerkonto verbucht wird. Das Kürzel AM steht für die automatische Verbuchung der Mehrwertsteuer, wenn Sie die so gekennzeichneten Erlöskonten ansprechen.

Als weitere Kontenfunktionen, eingearbeitet in den DATEV-Kontenrahmen, sind hier zu erwähnen:
USt-Zusatzfunktionen:

KU = Keine Umsatzsteuer
V = Nur Vorsteuerabzug/Korrektur möglich
M = Nur Mehrwertsteuer/Korrektur möglich

Eine Sonderrolle bilden die mit S gekennzeichneten Konten Verbindlichkeiten bzw. Forderungen aus Lieferungen und Leistungen. Da auf diesen Konten automatisch die Salden der Personenkonten erscheinen, können sie als einzige Sammelkonten nicht direkt bebucht werden. Dieser Schutz verhindert eventuelle Differenzen zwischen dem Sachkonto und den entsprechenden Personenkonten.

Ebenfalls nicht bebucht werden können die mit R reservierten Konten. Hier behält sich die DATEV vor, zukünftig Konten mit neuen Merkmalen festzulegen. Beispielsweise wurden viele Konten mit 15 % und 16 % USt für die Umsatzsteuererhöhung in 2007 gesperrt und neu belegt.

Konten mit dem Kürzel F machen auf spezielle Funktionen, z. B. die Abfrage und das Einsteuern in die USt-Voranmeldung oder die Zusammenfassende Meldung aufmerksam.

Konten mit dem Kürzel E kennzeichnen die Konten der E-Bilanz/E-GuV.

Funktionen	Konto	Beschriftung SKR04 2012
		Ausstehende Einlagen auf das gezeichnete Kapital
R	0001	
R	0040	
	0050 –0059	Ausstehende Einlage, Komplementärkapital, nicht eingefordert
	0060 –0069	Ausstehende Einlage, Komplementärkapital, eingefordert
	0070 –0079	Ausstehende Einlage, Kommanditkapital, nicht eingefordert
	0080 –0089	Ausstehende Einlage, Kommanditkapital, eingefordert
		Aufwendungen für die Ingangsetzung und Erweiterung des Geschäftsbetriebs
	0095	Ingangsetzungs- und Erweiterungsaufwand
		Anlagevermögen Entgeltlich erworbene immaterielle Vermögensgegenstände
	0100	Entgeltlich erworbene Konzessionen und gewerbliche Schutzrechte
	0110	Konzessionen
	0120	Gewerbliche Schutzrechte
	0130	Ähnliche Rechte und Werte
	0135	EDV-Software
	0140	Lizenzen an gewerblichen Schutzrechten
	0143	Selbstgeschaffene immaterielle Wirtschaftsgüter
	0144	EDV Software
	0145	Lizenzen und Franchise
	0146	Konzessionen und gewerbl. Schutzrechte
	0147	Rezepte, Verfahren, Prototypen
	0148	Immaterielle VermG in Entwicklung
	0150	Geschäfts- oder Firmenwert
	0160	Verschmelzungsmehrwert
	0170	Anzahlungen immaterielle VermG
	0179	Anzahlungen auf Geschäfts- oder Firmenwert
		Sachanlagen
	0200	Grundstücke, grundstücksgl. Rechte und Bauten
E	0210	Grundstücke, grundstücksgl Rechte ohne Bauten
	0215	Unbebaute Grundstücke
	0220	Grundstücksgleiche Rechte
	0225	Grundstücke mit Substanzverzehr
	0229	Grundstücksanteil häusliches Arbeitszimmer
	0230	Bauten auf eigenen Grundstücken
	0235	Grundstückswert bebauter Grundstücke
	0240	Geschäftsbauten
	0250	Fabrikbauten
	0260	Andere Bauten
	0270	Garagen
	0280	Außenanlagen Fabrik u. Geschäftsbauten
	0285	Hof- und Wegebefestigungen
	0290	Einrichtung Fabrik- und andere Bauten
	0300	Wohnbauten
	0305	Garagen

0 Anlagevermögenskonten

Funktionen	Konto	Beschriftung SKR04 2012
	0310	Außenanlagen
	0315	Hof- und Wegebefestigungen
	0320	Einrichtungen für Wohnbauten
	0329	Gebäudeteil häusliches Arbeitszimmer
	0330	Bauten auf fremden Grundstücken
	0340	Geschäftsbauten
	0350	Fabrikbauten
	0360	Wohnbauten
	0370	Andere Bauten
	0380	Garagen
	0390	Außenanlagen
	0395	Hof- und Wegebefestigungen
	0398	Einrichtung Fabrik- und Geschäftsbauten
	0400	Technische Anlagen und Maschinen
	0420	Technische Anlagen
	0440	Maschinen
	0450	Transportanlagen und Ähnliches
	0460	Maschinengebundene Werkzeuge
	0470	Betriebsvorrichtungen
	0500	Andere Anl., Betriebs- und Geschäftsausstattung
	0510	Andere Anlagen
	0520	PKW
	0540	LKW
	0560	Sonstige Transportmittel
	0620	Werkzeuge
	0630	Betriebsausstattung
	0635	Geschäftsausstattung
	0640	Ladeneinrichtung
	0650	Büroeinrichtung
	0660	Gerüst- und Schalungsmaterial
	0670	Geringwertige Wirtschaftsgüter
	0675	Wirtschaftsgüter größer 150 bis 1000 Euro (Sammelposten)
	0680	Einbauten in fremde Grundstücke
	0690	Sonstige Betriebs- u. Geschäftsausstattung
	0700	Geleistete Anzahlungen u. Anlagen im Bau
	0705	Anzahlungen a. Grundstücke ohne Bauten
	0710	Geschäfts-, Fabrik- u. andere Bauten im Bau
	0720	Anzahlungen auf Bauten eigenen Grundstücken
	0725	Wohnbauten im Bau
	0735	Anzahlungen auf Wohnbauten auf eigenen Grundstücken
	0740	Geschäfts-, Fabrik- u. andere Bauten im Bau
	0750	Anzahlungen auf Bauten fremd. Grundstücken
	0755	Wohnbauten im Bau
	0765	Anzahlungen a. Wohnbauten a. fremd. Grundstück.
	0770	Technische Anlagen und Maschinen im Bau
	0780	Anzahlungen auf technische Anlagen
	0785	Betriebs- u. Geschäftsausstattung im Bau
	0795	Anzahlung Betriebs- u. Geschäftsausstattung
		Finanzanlagen
	0800	Anteile an verbundenen Unternehmen
E	0803	Anteile an verbundenen UN, PersG
E	0804	Anteile an verbundenen UN, KapG

0 Anlagevermögenskonten

Funktionen		Konto	Beschriftung SKR04 2012
	E	0805	Anteile an herrsch. Gesellschaft, PersG
	E	0808	Anteile an herrsch. Gesellschaft, KapG
		0809	Anteile an herrschender Gesellschaft
		0810	Ausleihungen an verbundene UN, PersG
	E	0813	Anzahlungen auf technische Anlagen
	E	0814	Ausleihungen an verbundene UN, KapG
	E	0815	Ausleihungen an verbundene UN, KapG
		0820	Beteiligungen
		0829	Beteiligung GmbH & Co. an Komplementär GmbH
		0830	Typisch stille Beteiligungen
		0840	Atypische stille Beteiligungen
	E	0850	Beteiligungen an Kapitalgesellschaften
		0860	Beteiligungen an Personengesellschaften
		0880	Ausleihungen an UN mit Beteiligungsverhältnis
	E	0883	Ausleihungen an UN mit Beteilig., PersG
	E	0885	Ausleihungen an UN mit Beteilig., KapG
		0900	Wertpapiere des Anlagevermögens
		0910	Wertpapiere mit Gewinnbeteiligungsansprüchen
		0920	Festverzinsliche Wertpapiere
		0930	Sonstige Ausleihungen
		0940	Darlehen
		0960	Ausleihungen an Gesellschafter
	E	0961	Ausleihungen an GmbH-Gesellschafter
	E	0962	Ausleihung. an persönlich haftende Gesellschafter
	E	0963	Ausleihungen an Kommanditisten
	E	0964	Ausleihungen an stille Gesellschafter
		0970	Ausleihungen an nahe stehende Personen
		0980	Genossenschaftsanteile z. langfristigen Verbleib
		0990	LV-Rückdeckungsansprüche z. langfrist. Verbleib

1 Umlaufvermögenskonten

Funktionen		Konto	Beschriftung SKR04 2012
			Vorräte
KU		1000 –1039	Roh-, Hilfs- und Betriebsstoffe (Bestand)
KU		1040 –1049	Unfertige Erzeugnisse und Leistungen (Bestand)
KU		1050 –1079	Unfertige Erzeugnisse
KU		1080 –1089	Unfertige Leistungen
KU		1090 –1094	In Ausführung befindliche Bauaufträge
KU		1095 –1099	In Arbeit befindliche Aufträge
KU		1100 –1109	Fertige Erzeugnisse und Waren (Bestand)
KU		1110 –1139	Fertige Erzeugnisse (Bestand)
KU		1140 –1179	Waren (Bestand)
V		1180	Geleistete Anzahlungen auf Vorräte
V	AV	1181	Geleistete Anzahlungen 7 % Vorsteuer
V	R	1182 –1183	Buchungssperre
V	AV	1184	Geleistete Anzahlungen 16 % Vorsteuer

1 Umlaufvermögenskonten

Funktionen		Konto	Beschriftung SKR04 2012
V	AV	1185	Geleistete Anzahlungen 15 % Vorsteuer
V	AV	1186	Geleistete Anzahlungen 19 % Vorsteuer
M		1190	Erhaltene Anzahlungen auf Bestellungen
			Forderungen und sonstige Vermögensgegenstände
KU	S	1200	Forderungen aus Lieferungen u. Leistungen
KU	R	1201 –1206	Forderungen aus Lieferungen u. Leistungen, nicht bebuchbar
KU	F	1210 –1214	Forderungen aus Lieferungen u. Leistung ohne Kontokorrent
KU	F	1215	Forderungen aus L. + L. allgem. Steuersatz
KU	F	1216	Forderungen aus L. + L. ermäßigt. Steuersatz
KU	F	1217	Forderg. aus steuerfreien, nicht steuerbaren L. + L.
KU	F	1218	Forderungen aus L. + L. gemäß § 24 UStG
KU	F	1219	Gegenkto Aufteilung der Forderungen L. + L.
KU	F	1220	Forderungen nach § 11 EStG für § 4/3
KU	F	1221	Forderg. aus L. + L. o. Ktokorrent, Restlaufz. b.1 J.
KU	F	1225	Forderg. aus L. + L. o. Ktokorrent, Restlaufz. g.1 J.
KU	F	1230	Wechsel aus Lieferung und Leistung
KU	F	1231	– Restlaufzeit bis 1 Jahr
KU	F	1232	– Restlaufzeit größer 1 Jahr
KU	F	1235	Wechsel a. L. + L., bundesbankfähig
KU	F	1240	Zweifelhafte Forderungen
KU	F	1241	– Restlaufzeit bis 1 Jahr
KU	F	1245	– Restlaufzeit größer 1 Jahr
KU		1246	Einzelwertberichtigung Forderung., Restlz. b. 1 J.
KU		1247	Einzelwertberichtigung Forderung., Restlz. g. 1 J.
KU		1248	Pauschalwertberichtigung Forderg., Restlz. b. 1 J.
KU		1249	Pauschalwertberichtigung Forderg., Restlz. g. 1 J.
KU	F	1250	Forderungen aus L. + L. gg. Gesellschafter
KU	F	1251	– Restlaufzeit bis 1 Jahr
KU	F	1255	– Restlaufzeit größer 1 Jahr
KU		1258	Gegenkonto sonst. VG bei Buchung Debitor
KU		1259	Gegenkonto 1221–1229, 1240–1245,1250–1257, 1270–1279, 1290–1297 bei Aufteilung Debitoren
KU		1260	Forderungen gegen verbundene Unternehmen
KU		1261	– Restlaufzeit bis 1 Jahr
KU		1265	– Restlaufzeit größer 1 Jahr
KU		1266	Besitzwechsel gegen verbundene Unternehmen
KU		1267	– Restlaufzeit bis 1 Jahr
KU		1268	– Restlaufzeit größer 1 Jahr
KU		1269	Besitzwechsel gg. verb. UN, bundesbankfähig
KU	F	1270	Forderungen aus L. + L. gg. verbundene UN
KU	F	1271	– Restlaufzeit bis 1 Jahr
KU	F	1275	– Restlaufzeit größer 1 Jahr
KU		1276	WB Forderungen gg. verbund. UN, Restlz. g. 1 J.
KU		1277	WB Forderungen gg. verbund. UN, Restlz. g. 1 J.
KU		1280	Forderungen gegen. UN m. Beteiligungsverhältnis
KU		1281	– Restlaufzeit bis 1 Jahr
KU		1285	– Restlaufzeit größer 1 Jahr
KU		1286	Besitzwechsel gg. UN m. Beteiligungsverhältnis
KU		1287	– Restlaufzeit bis 1 Jahr
KU		1288	– Restlaufzeit größer 1 Jahr
KU		1289	– bundesbankfähig

Funktionen		Konto	Beschriftung SKR04 2012
KU	F	1290	Forderg. L. + L. gg. UN m. Beteiligungsverhältnis
KU	F	1291	– Restlaufzeit bis 1 Jahr
KU	F	1295	– Restlaufzeit größer 1 Jahr
KU		1296	WB Forderg. gg. UN m. Beteiligg.verh., Rlz. b. 1 J.
KU		1297	WB Forderg. gg. UN m. Beteiligg.verh., Rlz. g. 1 J.
KU		1298	Ausstehende Einlage eingefordert
KU		1299	Eingeforderte Nachschüsse
KU		1300	Sonstige Vermögensgegenstände
KU		1301	– Restlaufzeit bis 1 Jahr
KU		1305	– Restlaufzeit größer 1 Jahr
Ku	E	1307	Forderungen gegen GmbH-Gesellschafter
KU	E	1308	– Restlaufzeit bis 1 Jahr
Ku	E	1309	– Restlaufzeit größer 1 Jahr
KU		1310	Forderungen gegen Vorstandsmitglieder und Geschäftsführer
KU		1311	– Restlaufzeit bis 1 Jahr
KU		1315	– Restlaufzeit größer 1 Jahr
KU	E	1317	Forderungen gg. persönl. haftende Gesellschafter
KU	E	1318	– Restlaufzeit bis 1 Jahr
KU	E	1319	– Restlaufzeit größer 1 Jahr
KU		1320	Forderg. gg. Aufsichtsrats- u. Beirats-Mitglieder
KU		1321	– Restlaufzeit bis 1 Jahr
KU		1325	– Restlaufzeit größer 1 Jahr
KU	E	1327	Forderg. gg. Kommanditist, atyp.still. Gesellschaft.
KU	E	1328	– Restlaufzeit bis 1 Jahr
KU	E	1329	– Restlaufzeit größer 1 Jahr
KU	E	1330	Forderungen gegen sonstige Gesellschafter
KU		1331	– Restlaufzeit bis 1 Jahr
KU		1335	– Restlaufzeit größer 1 Jahr
KU	E	1337	Forderungen gg. typisch stille Gesellschafter
KU	E	1338	– Restlaufzeit bis 1 Jahr
KU	E	1339	– Restlaufzeit größer 1 Jahr
KU		1340	Forderg. gg. Personal Lohn- und Gehaltsabrechn.
KU		1341	– Restlaufzeit bis 1 Jahr
KU		1345	– Restlaufzeit größer 1 Jahr
KU		1350	Kautionen
KU		1351	– Restlaufzeit bis 1 Jahr
KU		1355	– Restlaufzeit größer 1 Jahr
KU		1360	Darlehen
KU		1361	– Restlaufzeit bis 1 Jahr
KU		1365	– Restlaufzeit größer 1 Jahr
KU		1369	Forderungen ggü. Krankenkassen aus AAG
KU		1370	Durchlaufende Posten
KU		1374	Fremdgeld
KU		1375	Agenturwarenabrechnung
KU	F	1376	Nachträgl. abziehbar. Vorsteuer, § 15a Abs. 2 UStG
KU	F	1377	Zurückzuzahlende Vorsteuer, § 15a Abs. 2 UStG
KU		1378	Ansprüche a. Rückdeckungsversicherung
KU		1380	VermG zur Erfüllung von Pensionsrückstellungen
KU		1381	VermG zur Saldierung von Pensionsrückstellungen
KU		1382	VermG z. Erfüllung langfristiger Verpflichtungen
KU		1383	VermG z. Saldierung langfristiger Verpflichtungen
KU		1390	GmbH-Anteile z. kurzfristigen Verbleib
KU	E	1391	Forderungen gg. Arbeitsgemeinschaften
KU	E	1393	Genussrechte

1 Umlaufvermögenskonten

Funktionen		Konto	Beschriftung SKR04 2012
KU	E	1394	Einzahlungsanspruch Nebenleist/Zuzahlung
KU		1395	Genossenschaftsanteile z. kurzfristigen Verbleib
KU	F	1396	Nachträglich abziehbare Vorsteuer, bewegl. WG, § 15a Abs. 1 UStG
KU	F	1397	Zurückzuzahlende Vorsteuer, bewegl. WG, § 15a Abs. 1 UStG
KU	F	1398	Nachträglich abziehbare Vorsteuer, unbewegl. WG, § 15a Abs. 1 UStG
KU	F	1399	Zurückzuzahlende Vorsteuer, unbewegl. WG, § 15a Abs. 1 UStG
KU	S	1400	Abziehbare Vorsteuer
KU	S	1401	Abziehbare Vorsteuer 7 %
KU	S	1402	Abziehbare Vorsteuer aus EU-Erwerb
KU	R	1403	Buchungssperre
KU	S	1404	Abziehbare Vorsteuer aus EG-Erwerb 19 %
KU	R	1405	Buchungssperre
KU	S	1406	Abziehbare Vorsteuer 19 %
KU	S	1407	Abziehbare Vorsteuer § 13b UStG 19 %
KU	S	1408	Abziehbare Vorsteuer § 13b UStG
KU	R	1409	Buchungssperre
KU	S	1410	Aufzuteilende Vorsteuer
KU	S	1411	Aufzuteilende Vorsteuer 7 %
KU	S	1412	Aufzuteilende Vorsteuer aus EU-Erwerb
KU	S	1413	Aufzuteilende Vorsteuer aus EU-Erwerb 19 %
KU	R	1414 –1415	Buchungssperre
KU	S	1416	Aufzuteilende Vorsteuer 19 %
KU	S	1417	Aufzuteilende Vorsteuer §§ 13a/13b UStG
KU	R	1418	Buchungssperre
KU	S	1419	Aufzuteilende Vorsteuer §§ 13a/13b UStG 19 %
KU		1420	USt-Forderungen
KU		1421	USt-Forderungen laufendes Jahr
KU		1422	USt-Forderungen Vorjahr
KU		1425	USt-Forderungen frühere Jahre
KU		1427	Forderungen aus entrichteten Verbrauchsteuern
KU	S	1431	Abziehbare Vorsteuer, Auslag. Gegenst, USt-Lager
KU	S	1432	Vorsteuer EG-Erwerb neue Kfz ohne UStID
KU	F	1433	Bezahlte Einfuhr-Umsatzsteuer
KU		1434	Vorsteuer im Folgejahr abziehbar
KU	E	1435	Forderung aus Gewerbesteuerüberzahlung
KU	S	1436	Vorsteuer letzter Abnehmer Dreiecksgeschäft
KU		1440	Steuererst.anspruch gegen andere Länder
KU		1450	Körperschaftsteuerrückforderung
KU		1452	KSt-Guthaben § 37 KStG, Restlaufzeit bis 1 J.
KU		1453	KSt-Guthaben § 37 KStG, Restlaufzeit größer 1 J.
KU	F	1456	Forderungen an FA aus abgeführtem Bauabzug
KU		1457	Forderg. gegen Bundesagentur für Arbeit
KU	F	1460	Geldtransit
KU		1480	Gegenkonto Vorsteuer § 4 Abs. 3 EStG
KU		1481	Auflösung Vorsteuer Vorjahr § 4 Abs. 3 EStG
KU		1482	Vorsteuer aus Investitionen § 4 Abs. 3 EStG
KU		1483	Gegenkto. Vorsteuer Durchschnittssätze, § 4 Abs. 3 EStG
KU	F	1484	Vorsteuer allgem. Durchschnittssätz., UStVA Kz. 63
KU	F	1485	Gewinnermittl., § 4 Abs. 3 EStG, ergebniswirksam

1 Umlaufvermögenskonten

Funktionen		Konto	Beschriftung SKR04 2012
KU	F	1486	Gewinnerm., § 4 Abs. 3 EStG, nicht ergebniswirk.
V		1487	Wirtschaftsgüter Umlaufvermögen § 4 Abs. 3 EStG
KU	F	1490	Verrechnung Ist-Versteuerung
KU	F	1495	Verrechnung erhaltene Anzahlungen
KU	F	1498	Überleitung Kostenstellen
			Wertpapiere
KU		1500	Anteile an verbundenen Unternehmen
KU		1504	Anteile an herrschender Gesellschaft
KU	R	1505	Buchungssperre
KU		1510	Sonstige Wertpapiere
KU		1520	Finanzwechsel
KU		1525	Wertpapiere mit geringen Wertschwankungen
KU		1530	Wertpapieranlagen kurzfristige Disposition
			Kassenbestand, Bundesbankguthaben, Guthaben bei Kreditinstituten und Schecks
KU	F	1550	Schecks
KU	F	1600	Kasse
KU	F	1610	Nebenkasse 1
KU	F	1620	Nebenkasse 2
KU	F	1700	Postbank
KU	F	1710	Postbank 1
KU	F	1720	Postbank 2
KU	F	1730	Postbank 3
KU	F	1780	LZB-Guthaben
KU	F	1790	Bundesbankguthaben
KU	F	1800	Bank
KU	F	1810	Bank 1
KU	F	1820	Bank 2
KU	F	1830	Bank 3
KU	F	1840	Bank 4
KU	F	1850	Bank 5
KU		1890	Finanzmittelanlagen kurzfristige Disposition
KU		1895	Verbindl. gg. Kreditinst. (nicht i. Finanzmittelfonds)
			Abgrenzungsposten
		1900	Aktive Rechnungsabgrenzung
		1920	Aufwand Zölle und Verbrauchsteuern
		1930	Aufwand Umsatzsteuer auf Anzahlungen
		1940	Damnum/Disagio
		1950	Aktive latente Steuern

2 Eigenkapitalkonten/Fremdkapitalkonten

Funktionen		Konto	Beschriftung SKR04 2012
			Kapital Eigenkapital Vollhafter/Einzelunternehmer
KU		2000 –2009	Festkapital
KU		2010 –2019	Variables Kapital
			Fremdkapital Vollhafter
KU		2020 –2029	Gesellschafter-Darlehen
			Eigenkapital Einzelunternehmer
KU		2030 –2049	(zur freien Verfügung)
			Eigenkapital Teilhafter
KU		2050 –2059	Kommandit-Kapital
KU		2060 –2069	Verlustausgleich
			Fremdkapital Teilhafter
KU		2070 –2079	Gesellschafter-Darlehen
			Eigenkapital Teilhafter (keine Abfrage)
KU		2080 –2099	zur freien Verfügung (EK), Teilhafter
			Privat (Eigenkapital) Vollhafter/Einzelunternehmer
KU		2100 –2129	Privatentnahmen allgemein
KU		2130 –2149	Unentgeltliche Wertabgaben
KU		2150 –2179	Privatsteuern
KU		2180 –2199	Privateinlagen
KU		2200 –2229	Sonderausgaben beschränkt abzugsfähig
KU		2230 –2249	Sonderausgaben unbeschränkt abzugsfähig
KU		2250 –2279	Zuwendungen, Spenden
KU		2280 –2299	Außergewöhnliche Belastungen
KU		2300 –2348	Grundstücksaufwand
V		2349	Grundstücksaufwand (Ust.-Schlüssel möglich)
KU		2350 –2398	Grundstücksertrag
M		2399	Grundstücksertrag (Ust.-Schlüssel möglich)

Funktionen		Konto	Beschriftung SKR04 2012
			Privat (Fremdkapital)
			Teilhafter
KU		2500 –2529	Privatentnahmen allgemein
KU		2530 –2549	Unentgeltliche Wertabgaben
KU		2550 –2579	Privatsteuern
KU		2580 –2599	Privateinlagen
KU		2600 –2629	Sonderausgaben, beschränkt abzugsfähig
KU		2630 –2649	Sonderausgaben, unbeschränkt abzugsfähig
KU		2650 –2679	Zuwendungen, Spenden
KU		2680 –2699	Außergewöhnliche Belastungen
KU		2700 –2749	Grundstücksaufwand
KU		2750 –2799	Grundstücksertrag
			Gezeichnetes Kapital
KU		2900	Gezeichnetes Kapital
KU		2908	Kapitalerhöhung aus Gesellschaftsmittel
KU		2909	Erworbene eigene Anteile
KU		2910	Ausstehende Einlage nicht eingefordert
			Kapitalrücklage
KU		2920	Kapitalrücklage
KU		2925	Kapitalrücklage, Ausgabe Anteile über Nennbetrag
KU		2926	Kapitalrücklage, Ausgabe Schuldverschreibungen
KU		2927	Kapitalrücklage gg. Vorzugsgewährung
KU		2928	Andere Zuzahlungen in das Eigenkapital
KU		2929	Eingeford. Nachschusskapital, Gegenkonto 1299
			Gewinnrücklagen
KU		2930	Gesetzliche Rücklage
KU		2935	Rücklage für Anteile an herrschenden/mehrheitlich beteiligten Unternehmen
KU	R	2940	Buchungssperre
KU		2950	Satzungsmäßige Rücklagen
KU		2960	Andere Gewinnrücklagen
		2961	Andere Gewinnrücklagen zur Erwerb eigener Anteile
KU		2962	Eigenkapitalanteil von Wertaufholungen
KU		2963	Gewinnrücklagen aus Übergangsvor. BilMoG
KU		2964	Gewinnrücklagen Zuschreibungen Sachanlagen
KU		2965	Gewinnrücklagen Zuschreibungen Finanzanlagen
KU		2966	Gewinnrücklagen Auflösung SoPo, Rücklagenanteil
KU		2967	Latente Steuern (H) neutrale Verrechnung
KU		2968	Latente Steuern (S) neutrale Verrechnung
KU		2969	Rechnungsabgrenzungen (S), neutrale Verrechnung

2 Eigenkapitalkonten/Fremdkapitalkonten

Funktionen		Konto	Beschriftung SKR04 2012
			Gewinnvortrag/Verlustvortrag vor Verwendung
KU		2970	Gewinnvortrag vor Verwendung
KU		2978	Verlustvortrag vor Verwendung
KU		2979	Vortrag auf neue Rechnung (Bilanz)
			Sonderposten mit Rücklageanteil
KU		2980	SoPo mit Rücklageanteil, steuerfreie Rücklage
KU		2981	SoPo mit Rücklageanteil § 6b EStG
KU		2982	SoPo mit Rücklageanteil EStR R 6.6
KU	E	2988	Rücklage für Zuschüsse
KU		2989	SoPo mit Rücklageanteil § 52 Abs.16 EStG
KU		2990	SoPo mit Rücklageanteil, Sonder-AfA
KU		2993	SoPo mit Rücklageanteil § 7g Abs. 2 EStG n. F.
Ku	E	2995	Ausgleichsposten bei Entnahmen § 4g EStG
KU		2997	SoPo mit Rücklageanteil Sonder-AfA § 7g Abs. 1 EStG a. F./§ 7g Abs. 5 EStG n. F.
KU	E	2998	SoPo mit Rücklageanteil § 7g Abs. 3 u. 7 EStG a. F.
KU		2999	SoPo für Zuschüsse u. Zulagen

3 Fremdkapitalkonten

Funktionen		Konto	Beschriftung SKR04 2012
			Rückstellungen
KU		3000	Pensions- und ähnliche Rückstellungen
KU	E	3005	Pensionsrückstellungen gg. Gesellschaftern
KU		3009	Pensionsrückstellungen § 246 Abs. 2 HGB
KU	E	3010	Rückstellungen für Direktzusagen
KU	E	3011	Rückst. Zuschussverpfl. Pens.kasse, LV
KU		3015	Pensionsähnliche Rückstellungen
KU		3020	Steuerrückstellungen
KU		3030	Gewerbesteuerrückstellung
KU		3035	Gewerbesteuerrückstellung § 4 Abs. 5b EStG
KU		3040	Körperschaftsteuerrückstellung
KU		3060	Rückstellungen für latente Steuern
KU		3065	Passive latente Steuern
		3070	Sonstige Rückstellungen
		3074	Rückstellungen für Personalkosten
		3075	Rückstellungen Instandhaltung bis 3 Monate
		3076	Rückstell. langfristige Verpflichtung
		3077	Rückst. langfr. Verpflicht., Saldierung, § 246 Abs. 2 HGB
	R	3080	Buchungssperre
		3085	Rückstellungen Abraum-/Abfallbeseitigung
		3090	Rückstellungen für Gewährleistungen, Gegenkonto 6790
		3092	Rückstellungen für drohende Verluste
		3095	Rückstellungen für Abschluss- u. Prüfungskosten
		3096	Rückstellungen für Aufbewahrungspflicht
		3098	Aufwandsrückstellungen, § 249 Abs. 2 HGB a. F.
		3099	Rückstellungen für Umweltschutz

Funktionen		Konto	Beschriftung SKR04 2012
			Verbindlichkeiten
KU		3100	Anleihen, nicht konvertibel
KU		3101	– Restlaufzeit bis 1 Jahr
KU		3105	– Restlaufzeit 1–5 Jahre
KU		3110	– Restlaufzeit größer 5 Jahre
KU		3120	Anleihen konvertibel
KU		3121	– Restlaufzeit bis 1 Jahr
KU		3125	– Restlaufzeit 1–5 Jahre
KU		3130	– Restlaufzeit größer 5 Jahre
KU		3150	Verbindlichkeiten gg. Kreditinstituten
KU		3151	– Restlaufzeit bis 1 Jahr
KU		3160	– Restlaufzeit 1–5 Jahre
KU		3170	– Restlaufzeit größer 5 Jahre
KU		3180	TZ-Verbindlichkeiten gg. Kreditinstituten
KU		3181	– Restlaufzeit bis 1 Jahr
KU		3190	– Restlaufzeit 1–5 Jahre
KU		3200	– Restlaufzeit größer 5 Jahre
KU		3210 –3248	(frei, in Bilanz kein Restlaufzeitvermerk)
KU		3249	Gegenkonto 3150–3209 bei Aufteil. Kto 3210–3248
M		3250	Erhaltene Anzahlungen auf Bestellungen
M	AM	3260	Erhaltene Anzahlungen 7 % USt
M	R	3261 –3264	Buchungssperre
M	AM	3270	Erhaltene Anzahlungen 16 % USt
M	AM	3271	Erhaltene Anzahlungen 15 % USt
M	AM	3272	Erhaltene, versteuerte Anzahlungen 19 % USt (Verbindlichkeiten)
M	R	3273 –3274	Buchungssperre
M		3280	Erhaltene Anzahlungen, Restlaufzeit bis 1 J.
M		3284	Erhaltene Anzahlungen, Restlaufzeit 1–5 J.
M		3285	Erhaltene Anzahlungen, Restlaufzeit größer 5 J.
KU	S	3300	Verbindlichkeiten aus Lieferungen u. Leistungen
KU	F	3301 –3303	Verbindlichkeiten aus Lieferungen u. Leistungen,
KU	F	3305	Verbindl. aus L. + L., allgem. Steuersatz
KU	F	3306	Verbindl. aus L. + L., ermäßigt. Steuersatz
KU	F	3307	Verbindl. aus L. + L., ohne Vorsteuerabzug
KU	F	3309	Gegenkto 3305–3307, Aufteilung Verbindl. L. + L.
KU	F	3310 –3333	Verbindlichkeiten aus Lieferungen u. Leistungen ohne Kontokorrent
KU	F	3334	Verbindl. aus L. + L., Investitionen § 4/3 EStG
KU	F	3335	Verbindl. aus L. + L., ohne Kontokorrent – Restlaufzeit bis 1 Jahr
KU	F	3337	– Restlaufzeit 1–5 Jahre
KU	F	3338	– Restlaufzeit größer 5 Jahre
KU	F	3340	Verbindl. aus L. + L. gg. Gesellschaftern
KU	F	3341	– Restlaufzeit bis 1 Jahr
KU	F	3345	– Restlaufzeit 1–5 Jahre
KU	F	3348	– Restlaufzeit größer 5 Jahre
KU		3349	Gegenkonto 3335–3348, 3420–3449, 3470–3499 bei Aufteilung Kreditoren

Funktionen		Konto	Beschriftung SKR04 2012
KU	F	3350	Wechselverbindlichkeiten, Ausstell. eigen. Wechsel
KU	F	3351	– Restlaufzeit bis 1 Jahr
KU	F	3380	– Restlaufzeit 1–5 Jahre
KU	F	3390	– Restlaufzeit größer 5 Jahre
KU	F	3400	Verbindlichkeiten gegenüber verbundenen UN
KU		3401	– Restlaufzeit bis 1 Jahr
KU		3405	– Restlaufzeit 1–5 Jahre
KU		3410	– Restlaufzeit größer 5 Jahre
KU	F	3420	Verbindlichkeiten aus L. + L. gg. verbundenen UN
KU	F	3421	– Restlaufzeit bis 1 Jahr
KU	F	3425	– Restlaufzeit 1–5 Jahre
KU	F	3430	– Restlaufzeit größer 5 Jahre
KU		3450	Verbindl. gg. UN mit Beteiligungsverhältnis
KU		3451	– Restlaufzeit bis 1 Jahr
KU		3455	– Restlaufzeit 1–5 Jahre
KU		3460	– Restlaufzeit größer 5 Jahre
KU	F	3470	Verbindl. a. L. + L. gg. UN m. Beteiligungsverhält.
KU	F	3471	– Restlaufzeit bis 1 Jahr
KU	F	3475	– Restlaufzeit 1–5 Jahre
KU	F	3480	– Restlaufzeit größer 5 Jahre
KU		3500	Sonstige Verbindlichkeiten
KU		3501	– Restlaufzeit bis 1 Jahr
KU		3504	– Restlaufzeit 1–5 Jahre
KU		3507	– Restlaufzeit größer 5 Jahre
KU		3509	Sonstige Verbindlichkeiten z. B. nach § 11 Abs. 2 Satz 2 EStG für § 4/3 EStG
KU		3510	Verbindlichkeiten gg. Gesellschaftern
KU		3511	– Restlaufzeit bis 1 Jahr
KU		3514	– Restlaufzeit 1–5 Jahre
KU		3517	– Restlaufzeit größer 5 Jahre
KU		3519	Verbindl. gg. Gesellschaftern, offene Ausschüttung
KU		3520	Darlehen typisch stiller Gesellschafter
KU		3521	– Restlaufzeit bis 1 Jahr
KU		3524	– Restlaufzeit 1–5 Jahre
KU		3527	– Restlaufzeit größer 5 Jahre
KU		3530	Darlehen atypisch stiller Gesellschafter
KU		3531	– Restlaufzeit bis 1 Jahr
KU		3534	– Restlaufzeit 1–5 Jahre
KU		3537	– Restlaufzeit größer 5 Jahre
KU		3540	Partiarische Darlehen
KU		3541	– Restlaufzeit bis 1 Jahr
KU		3544	– Restlaufzeit 1–5 Jahre
KU		3547	– Restlaufzeit größer 5 Jahre
KU		3550	Erhaltene Kautionen
KU		3551	– Restlaufzeit bis 1 Jahr
KU		3554	– Restlaufzeit 1–5 Jahre
KU		3557	– Restlaufzeit größer 5 Jahre
KU		3560	Darlehen
KU		3561	– Restlaufzeit bis 1 Jahr
KU		3564	– Restlaufzeit 1–5 Jahre
KU		3567	– Restlaufzeit größer 5 Jahre
KU		3570 –3598	Frei, in Bilanz kein Restlaufzeitvermerk
KU	E	3599	Gegenkto. 3500–3569, Aufteil. Konten 3570–3598
KU		3600	Agenturwarenabrechnung

Funktionen		Konto	Beschriftung SKR04 2012
KU		3610	Kreditkartenabrechnung
KU		3611	Verbindlichkeiten gg. Arbeitsgemeinschaften
KU		3620	Gewinnverfügung stille Gesellschafter
KU		3630	Sonstige Verrechnung (Interimskonto)
KU	E	3640	Verbindlichk. ggb. GmbH-Gesellschaftern
KU	E	3641	– Restlaufzeit bis 1 Jahr
KU	E	3642	– Restlaufzeit 1–5 Jahre
KU	E	3643	– Restlaufzeit größer 5 Jahre
KU	E	3645	Verbindlichk. gg. persönl. haftenden Gesellschaft.
KU	E	3646	– Restlaufzeit bis 1 Jahr
KU	E	3647	– Restlaufzeit 1–5 Jahre
KU	E	3648	– Restlaufzeit größer 5 Jahre
KU	E	3650	Verbindlichkeiten gg. Kommanditisten
KU	E	3651	– Restlaufzeit bis 1 Jahr
KU	E	3652	– Restlaufzeit 1–5 Jahre
KU	E	3653	– Restlaufzeit größer 5 Jahre
KU	E	3655	Verbindl. gg. stillen Gesellschaftern
KU	E	3656	– Restlaufzeit bis 1 Jahr
KU	E	3657	– Restlaufzeit 1–5 Jahre
KU	E	3658	– Restlaufzeit größer 5 Jahre
KU		3695	Verrechnung geleistete Anzahlungen
KU		3700	Verbindl. aus Betriebssteuern und –abgaben
KU		3701	– Restlaufzeit bis 1 Jahr
KU		3710	– Restlaufzeit 1–5 Jahre
KU		3715	– Restlaufzeit größer 5 Jahre
KU		3720	Verbindlichkeiten aus Lohn und Gehalt
KU		3725	Verbindlichkeiten, Einbehaltung Arbeitnehmer
KU		3726	Verbindlichkeiten, FA abzuführender Bauabzug
KU		3730	Verbindlichkeiten aus Lohn- und Kirchensteuer
KU		3740	Verbindlichkeiten, soziale Sicherheit
KU		3741	– Restlaufzeit bis 1 Jahr
KU		3750	– Restlaufzeit 1–5 Jahre
KU		3755	– Restlaufzeit größer 5 Jahre
KU		3759	Voraussichtl. Beitrag gegenüber Sozialversicherungsträger
KU		3760	Verbindlichkeiten aus Einbehaltungen für offene Ausschüttungen
KU		3761	Verbindlichkeiten für Verbrauchsteuern
KU		3770	Verbindlichkeiten aus Vermögensbildung
KU		3771	– Restlaufzeit bis 1 Jahr
KU		3780	– Restlaufzeit 1–5 Jahre
KU		3785	– Restlaufzeit größer 5 Jahre
KU		3786	Ausgegebene Geschenkgutscheine
KU		3790	Lohn- und Gehaltsverrechnungen
KU		3791	Lohn/Gehaltsverrechnung § 11/2 für § 4/3 EStG
KU		3796	Verbindlichkeiten, soziale Sicherheit § 4/3 EStG
KU	S	3800	Umsatzsteuer
KU	S	3801	Umsatzsteuer 7 %
KU	S	3802	Umsatzsteuer aus EU-Erwerb
KU	R	3803	Buchungssperre
KU	S	3804	Umsatzsteuer aus EU-Erwerb 19 %
KU	R	3805	Buchungssperre
KU	S	3806	Umsatzsteuer 19 %
KU	S	3807	Umsatzsteuer EU-Lieferungen
KU	S	3808	Umsatzsteuer EU-Lieferungen 19 %

Funktionen		Konto	Beschriftung SKR04 2012
KU	S	3809	USt aus EU-Erwerb ohne Vorsteuerabzug
KU	S	3810	Umsatzsteuer nicht fällig
KU	S	3811	Umsatzsteuer nicht fällig 7 %
KU	S	3812	USt nicht fällig, EU-Lieferungen
KU	R	3813	Buchungssperre
KU	S	3814	USt nicht fällig, EU-Lieferungen 19 %
KU	R	3815	Buchungssperre
KU	S	3816	Umsatzsteuer nicht fällig 19 %
KU	S	3817	USt, im anderen EU-Land stpfl. Lieferung
KU	S	3818	USt, im anderen EU-Land sonstigen Leistungen/ Werklieferungen
KU	S	3819	USt letzter Abnehmer Dreiecksgeschäft
KU	F	3820	Umsatzsteuervorauszahlungen
KU	F	3830	Umsatzsteuervorauszahlungen 1/11
KU	R	3831	Buchungssperre
KU	F	3832	Nachsteuer , UStVA Kz. 65
KU	R	3833	Buchungssperre
KU	S	3834	USt EU-Erwerb Neufahrzeuge ohne UStID
KU	S	3835	Umsatzsteuer nach § 13b UStG
KU	R	3836	Buchungssperre
KU	S	3837	Umsatzsteuer nach § 13b UStG 19 %
KU	R	3838	Buchungssperre
KU	S	3839	Umsatzsteuer, Auslagerung v. Gegenständen aus Umsatzsteuerlager
KU		3840	Umsatzsteuer laufendes Jahr
KU		3841	Umsatzsteuer Vorjahr
KU		3845	Umsatzsteuer frühere Jahre
KU		3850	Aufgeschobene Einfuhr-Umsatzsteuer
KU	F	3851	Unrichtig oder unberechtigt ausgewiesene USt, UStVA Kz. 69
KU		3854	Steuerzahlungen an andere Länder
			Rechnungsabgrenzungsposten
		3900	Passive Rechnungsabgrenzung
		3950	Abgrenzung unterjährige AfA für BWA

4 Betriebliche Erträge

			Umsatzerlöse
M		4000 –4099	Umsatzerlöse (zur freien Verfügung)
M	AM	4100	Steuerfreie Umsätze § 4 Nr. 8 ff UStG
M	AM	4105	Stfr. Umsätze aus V&V § 4 Nr. 12 UStG
M	AM	4110	Sonstige steuerfreie Umsätze, Inland
M	AM	4120	Steuerfreie Umsätze § 4 Nr. 1a UStG
M	AM	4125	Steuerfreie EG-Lieferungen, § 4 Nr. 1b UStG
M	AM	4130	Lief. d. ersten Abnehmers bei innergemeinschaft. Dreiecksgeschäft, § 25b Abs. 2 UStG
M	AM	4135	Steuerfreie EG-Lieferung v. Neufahrzg. ohne UStID
M	AM/E	4136	Umsatzerlöse §§ 25 und 25a UStG 19 % USt
KU	R	4137	Buchungssperre
KU	E	4138	Umsatzerlöse §§ 25 u. 25a UStG ohne USt
M	AM/E	4139	Umsatzerlöse Reiseleist. §25/2 ustfrei
M	AM	4140	Steuerfreie Umsätze Offshore usw.
M	AM	4150	Steuerfreie Umsätze § 4 Nr. 2–7 UStG
M	AM	4160	Steuerfreie Umsätze ohne Vorsteuerabzug

Funktionen		Konto	Beschriftung SKR04 2012
M		4180	Erlöse gemäß § 24 UStG
M	R	4182 –4183	Buchungssperre
M		4185	Erlöse Kleinunternehmer, § 19 Abs. 1 UStG
M	AM	4186	Erlöse Geldspielautomaten 19 % USt
M	R	4187 –4188	Buchungssperre
M		4200	Erlöse
M	AM	4300 –4309	Erlöse 7 % USt
M	AM	4310 –4314	Erlöse EU-Lieferungen 7 % USt
M	AM	4315 –4319	Erlöse EU-Lieferungen 19 % USt
M		4320 –4329	Im anderen EU-Land stpfl. Lieferungen
M	AM	4330	Erlöse EU-Lieferungen 16 % USt
M	R	4331 –4334	Buchungssperre
M	AM	4335	Erlöse aus Leistungen § 13b UStG
M	AM	4336	Im anderen EU-Land stpfl. sonstige Leistungen
M	AM	4337	Erlöse nach § 13b UStG, Leistungsempfänger als Steuerschuldner
M	AM	4338	Nicht steuerbare Umsätze Drittland
M	AM	4339	Nicht steuerbare Umsätze EU-Land
M	AM	4340 –4349	Erlöse 16 % USt
M	AM	4400 –4409	Erlöse 19 % USt
M	AM	4410	Erlöse 19 % USt
M	R	4411 –4449	Buchungssperre
M	R	4507	Buchungssperre
M	R	4509	Buchungssperre
M		4510	Erlöse Abfallverwertung
M		4520	Erlöse Leergut
M		4560	Provisionsumsätze
M	R	4561 –4563	Buchungssperre
M	AM	4564	Provisionsumsätze, steuerfrei § 4 Nr. 8 ff. UStG
M	AM	4565	Provisionsumsätze, steuerfrei § 4 Nr. 5 UStG
M	AM	4566	Provisionsumsätze 7 % USt
M	R	4567 –4568	Buchungssperre
M	AM	4569	Provisionsumsätze 19 % USt
M	E	4570	Provision, sonstige Erträge
M	R	4571 –4573	Buchungssperre
M	AM/E	4574	Provision, sonst. Erträge steuerfr. § 4 Nr. 8 ff. UStG
M	AM/E	4575	Provision, sonst. Erträge steuerfrei § 4 Nr. 5 UStG
M	AM/E	4576	Provision, sonstige Erträge 7 % USt
M	R	4577 –4578	Buchungssperre
M	AM/E	4579	Provision, sonstige Erträge 19 % USt

Funktionen		Konto	Beschriftung SKR04 2012
			Statistische Konten EÜR
M		4580	Stat. Konto, Erlöse allgemeiner USt-Satz
M		4581	Stat. Konto, Erlöse ermäßigter USt-Satz
M		4582	Stat. Konto, Erlöse steuerfrei/nicht steuerbar
M		4589	Gegenkto 4580–4582, Aufteilung Erlöse Steuersatz
M		4600	Unentgeltliche Wertabgaben
KU		4605	Entnahme von Gegenständen ohne USt
M	R	4608 –4609	Buchungssperre
M	AM	4610 –4616	Entnahme Unternehmer (Waren) 7 % USt
M	R	4617 –4618	Buchungssperre
KU		4619	Entnahme Unternehmer (Waren) ohne USt
M	AM	4620 –4626	Entnahme Unternehmer (Waren) 19 % USt
M	R	4627 –4629	Buchungssperre
M	AM	4630 –4636	Verwendung von Gegenständen, außerhalb des Unternehmens, 7 % USt
KU		4637	Verwendung Gegenständen, außerh. Untern. o. USt
KU		4638	Verwend. Gegenständ., außerh. Untern. (Tel) o. USt
KU		4639	Verwend. Gegenständ., außerh. Untern. (Kfz) o. USt
M	AM	4640 –4644	Verwend. Gegenständ., außerh. Untern. 19 % USt
M	AM	4645	Verwend. Gegenst., außerh. Untern. (Kfz) 19 % USt
M	AM	4646	Verwend. Gegenst., außerh. Untern. (Tel) 19 % USt
M	R	4647 –4649	Buchungssperre
M	AM	4650 –4656	Unentgeltliche Erbringung, Leistung 7 % USt
M	R	4657 –4658	Buchungssperre
KU		4659	Unentgeltliche Erbringung, Leistung ohne USt
M	AM	4660 –4666	Unentgeltliche Erbringung, Leistung 19 % USt
M	R	4667 –4669	Buchungssperre
M	AM	4670 –4676	Unentgeltliche Zuwendung von Waren 7 % USt
M	R	4677 –4678	Buchungssperre
KU		4679	Unentgeltliche Zuwendung von Waren ohne USt
M	AM	4680 –4684	Unentgeltliche Zuwendung von Waren 19 % USt
M	R	4685	Buchungssperre
M	AM	4686 –4687	Unentgeltliche Zuwendung, Gegenstände 19 % USt
M	R	4688	Buchungssperre
KU		4689	Unentgeltliche Zuwendung, Gegenstände ohne USt
KU		4690	Nicht steuerbare Umsätze
KU		4695	Umsatzsteuer-Vergütungen, § 24 UStG
M		4700	Erlösschmälerungen
M	AM	4705	Erlösschmälerungen steuerfrei § 4 Nr. 1a UStG

Funktionen		Konto	Beschriftung SKR04 2012
M	AM	4710 –4711	Erlösschmälerungen 7 % USt
M	R	4712 –4719	Buchungssperre
M	AM	4720 –4721	Erlösschmälerungen 19 % USt
M	R	4722	Buchungssperre
M	AM	4723	Erlösschmälerungen 16 % USt
M	AM	4724	Erlösschmälerungen, steuerfreie EU-Lieferungen
M	AM	4725	Erlösschmälerungen, EU-Lieferung 7 % USt
M	AM	4726	Erlösschmälerungen, EU-Lieferung 19 % USt
M	E	4727	Erlösschmäl., aus i. and. EG-Ld. steuerpfl. Lief.
M	R	4728	Buchungssperre
M	AM	4729	Erlösschmälerung EU-Lieferung 16 % USt
M	S	4730	Gewährte Skonti
M	S/AM	4731	Gewährte Skonti 7 % USt
M	R	4732 –4735	Buchungssperre
M	S/AM	4736	Gewährte Skonti 19 % USt
M	R	4737	Buchungssperre
M	S/AM	4738	Gewährte Skonti, Skonti Leistungen § 13b/2 Nr. 10
M	S/AM	4741	Gewährte Skonti, Leistungen § 13b UStG
M	S/AM	4742	Gewährte Skonti gegenüber dem Leistungsempfänger als Steuerschuldner EG Ausland
M	S/AM	4743	Gewährte Skonti, steuerfreie EU-Lieferung § 4 Nr. 1b UStG
M	R	4744	Buchungssperre
M	S	4745	Gewährte Skonti, steuerpflichtige EU-Lieferung
M	S/AM	4746	Gewährte Skonti, EU-Lieferung 7 % USt
M	R	4747	Buchungssperre
M	S/AM	4748	Gewährte Skonti, EU-Lieferung 19 % USt
M	R	4749	Buchungssperre
M	AM	4750 –4751	Gewährte Boni 7 % USt
M	R	4752 –4759	Buchungssperre
M	AM	4760 –4761	Gewährte Boni 19 % USt
M	R	4762 –4768	Buchungssperre
M		4769	Gewährte Boni
M		4770	Gewährte Rabatte
M	AM	4780 –4781	Gewährte Rabatte 7 % USt
M	R	4782 –4789	Buchungssperre
M	AM	4790 –4791	Gewährte Rabatte 19 % USt
KU	R	4792 –4799	Buchungssperre
			Erhöhung oder Verminderung des Bestands an fertigen und unfertigen Erzeugnissen
KU		4800	Bestandsveränderung, fertige Erzeugnisse
KU		4810	Bestandsveränderung, unfertige Erzeugnisse
KU		4815	Bestandsveränderung, unfertige Leistung
KU		4816	Bestandsveränderung, Bauaufträge in Ausführung
KU		4818	Bestandsveränderung, Aufträge in Arbeit
			Andere aktivierte Eigenleistungen
KU		4820	Andere aktivierte Eigenleistungen
KU		4825	Aktivierte Eigenleistungen immat. selbst geschaffene Vermögensgegenstände
			Sonstige betriebliche Erträge
M		4830	Sonstige betriebliche Erträge
M	E	4832	Sonstige betriebliche Erträge verb. UN
M	E	4833	Andere Nebenerlöse
M	AM	4834	Sonstige Erträge, betriebl. u. regelmäßig 16 % USt
M		4835	Sonstige Erträge, betrieblich u., regelmäßig
M	AM	4836	Sonstige Erträge, betriebl. u. regelmäßig 19 % USt
M		4837	Sonstige Erträge, betriebsfremd u. regelmäßig
KU		4838	Erstattete Vorsteuer anderer Länder
M		4839	Sonstige Erträge, unregelmäßig
KU		4840	Erträge aus Währungsumrechnung
M	AM	4841	Sonst. Erlöse betriebl. u. regelmäßig, steuerfrei § 4 Nr. 8 USt
M	AM	4842	Sonst. Erlöse betriebl. u. regelmäßig, steuerfrei § 4 Nr. 2–7 USt
KU		4843	Erträge aus Bewertung Finanzmittelfonds
M	AM	4844	Erlöse aus Sachanlageverkäufe § 4 Nr. 1a UStG
M	AM	4845	Erlöse aus Sachanlageverkäufe 19 % USt
M	R	4846 –4847	Buchungssperre
M	AM	4848	Erlöse, Sachanlageverkäufe § 4 Nr. 1b UStG
M		4849	Erlöse, Sachanlageverkäufe
M		4850	Erlöse, Verkäufe immat. VermG (Buchgewinn)
M		4851	Erlöse, Verkäufe Finanzanlagen (Buchgewinn)
M		4852	Erlöse, Verkäufe Finanzanlagen, § 3 Nr. 40 EStG/ § 8b KStG (Buchgewinn)
M		4855	Abgänge, Sachanlagen, RBW (Buchgewinn)
M		4856	Abgänge, immat. VermG, RBW (Buchgewinn)
M		4857	Abgänge, Finanzanlagen, RBW (Buchgewinn)
M		4858	Abgänge, Finanzanlagen, §§ 3 Nr. 40, 3c EStG/ § 8b KStG, RBW (Buchgewinn)
M		4860	Grundstückserträge
M	AM/E	4861	Erlöse Vermietung u.Verpachtung ustfrei
M	AM/E	4862	Erlöse Vermietung u.Verpachtung 19 % USt
M		4863 –4864	Buchungssperre
M	AM	4865	Erlöse, Verkauf WG des UV, § 4/3 EStG, 19 % USt
M	AM	4866	Erlöse, Verkauf WG des UV, ustfrei, § 4 Nr. 8 ff. UStG i. V. m. § 4 Abs. 3 Satz 4 EStG
M	AM	4867	Erlöse, Verkauf WG des UV, ustfrei, § 4 Nr. 8 ff. UStG i. V. m. § 4 Abs. 3 Satz 4 EStG, § 3 Nr. 40 EStG/§ 8b KStG (inländ. Kap.Ges.)
M		4869	Erlöse Verkauf WG des UV § 4/3 EStG
M		4900	Erträge, Abgang von AV-Gegenständen
M		4901	Erträge, Veräußerung v. Ant. KapGes § 3 Nr. 40/ § 8b KStG (inländ. Kap.Ges.)

Funktionen		Konto	Beschriftung SKR04 2012
M		4905	Erträge, Abgang von UV-Gegenständen
M		4906	Erträge, Abgang UV, § 3 Nr. 40 EStG/ § 8b KStG (inländ. Kap.Ges.)
M		4910	Erträge, Zuschreibg. Sachanlagevermögen
M		4911	Erträge, Zuschreibg. immat. Anlagevermögen
M		4912	Erträge, Zuschreibg. Finanzanlagevermögen
M		4913	Erträge, Zuschreibg. FAV, § 3 Nr. 40 EStG/ § 8b KStG (inländ. Kap.Ges.)
		4914	Erträge aus Zuschreibungen § 3 Nr. 40 EStG § 8b KStG (inländ. Kap.Ges.)
M		4915	Erträge, Zuschreibung UV-Gegenstände
M		4916	Erträge, Zuschreibg. UV, § 3 Nr. 40 EStG/ § 8b KStG (inländ. Kap.Ges.)
M		4920	Erträge, Herabsetzung PWB zu Forderungen
M		4923	Erträge, Herabsetzung EWB zu Forderungen
M		4925	Erträge, abgeschriebenen Forderungen
KU	E	4927	Erträge, Auflösung von Rücklagen, § 6b Abs. 3 EStG
KU	E	4928	Erträge, Auflösung von Rücklagen, § 6b Abs. 10 EStG
KU	E	4929	Erträge, Auflösung von Rückstellungen, Ersatzbeschaffung, R 6.6 EStR1
		4930	Erträge, Auflösung von Rückstellungen
	R	4933	Buchungssperre
KU	E	4934	Erträge, Auflösung Existenzgründerrücklagen, § 7g Abs. 7 EStG a. F.
KU	E	4935	Erträge, Auflösung steuerliche Rücklage
KU	E	4936	Erträge, Auflösung steuerl. Rückl. (Ansparabschr.) § 7g Abs. 3 EStG a. F./§ 7g Abs. 2 EStG n. F
KU	E	4937	Erträge, Auflösung steuerl. Sonderabschreibungen
KU	E	4938	Erträge, Auflösung steuerl. Rückl., § 4g EStG
KU	E	4939	Erträge, Auflös. steuerl. Rückl., § 52 Abs. 16 EStG
M		4940	Verrechnete sonstige Sachbezüge (keine Waren)
M	AM	4941	Sachbezüge 7 % USt (Waren)
M	R	4942 –4944	Buchungssperre
M	AM	4945	Sachbezüge 19 % USt (Waren)
M		4946	Verrechn. sonstige Sachbezüge
M	AM/E	4947	Verrechn. sonstige Sachbezüge (Kfz) 19 % USt
M	AM/E	4948	Verrechn. sonstige Sachbezüge 19 % USt
KU		4949	Verrechn. sonstige Sachbezüge ohne USt
		4960	Periodenfremde Erträge
	E	4970	Versicherungsentschädigungen
		4972	Erstattungen Krankenkassen aus Umlagen AAG
		4975	Investitionszuschüsse (steuerpflichtig)
		4980	Investitionszulage (steuerfrei)
	E	4981	Steuerfreie Erträge aus Auflösung steuerl. Rücklage
		4982	Sonstige steuerfreie Betriebseinnahmen
	E	4987	Erträge Aktivierung unentgeltlich erworbener VG
	E	4989	Kostenerstatt.,Rückvergütung früherer Jahre
	E	4992	Erträge aus Verwaltungskostenumlagen

Funktionen		Konto	Beschriftung SKR04 2012
			Material- und Stoffverbrauch
V		5000 –5099	Aufwendungen f. RHB und bezogene Waren
			Materialaufwand
V		5100	Einkauf Roh-, Hilfs- und Betriebsstoffe
V	AV/E	5110	Einkauf RHB 7 % Vorsteuer
V		–5119	
V	R	5120 –5129	Buchungssperre
V	AV/E	5130 –5139	Einkauf RHB 19 % Vorsteuer
V	R	5140 –5159	Buchungssperre
V	AV/E	5160	Einkauf RHB, EU-Erwerb 7 % Vorst./USt
V	R	5161	
V	AV/E	5162 –5163	Einkauf RHB, EU-Erwerb 19 % Vorst./USt
V	R	5164 –5165	Buchungssperre
V	AV/E	5166	Einkauf RHB, EU-Erw.ohne Vorst., 7 % USt
V	AV/E	5167	Einkauf RHB, EU-Erw.ohne Vorst., 19 % USt
V	R	5168 –5169	Buchungssperre
V	AV/E	5170	Einkauf RHB 5,5 % Vorsteuer
V	AV/E	5171	Einkauf RHB 10,7 % Vorsteuer
V	R	5172 –5174	Buchungssperre
V	AV/E	5175	Einkauf RHB aus USt-Lager 7 % Vorst./USt
V	AV/E	5176	Einkauf RHB aus USt-Lager 19 % Vorst./USt
V	R	5177 –5188	Buchungssperre
V		5189	Erwerb RHB letzter letzter Abnehmer innerhalb Dreiecksgeschäft 19 % Vorstr./USt
V		5190	Energiestoffe (Fertigung)
V	E	5191	Energiestoffe (Fertigung) 7 % Vorsteuer
V	E	5192	Energiestoffe (Fertigung) 19 % Vorsteuer
V		5193 –5198	Buchungssperre
V		5200	Wareneingang
V	AV	5300 –5309	Wareneingang 7 % Vorsteuer
V	R	5310 –5349	Buchungssperre
V	AV	5400 –5409	Wareneingang 19 % Vorsteuer
V	R	5410 –5419	Buchungssperre
V	AV	5420 –5424	EU-Erwerb, 7 % Vorsteuer und 7 % USt
V	AV	5425 –5429	EU-Erwerb, 19 % Vorsteuer und 19 % USt
V	AV	5430	EU-Erwerb, ohne Vorsteuerabzug, 7 % USt

Funktionen		Konto	Beschriftung SKR04 2012
V	R	5431 –5434	Buchungssperre
V	AV	5435	EG-Erwerb, ohne Vorsteuer und 19 % USt
V	R	5436 –5439	Buchungssperre
V	AV	5440	EU-Erwerb, Neufahrz., o. UStID, 19 % Vorstr./USt
V	R	5441 –5449	Buchungssperre
V	R	5500 –5504	Buchungssperre
V	AV	5505 –5509	Wareneingang 5,5 % Vorsteuer
V	R	5510 –5539	Buchungssperre
V	AV	5540 –5549	Wareneingang 10,7 % Vorsteuer
V	AV	5550	Steuerfreier EU-Erwerb
V		5551	Wareneingang, im Drittland steuerbar
V		5552	Erwerb 1. Abnehmer im Dreiecksgeschäft
V	AV	5553	Erwerb Waren letzter Abnehmer im Dreiecksgeschäft, 19 % Vorstr./USt
V	R	5554 –5557	Buchungssperre
V		5558	Wareneingang, im anderen EU-Land steuerbar
V		5559	Steuerfreie Einfuhren
V	AV	5560	Waren aus USt-Lager, 7 % Vorsteuer, 7 % USt
V	R	5561 –5564	Buchungssperre
V	AV	5565	Waren aus USt-Lager, 19 % Vorsteuer, 19 % USt
V	R	5566 –5569	Buchungssperre
		5600 –5609	Nicht abziehbare Vorsteuer
		5610 –5619	Nicht abziehbare Vorsteuer 7 %
	R	5650 –5659	Buchungssperre
		5660 –5669	Nicht abziehbare Vorsteuer 19 %
V		5700	Nachlässe
V	E	5701	Nachlässe aus Einkauf RHB
V	AV	5710 –5711	Nachlässe 7 % Vorsteuer
V	R	5712 –5713	Buchungssperre
V	AV/E	5714	Nachlässe aus Einkauf RHB 7 % Vorst.
V	AV/E	5715	Nachlässe aus Einkauf RHB 19 % Vorst.
V	R	5716	Buchungssperre
V	AV/E	5717	Nachlässe RHB, EU-Erwerb 7 % Vorst./USt
V	AV/E	5718	Nachlässe RHB, EU-Erwerb 19 % Vorstr./USt
V	R	5719	Buchungssperre
V	AV	5720 –5721	Nachlässe 19 % Vorsteuer
V	AV	5722	Nachlässe 16 % Vorsteuer
V	AV	5723	Nachlässe 15 % Vorsteuer

5 Betriebliche Aufwendungen

Funktionen		Konto	Beschriftung SKR04 2012
V	AV	5724	Nachlässe, EU-Erwerb 7 % Vorsteuer/USt
V	AV	5725	Nachlässe, EU-Erwerb 19 % Vorsteuer/USt
V	AV	5726	Nachlässe, EU-Erwerb 16 % Vorsteuer/USt
V	AV	5727	Nachlässe, EU-Erwerb 15 % Vorsteuer/USt
V	R	5728 –5729	Buchungssperre
V	S/AV	5730	Erhaltene Skonti
V	S/AV	5731	Erhaltene Skonti 7 % Vorsteuer
V	R	5732	Buchungssperre
V	E	5733	Erhaltene Skonti Einkauf RHB
V	AV/E	5734	Erhaltene Skonti Einkauf RHB 7 % Vorstr.
V	R	5735	Buchungssperre
V	S/AV	5736	Erhaltene Skonti 19 % Vorsteuer
V	R	5737	Buchungssperre
V	AV/E	5738	Erhaltene Skonti Einkauf RHB 19 %Vorstr.
V	R	5739 –5740	Buchungssperre
V	E	5741	Erhalt. Skonti RHB EU-Erw. 19 %Vorstr./USt
	R	5742	Buchungssperre
V	E	5743	Erhalt. Skonti RHB EU-Erw. 7 % Vorstr./USt
V	R	5744	Buchungssperre
V	S/AV	5745	Erhaltene Skonti EU-Erwerb
V	S/AV	5746	Erhaltene Skonti, EU-Erwerb, 7 % Vorstr./USt
V	R	5747	Buchungssperre
V	S/AV	5748	Erhaltene Skonti, EU-Erwerb 19 % Vorstr./USt
V	R	5749	Buchungssperre
V	AV	5750 –5751	Erhaltene Boni 7 % Vorsteuer
V	R	5752	Buchungssperre
	E	5753	Erhaltene Boni aus Einkauf RHB
V	AV/E	5754	Erhaltene Boni Einkauf RHB 7 % Vorst.
V	AV/E	5755	Erhaltene Boni Einkauf RHB 19 % Vorst.
V	R	5756 –5759	Buchungssperre
V	AV	5760 –5761	Erhaltene Boni 19 % Vorsteuer
V	R	5762 –5768	Buchungssperre
V		5769	Erhaltene Boni
V		5770	Erhaltene Rabatte
V	AV	5780 –5781	Erhaltene Rabatte 7 % Vorsteuer
V	R	5782	Buchungssperre
V	E	5783	Erhaltene Rabatte aus Einkauf RHB
V	AV/E	5784	Erhaltene Rabatte Einkauf RHB 7 % Vorstr.
V	AV/E	5785	Erhaltene Rabatte Einkauf RHB 19 %Vorstr.
V	R	5786 –5789	Buchungssperre
V	AV	5790 –5791	Erhaltene Rabatte 19 % Vorsteuer
V	AV	5792	Erhaltene Skonti RHB, letzter Abnehmer Dreiecksgeschäft 19 % Vorstr./USt
V	AV	5793	Erhaltene Skonti Waren, letzter Abnehmer Dreiecksgeschäft 19 % Vorstr./USt

5 Betriebliche Aufwendungen			
Funktionen		**Konto**	**Beschriftung SKR04 2012**
V	R	5794 -5799	Buchungssperre
V		5800	Bezugsnebenkosten
V		5820	Leergut
V		5840	Zölle und Einfuhrabgaben
KU		5860	Verrechnete Stoffkosten (Gegenkonto 5000-99)
KU		5880	Bestandsveränderung RHB-Stoffe/Waren
KU	E	5881	Bestandsveränderung Waren
KU	E	5885	Bestandsveränderung RHB
			Aufwendungen für bezogene Leistungen
V		5900	Fremdleistungen
V	AV/E	5906	Fremdleistungen 19 % Vorsteuer
KU	R	5907 -5908	Buchungssperre
KU	E	5909	Fremdleistungen ohne Vorsteuer
			Umsätze, für die als Leistungsempfänger die Steuer nach § 13b Abs. 2 UStG geschuldet wird
V	AV	5910	Bauleist. Inland ansäss. UN, 7 % Vorst, 7 % USt
V	R	5911 -5912	Buchungssperre
V	AV	5913	Sonstige Leistungen EG-ausl. Unternehmer 7 % Vorstr. 7 % USt
V	R	5914	Buchungssperre
V	AV	5915	Leistungen ausl. UN, 7 % Vorsteuer, 7 % USt
V	R	5916 -5919	Buchungssperre
V	AV	5920 -5921	Bauleist. Inland ansäss. UN, 19 % Vorst., 19 % USt
V	R	5922	Buchungssperre
V	AV	5923	Sonstige Leistungen EU-ausl. Unternehmer 19 % Vorstr. 19 % USt
V	R	5924	Buchungssperre
V	AV	5925 -5926	Leistungen ausl. UN, 19 % Vorst., 19 % USt
V	R	5927 -5929	Buchungssperre
V	AV	5930	Bauleist. Inland ansäss. UN, ohne Vorst., 7 % USt
V	R	5931 -5932	Buchungssperre
V	AV	5933	Sonstige Leistungen EG-ausl. Unternehmer ohne Vorstr. 7 % USt
V	R	5934	Buchungssperre
V	AV	5935	Leistungen ausl. UN ohne Vorst., 7 % USt
V	R	5936 -5939	Buchungssperre
V	AV	5940 -5941	Bauleist. Inland ansäss. UN, ohne Vorst., 19 % USt
V	R	5942	Buchungssperre
V	AV	5943	Sonstige Leistungen EG-ausl. Unternehmer ohne Vorstr. und 19 % USt
V	R	5944	Buchungssperre

5 Betriebliche Aufwendungen			
Funktionen		**Konto**	**Beschriftung SKR04 2012**
V	AV	5945 -5946	Leistungen ausl. UN, ohne Vorst., 19 % USt
V	R	5947 -5949	Buchungssperre
V	S/AV	5950	Erhaltene Skonti Leistungen § 13b UStG
V	S/AV	5951	Erhaltene Skonti Leistungen § 13b 19 % Vorst./USt
V	R	5952	Buchungssperre
V	S/AV	5953	Erhalt. Skonti Leistungen § 13b o. Vorst., mit USt
V	S/AV	5954	Erhalt. Skonti Leist. § 13b o. Vorst., mit 19 % USt
V	R	5955 -5959	Buchungssperre
V	E	5960	Leistungen § 13b mit Vorsteuerabzug
V	E	5965	Leistungen § 13b ohne Vorsteuerabzug

6 Betriebliche Aufwendungen			
			Personalaufwand
		6000	Löhne und Gehälter
		6010	Löhne
		6020	Gehälter
		6024	Geschäftsführergehälter GmbH-Gesellschafter
		6026	Tantiemen
		6027	Geschäftsführergehälter
		6028	Vergütung angestellter. Mitunternehmer § 15 EStG
		6030	Aushilfslöhne
	E	6035	Löhne für Minijobs
		6039	Pauschale Abgaben für Zuwendungen an AN
		6040	Pauschale Steuer für Aushilfen
		6045	Bedienungsgelder
		6050	Ehegattengehalt
		6060	Freiwillige soziale Aufwendung., lohnsteuerpflichtig
		6069	Pauschale Steuer für Zuschüsse
		6070	Krankengeldzuschüsse
		6072	Sachzuwendungen und Dienstleistungen an AN
		6075	Zuschüsse Agenturen für Arbeit (Haben)
		6080	Vermögenswirksame Leistungen
		6090	Fahrtkostenerstattung, Whg./Arbeitsstätte
		6100	Soziale Abgaben, Altersversorgung
		6110	Gesetzliche Sozialaufwendungen
		6118	Ges. Sozialaufwendg., Mituntern. § 15 EStG
		6120	Beiträge zur Berufsgenossenschaft
		6130	Freiwillige soziale Aufwendungen, LSt-frei
		6140	Aufwendungen für Altersversorgung
		6147	Pauschale Steuer für Versicherungen
		6148	Aufwend., Altersversorgung Mituntern. § 15 EStG
	E	6149	Aufwendungen Altersversorgung Gesellschaffter-Geschäftsführer
		6150	Versorgungskassen
		6160	Aufwendungen für Unterstützung
		6170	Sonstige soziale Abgaben

Funktionen		Konto	Beschriftung SKR04 2012
			Abschreibungen auf immaterielle Vermögensgegenstände des Anlagevermögens und Sachanlagen
		6200	Abschreibungen, immaterielle VermG
		6201	Abschreibung selbstgeschaffene immat. VermG
		6205	Abschreibungen, Geschäfts- oder Firmenwert
	E	6209	Außerplanm. Abschreib. Geschäfts-, Firmenwert
		6210	Außerplanm. Abschreibungen, immaterielle VermG
		6211	Außerplanm. Abschreibung selbstgeschaffene immaterielle VermG
		6220	Abschreibungen auf Sachanlagen (ohne AfA auf Kfz und Gebäude)
		6221	Abschreibungen auf Gebäude
		6222	Abschreibungen auf Kfz
		6223	Abschreibung Arbeitszimmer
		6230	Außerplanm. Abschreibungen, Sachanlagen
		6231	Außergewöhnliche Abschreibung, Gebäude
		6232	Außergewöhnliche Abschreibung, Kfz
		6233	Außergewöhnliche Abschreibung, sonstiger WG
		6240	Abschreib., Sachanlagen, steuerl. Sondervorschr.
		6241	Sonder-AfA, ohne Kfz, § 7g Abs. 1 u. 2 EStG a. F./ § 7g Abs. 5 EStG n. F.
		6242	Sonder-AfA für Kfz, § 7g Abs. 1 und 2 EStG a. F./ § 7g Abs. 5 EStG n. F.
		6243	Kürzung AHK, ohne Kfz, § 7g Abs. 2 EStG n. F.
		6244	Kürzung AHK für Kfz, § 7g Abs. 2 EStG n. F.
		6250	Kaufleasing
		6260	Sofortabschreibung GWG
		6262	Abschreibungen auf aktivierte GWG
		6264	Abschreibung auf Sammelposten GWG
		6266	Außerplanm. Abschreibungen auf aktivierte GWG
		6268	Abschreibungen, Ingangsetzung/Erweiterung
			Abschreibungen auf Vermögensgegenstände des Umlaufvermögens, soweit diese die in der Kapitalgesellschaft üblichen Abschreibungen überschreiten
	E	6270	Abschreibungen auf VermG UV (unüblich hoch)
		6272	Abschreibungen auf UV, steuerrechtlich bedingt (unüblich hoch)
	R	6275	Buchungssperre
	E	6278	Abschreibungen RHB/Waren (unüblich hoch)
	E	6279	Abschreibungen fertige, unfert. EZ (unüblich hoch)
M		6280	Forderungsverluste (unüblich hoch)
M	AM	6281	Forderungsverluste 7 % USt (unüblich hoch)
M	R	6282 –6284	Buchungssperre
M	AM	6285	Forderungsverluste 16 % USt (unüblich hoch)
M	AM	6286	Forderungsverluste 19 % USt (unüblich hoch)
M	AM	6287	Forderungsverluste 15 % USt (unüblich hoch)
M	R	6288	Buchungssperre
	E	6290	Abschr. Forderungen ggb.KapG, (unüblich hoch)
	E	6291	Abschr. Ford. gg. Gesellschaftern, (unüblich hoch)

6 Betriebliche Aufwendungen

Funktionen		Konto	Beschriftung SKR04 2012
			Sonstige betriebliche Aufwendungen
V		6300	Sonstige betriebliche Aufwendungen
V		6302	Interimskonto Aufwendungen in anderem EU-Land, Vorsteuervergütung möglich
V		6303	Fremdleistungen und Fremdarbeiten
V		6304	Sonstige betriebl. u. regelm. Aufwendungen
V		6305	Raumkosten
V		6310	Miete, unbewegliche Wirtschaftsgüter
V		6312	Miete/Aufwendungen für doppelte Haushaltsführung
V	E	6313	Vergütung Gesellsch. Miete/Pacht, unbewegl. WG
V	E	6314	Vergütung, Mituntern. Miete, unbewegl. WG, § 15 EStG
V		6315	Pacht, unbewegliche Wirtschaftsgüter
V		6316	Leasing, unbewegliche Wirtschaftsgüter
V		6317	Mietkosten unbewegliche Wirtschaftsgüter (Gewerbest. zu berücksichtigen)
V		6318	Miet- und Pachtnebenkosten
V	E	6319	Vergüt. Mituntern. Pacht, unbewegl. WG § 15 EStG
V		6320	Heizung
V		6325	Gas, Strom, Wasser
V		6330	Reinigung
V		6335	Instandhaltung betrieblicher Räume
V		6340	Abgaben betrieblich genutzt. Grundbesitz
V		6345	Sonstige Raumkosten
V		6348	Aufwendung. häusl. Arbeitszimmer, abz. Anteil
V		6349	Aufwendung. häusl. Arbeitszimmer n.abz. Anteil
V		6350	Grundstücksaufwendungen, betrieblich
V		6352	Grundstücksaufwendungen, neutral
		6390	Zuwendungen, Spenden steuerl. nicht abziehbar
		6391	Zuwendungen, Spenden wissensch./kult. Zweck
		6392	Zuwendungen, Spenden mildtätige Zwecke
		6393	Zuwendungen, Spenden kirchl./rel./gemein.
		6394	Zuwendungen, Spenden an politische Partei
		6395	Zuwendungen, Stiftungen gem. § 52/2/1–3 AO
		6396	Zuwendungen, Stiftungen gem. § 52/2/4 AO
		6397	Zuwendungen, Stiftungen kirchl./rel./gemein.
		6398	Zuwendungen, Stiftungen wiss./mildt./kultur.
		6400	Versicherungen
		6405	Versicherung für Gebäude
		6410	Prämie Rückdeckung f. Versorgungsleistungen
		6420	Beiträge
		6430	Sonstige Abgaben
		6436	Steuerl. abzugsf. Verspätungszuschlag/Zwangsgeld
		6437	Nicht abzugsfähig Verspätungszuschl./Zwangsgeld
		6440	Ausgleichsabgabe SchwerbehindertenG
V		6450	Reparatur u. Instandhaltung von Bauten
V		6460	Reparatur u. Instandhaltung, Anlagen u. Maschinen
V		6470	Reparatur u. Instandh., Betriebs- u. Geschäftsaus.
V	E	6475	Zuführung zu Aufwandsrückstellungen
V		6485	Reparatur u. Instandhaltung, andere Anlagen
V		6490	Sonstige Reparaturen/Instandhaltung
V		6495	Wartungskosten für Hard- und Software
V		6498	Mietleasing bewegliche Wirtschaftsgüter

Funktionen		Konto	Beschriftung SKR04 2012
V		6500	Fahrzeugkosten
V		6520	Kfz-Versicherungen
V		6530	Laufende Kfz-Betriebskosten
V		6540	Kfz-Reparaturen
V		6550	Garagenmieten
V		6560	Mietleasing Kfz
V		6570	Sonstige Kfz-Kosten
V		6580	Mautgebühren
V		6590	Kfz-Kosten betriebliche Nutzung Kfz im PV
V		6595	Fremdfahrzeugkosten
V		6600	Werbekosten
V		6605	Streuartikel
V		6610	Geschenke abzugsfähig ohne § 37b EStG
V		6611	Geschenke abzugsfähig mit § 37b EStG
V		6612	Pauschale Steuern für Zuwendungen abzugsfrei
V		6620	Geschenke nicht abzugsfähig ohne § 37b EStG
V		6621	Geschenke nicht abzugsfrei mit § 37b EStG ohne § 37b EStG
V		6622	Pauschale Steuern für Zuwendg. nicht abzugsfr.
V		6625	Geschenke, ausschließlich betrieblich genutzt
V		6629	Zugaben mit § 37b EStG
V		6630	Repräsentationskosten
V		6640	Bewirtungskosten
V		6641	Eingeschränkt abziehb. BA, abziehbarer Anteil
V		6642	Eingeschränkt abziehb. BA, nicht abziehbar. Anteil
V		6643	Aufmerksamkeiten
V		6644	Nicht abzugsfähige Bewirtungskosten
V		6645	Nicht abzugsfähige Betriebsausgaben
V		6650	Reisekosten Arbeitnehmer
V	R	6652	Buchungssperre
V		6660	Reisekosten AN Übernachtungsaufwand
V		6663	Reisekosten AN Fahrtkosten
V		6664	Reisekosten AN Verpflegungsmehraufwand
V	R	6665	Buchungssperre
V		6668	Kilometergelderstattung Arbeitnehmer
V		6670	Reisekosten Unternehmer
V		6672	Reisekosten Unternehmer, nicht abziehbar. Anteil
V		6673	Reisekosten Unternehmer, Fahrtkosten
V		6674	Reisekosten UN Verpflegungsmehraufwand
V		6680	Reisekosten UN Übernachtungsaufwand
V	R	6685 –6686	Buchungssperre
V		6688	Fahrten Wohnung/Betrieb, abziehbarer Anteil
V		6689	Fahrten Wohnung/Betrieb, nicht abziehbar. Anteil
V		6690	Fahrten Wohnung/Betriebsstätte (Haben)
V		6691	Verpfl.mehraufwand dopp. Haushaltsführ.
V		6700	Kosten Warenabgabe
V		6710	Verpackungsmaterial
V		6740	Ausgangsfrachten
V		6760	Transportversicherungen
V		6770	Verkaufsprovisionen
V		6780	Fremdarbeiten (Vertrieb)
V		6790	Aufwand für Gewährleistungen
V		6800	Porto
V		6805	Telefon
V		6810	Telefax und Internetkosten
V		6815	Bürobedarf
V		6820	Zeitschriften, Bücher
V		6821	Fortbildungskosten
V		6822	Freiwillige Sozialleistungen
V		6823	Vergütungen an Mitunternehmer § 15 EStG
V		6824	Haftungsvergütung an Mitunternehmer § 15 EStG
V		6825	Rechts- und Beratungskosten
V		6827	Abschluss- und Prüfungskosten
V		6830	Buchführungskosten
V	E	6833	Vergütung Gesellschafter Miete, Pacht bewegl. WG
V	E	6834	Vergütung Mituntern. Miete, Pacht bewegliche WG
V		6835	Mieten für Einrichtungen bewegliche WG
V		6836	Pacht (bewegliche Wirtschaftsgüter)
V		6837	Aufwendungen für Lizenzen, Konzessionen
V		6838	Mietkosten bewegliche Wirtschaftsgüter (Gewerbest. zu berücksichtigen)
V		6840	Mietleasing bewegliche Wirtschaftsgüter
V		6845	Werkzeuge und Kleingeräte
V		6850	Sonstiger Betriebsbedarf
V		6855	Nebenkosten des Geldverkehrs
V		6856	Aufwendungen, Anteile KapG, §§ 3 Nr. 40, 3c EStG/ § 8b Abs. 1 KStG (inländ. Kap.Ges.)
V		6857	Aufwend., Veräuß. Ant. KapG, § 3 Nr. 40 EStG/ § 8b Abs. 2 KStG (inländ. Kap.Ges.)
V		6859	Aufwand Abraum-/Abfallbeseitigung
		6860	Nicht abziehbare Vorsteuer
		6865	Nicht abziehbare Vorsteuer 7 %
		6871	Nicht abziehbare Vorsteuer 19 %
		6875	Nicht abziehbare AR-Vergütungen
		6876	Abziehbare Aufsichtsratsvergütung
		6880	Aufwendungen aus Währungsumrechnung
		6883	Aufwendungen, Bewertung Finanzmittelfonds
M	AM	6884	Erlöse Sachanlageverkäufe § 4 Nr. 1a UStG (bei Buchverlust)
M	AM	6885	Erlöse Sachanlageverkäufe 19 % USt (bei Buchverlust)
M	R	6886 –6887	Buchungssperre
M	AM	6888	Erlöse Sachanlageverkäufe § 4 Nr. 1b UStG
M		6889	Erlöse Sachanlageverkäufe
M		6890	Erlöse, Verkauf immat. Vermögensgegenstände
M		6891	Erlöse, Verkauf Finanzanlagen
M		6892	Erlöse, Verkauf Finanzanl., § 3 Nr. 40 EStG/§ 8b Abs. 3 KStG (inländ. Kap.Ges., bei Buchverlust)
M		6895	Abgänge Sachanlagen RBW bei Buchverlust
M		6896	Abgänge immat. VermG RBW bei Buchverlust
M		6897	Abgänge Finanzanlagen RBW bei Buchverlust
M		6898	Abgänge Finanzanlagen, § 3 Nr. 40 EStG/§ 8b Abs. 3 KStG, RWB bei Buchverlust (inl. Kap.Ges.)
		6900	Verluste aus Anlagenabgang
		6903	Verluste, Veräuß, Anteil. KapG, § 3 Nr. 40 EStG/ § 8b Abs. 3 KStG (inl. Kap.Ges.)
		6905	Verluste aus Abgang von Umlaufvermögen

Funktionen		Konto	Beschriftung SKR04 2012
		6906	Verluste, Abgang UV, § 3 Nr. 40 EStG/§ 8b Abs. 3 KStG
		6907	Abgang WG des UV, § 4 Abs. 3 Satz 4 EStG
		6908	Abgang WG des UV, § 3 Nr. 40 EStG/§ 8b Abs. 3 KStG (inl. Kap.Ges.), § 4 Abs. 3 Satz 4 EStG
		6910	Abschreibungen auf UV (übliche Höhe)
		6912	Abschreibungen auf UV, steuerrechtlich bedingt (übliche Höhe)
	R	6915 –6917	Buchungssperre
		6918	Aufwend. aus dem Erwerb eigener Anteile
		6920	Einstellung in die PWB zu Forderungen
	E	6922	Einstellungen steuerl. Rücklage § 6b Abs.3 EStG
		6923	Einstellung in die EWB zu Forderungen
	E	6924	Einstellungen steuerl. Rücklage § 6b Abs.10 EStG
	R	6925	Buchungssperre
	E	6926	Herabsetzungsbetrag nach § 7g Abs. 2 EStG
	E	6927	Einstellungen in steuerliche Rücklage
	E	6928	Einstellungen steuerl. Rücklage R 6.6 EStR
	E	6929	Einstellungen steuerl. Rücklage § 4g EStG
M		6930	Forderungsverluste (übliche Höhe)
M	AM	6931	Forderungsverluste 7 % USt (übliche Höhe)
M	AM	6932	Forderungsverluste, steuerfreie EU-Lief. (übl. Höhe)
M	AM	6933	Forderungsverluste, EU-Lief. 7 % USt (übl. Höhe)
M	AM	6934	Forderungsverluste, EU-Lief. 16 % USt (übl. Höhe)
M	AM	6935	Forderungsverluste, 16 % USt (übliche Höhe)
M	AM	6936	Forderungsverluste, 19 % USt (übliche Höhe)
M	AM	6937	Forderungsverluste, 15 % USt (übliche Höhe)
M	AM	6938	Forderungsverluste, EU-Lief. 19 % USt (übl. Höhe)
M	AM	6939	Forderungsverluste, EU-Lief. 15 % USt (übl. Höhe)
		6960	Periodenfremde Aufwendungen
		6967	Sonst. Aufwendung., betriebsfremd u. regelmäßig
		6969	Sonstige Aufwendungen, unregelmäßig
			Kalkulatorische Kosten
		6970	Kalkulatorischer Unternehmerlohn
		6972	Kalkulatorische Miete und Pacht
		6974	Kalkulatorische Zinsen
		6976	Kalkulatorische Abschreibungen
		6978	Kalkulatorische Wagnisse
		6979	Kalkulatorischer Lohn, unentgeltliche AN
		6980	Verrechneter kalkulatorischer Unternehmerlohn
		6982	Verrechnete kalkulatorische Miete und Pacht
		6984	Verrechnete kalkulatorische Zinsen
		6986	Verrechnete kalkulatorische Abschreibungen
		6988	Verrechnete kalkulatorische Wagnisse
		6989	Verrechneter kalk. Lohn, unentgeltliche AN
			Kosten bei Anwendung des Umsatzkostenverfahrens
		6990	Herstellungskosten
		6992	Verwaltungskosten
		6994	Vertriebskosten
		6999	Gegenkonto zu 6990 bis 6998

Funktionen		Konto	Beschriftung SKR04 2012
			Erträge aus Beteiligungen
		7000	Erträge aus Beteiligungen
	E	7004	Erträge aus Beteiligungen an PersG, verb. UN § 9 GewStG
	E	7005	Erträge aus Beteiligungen, § 3 Nr. 40 EStG/ § 8b KStG (inländ. Kap.Ges)
	E	7006	Erträge aus Beteilig. verbund. UN, § 3 Nr. 40 EStG/ § 8b KStG (inländ. Kap.Ges)
		7007	Sonst. GewSt-freie Gewinne aus Anteile KapG, Kürzung gem. § 9 Nr. 2a GewStG
		7008	Gewinnant. aus Mitunternehmersch. § 9 GewStG
		7009	Erträge a. Beteiligung an verbundenen UN
			Erträge aus anderen Wertpapieren und Ausleihungen des Finanzanlagevermögens
		7010	Erträge anderen Wertpapiere/Ausleihungen FAV
	E	7011	Erträge Ausleihungen Finanzanlagevermögen
	E	7012	Ertr. Ausleihungen FAV an verbund. UN
	E	7013	Erträge Anteile an PersG, FAV
	E	7014	Erträge a. Beteilig. FAV, § 3 Nr. 40 EStG/ § 8b Abs. 1 KStG (inländ. Kap.Ges)
	E	7015	Erträge a. Beteilig. verb. UN, § 3 Nr. 40 EStG/ § 8b Abs. 1KStG (inländ. Kap.Ges)
	E	7016	Erträge Anteile PersG, verbundene UN
	E	7017	Erträge andere WP FAV an KapG, verb.UN
	E	7018	Erträge andere WP FAV an PersG, verb.UN
		7019	Erträge Wertpapiere/FAV-Ausl. verb. UN
	E	7020	Zins- und Dividendenerträge
	E	7030	Erhaltene Ausgleichszahlungen (als außenstehender Aktionär)
			Sonstige Zinsen und ähnliche Erträge
		7100	Sonstige Zinsen und ähnliche Erträge
		7102	Steuerfr. Aufzinsung Körperschaftsteuerguthaben
	E	7103	Erträge a. Beteilig. UV, § 3 Nr. 40 EStG/ § 8b KStG (inländ. Kap.Ges)
	E	7104	Erträge a. Beteilig. verb. UN, § 3 Nr. 40 EStG/ § 8b KStG (inländ. Kap.Ges)
		7105	Zinserträge § 233a AO, steuerpflichtig
		7106	Zinserträge § 233a AO, steuerfrei, Anlage A KSt
		7107	Zinsertr. § 233a AO, steuerfrei, § 4 Abs. 5b EStG
		7109	Sonst. Zinsen u. ä. Erträge aus verb. UN
		7110	Sonstiger Zinsertrag
		7115	Erträge Wertpapiere/Ausleihungen UV
		7119	Sonstige Zinserträge ausverbundene UN
		7120	Zinsähnliche Erträge
		7128	Zinserträge, Rückzahlung KSt-Erhöh. § 38 KStG
		7129	Zinsähnliche Erträge verbundene UN
		7130	Diskonterträge
		7139	Diskonterträge verbundene Unternehmen
		7141	Zinserträge aus der Abzinsung von Verbindlichkeiten
		7142	Zinserträge aus der Abzinsung von Rückstellungen

Funktionen	Konto	Beschriftung SKR04 2012
	7143	Zinserträge aus der Abzinsung von Pensionsrückstellungen
	7144	Zinserträge aus der Abzinsung von Pensionsrückstellungen § 246 Abs. 2 HGB
	7145	Zinserträge aus der Abzinsung, Verrechnungen § 246 Abs. 2 HGB
		Erträge aus Verlustübernahme und aufgrund eines Gewinn- oder Teilgewinnabführungs-vertrags erhaltene Gewinne
	7190	Erträge aus Verlustübernahme
	7192	Gewinne, Gewinngemeinschaft
	7194	Gewinne, Gewinn/Teilgewinnabführungsvertrag
		Abschreibungen auf Finanzanlagen und auf Wertpapiere des Umlaufvermögens
E	7200	Abschreibungen auf Finanzanlagen (dauerhaft)
E	7201	Abschr. Finanzanlagen (nicht dauerhaft)
E	7204	Abschreibungen, Finanzanlagen, §§ 3 Nr. 40, 3c EStG/§ 8b Abs. 3KStG (inländ. Kap.Ges)
E	7207	Abschreibungen auf Finanzanlagen verbundene UN
	7208	Aufwendungen Verlust-Ant. Mitunternehmersch. § 8 GewStG
	7210	Abschreibungen, Wertpapiere des UV
	7214	Abschreibungen, Wertpapiere UV, § 3 Nr. 40 EStG/§ 8b Abs. 3KStG (inländ. Kap.Ges.)
E	7217	Abschreibungen auf WP des UV, verb. UN
	7250	Abschreibungen auf Finanzanlagen § 6b EStG-Rücklage
	7255	Abschreibungen auf FA § 6b EStG-Rücklage § 3 Nr. 40 EStG/§ 8b Abs. 3 KStG (inländ. Kap.Ges.)
R	7260	Buchungssperre
		Zinsen und ähnliche Aufwendungen
	7300	Zinsen und ähnliche Aufwendungen
	7302	Nicht abzugsfäh. Nebenleisten zu Steuern § 4 Abs.5 EStG
	7303	Abzugsfähige, andere Nebenleistungen zu Steuern
	7304	Nicht abzugsfähige, andere Nebenleist. zu Steuern
	7305	Zinsaufwendungen § 233a AO betriebliche Steuern
	7306	Zinsaufwendungen §§ 233a bis 237 AO
	7307	Abzinsung KSt-Erhöhungsbetrag § 38 KStG
	7308	Zinsaufwendungen § 233a AO, § 4 Abs. 5b EStG
	7309	Zinsen u. ähnliche Aufwendungen verb. UN
	7310	Zinsaufwendungen, kurzfristige Verbindlichkeiten
	7313	Nicht abzugsfähige Schuldzinsen § 4 Abs. 4a EStG
E	7316	Zinsen für Gesellschafterdarlehen
E	7317	Zinsen an Gesellschafter, Beteiligung gr. 25 %
	7318	Zinsen auf Kontokorrentkonten
	7319	Zinsaufwendung., kurzfr. Verbindl. an verbund. UN
	7320	Zinsaufwendung., langfr. Verbindlichkeiten
	7323	Abschreibung auf Disagio zur Finanzierung
	7324	Abschreibung auf Disagio zur Finanzierung AV
	7325	Zinsen für Gebäude im Betriebsvermögen
	7326	Zinsen zur Finanzierung Anlagevermögen

7 Weitere Erträge und Aufwendungen

Funktionen	Konto	Beschriftung SKR04 2012
	7327	Renten und dauernde Lasten
	7328	Zinsen an Mitunternehmer § 15 EStG
	7329	Zinsaufwendungen langfr. Verbindl. verbundene UN
	7330	Zinsähnliche Aufwendungen
	7339	Zinsähnliche Aufwendungen an verbundene UN
	7340	Diskontaufwendungen
	7349	Diskontaufwendungen an verbundene UN
	7350	Zinsen/ähnl. Aufwend, §§ 3 Nr. 40, 3c EStG/ § 8b Abs. 1KStG (inländ. Kap.Ges.)
	7351	Zinsen und ähnl. Aufwend. an verb. UN, §§ 3 Nr. 40, 3c EStG/§ 8b Abs. 1KStG (inländ. Kap.Ges.)
E	7355	Kreditprovision, Verwaltungskostenbeiträge
E	7360	Zinsanteil, Zuführung Pensionsrückstellung
	7361	Zinsaufwendungen aus der Abzinsung von Verbindlichkeiten
	7362	Zinsaufwendungen aus der Abzinsung von Rückstellungen
	7363	Zinsaufwendungen aus der Abzinsung von Pensionsrückstellungen
	7364	Zinsaufwendungen aus der Abzinsung von Pensionsrückstellungen § 246 Abs. 2 HGB
	7365	Zinsaufwendungen aus der Abzinsung, Verrechnungen § 246 Abs. 2 HGB
		Aufwendungen aus Verlustübernahme und auf Grund einer Gewinngemeinschaft, eines Gewinn- oder Teilgewinnabführungs-vertrags abgeführte Gewinne
	7390	Aufwendungen aus Verlustübernahme
	7392	Abgef. Gewinne/Gewinngemeinschaft
	7394	Abgef. Gewinne/Gewinn-/Teilgewinnabf.
	7399	Abgef. Gewinne stille Gesellschafter § 8 GewStG
		Außerordentliche Erträge
	7400	Außerordentliche Erträge
	7401	Außerordentliche Erträge, finanzwirksam
	7450	Außerordentliche Erträge, nicht finanzwirksam
E	7451	Erträge Verschmelzung und Umwandlung
E	7452	Erträge Verkauf bedeutende Beteiligung
E	7453	Erträge Verkauf bedeutende Grundstücke
E	7454	Gewinn Veräuß/Aufg. Geschäftsaktivität
		Außerordentliche Erträge aus der Anwendung der Übergangsvorschriften i. S. d. BilMoG
	7460	Ao. Erträge aufgr. Übergangsvorschriften BilMoG
	7461	Ao. Erträge aufgr. Übergangsv. BilMoG (Zuschreibung Sachanlagen)
	7462	Ao. Erträge aufgr. Übergangsv. BilMoG (Zuschreibung Finanzanlagen)
	7463	Ao. Erträge aufgr. Übergangsv. BilMoG (Wertpapiere Umlaufvermögen)
	7464	Ao. Erträge aufgr. Übergangsv. BilMoG (latente Steuern)

7 Weitere Erträge und Aufwendungen

Funktionen	Konto	Beschriftung SKR04 2012
		Außerordentliche Aufwendungen
	7500	Außerordentliche Aufwendungen
	7501	Außerordentliche Aufwendungen, finanzwirksam
	7550	Außerordentl. Aufwend., nicht finanzwirksam
E	7551	Verluste durch Verschmelzg./Umwandlung
E	7552	Verluste d. außergewöhnl.Schadensfälle
E	7553	Aufwendungen für Restrukturierung u. Sanierung
E	7554	Verlust Veräuß/Aufg.Geschäftsaktivität
		Außerordentliche Aufwendungen aus der Anwendung der Übergangsvorschriften i. S. d. BilMoG
	7560	Ao. Aufwendungen aufgr. Übergangsvorschriften BilMoG
	7561	Ao. Aufwendungen aufgr. Übergangsv. BilMoG (Pensionsrückstellungen)
	7562	Ao. Aufwendungen aufgr. Übergangsv. BilMoG (Bilanzierungshilfen)
	7563	Ao. Aufwendungen aufgr. Übergangsv. BilMoG (latente Steuern)
		Steuern vom Einkommen und Ertrag
	7600	Körperschaftsteuer
	7603	Körperschaftsteuer für Vorjahre
	7604	Körperschaftsteuererstattung Vorjahre
	7607	Solidaritätszuschlagerstattung Vorjahre
	7608	Solidaritätszuschlag
	7609	Solidaritätszuschlag für Vorjahre
	7610	Gewerbesteuer
	7630	Kapitalertragsteuer 25 %
R	7632	Buchungssperre
	7633	SolZ auf Kapitalertragsteuer 25 %
	7639	Anzurechnende ausländische Quellensteuer
	7640	GewSt-Nachzahlung Vorjahre
	7641	GewSt-Nachzahlung/-Erstattung VJ § 4/5b EStG
	7642	GewSt-Erstattung Vorjahre
	7643	Auflösung, GewSt-Rückstellunen. § 4/5b EStG
	7644	Auflösung, Gewerbesteuerrückstellung
	7645	Aufwendung., Zuführg./Auflösung, latente Steuern
	7649	Erträge, Zuführg./Auflösg., latente Steuern
		Sonstige Steuern
	7650	Sonstige Steuern
	7675	Verbrauchsteuer
	7678	Ökosteuer
	7680	Grundsteuer
	7685	Kfz-Steuern
	7690	Steuernachzahlung VJ, sonstige Steuern
	7692	Erstattung VJ, sonstige Steuern
	7694	Erträge, Auflösung Rückstellung, sonstige Steuern
	7700	Gewinnvortrag nach Verwendung
	7720	Verlustvortrag nach Verwendung
	7730	Entnahmen aus Kapitalrücklagen

7 Weitere Erträge und Aufwendungen

Funktionen	Konto	Beschriftung SKR04 2012
		Entnahmen aus Gewinnrücklagen
	7735	Entnahmen aus der gesetzlichen Rücklage
	7740	Entnahmen Rücklage für eigene Anteile
	7743	Rücklageentnahmen f. Anteile an beherrschenden Unternehmen
	7745	Entnahmen satzungsmäßige Rücklagen
	7750	Entnahmen andere Gewinnrücklagen
	7755	Erträge a. Kapitalherabsetzung
	7760	Einstellungen Kapitalrücklage
		Einstellungen in Gewinnrücklagen
	7765	Einstellungen gesetzliche Rücklage
	7770	Einstellung Rücklage eigene Anteile
	7773	Einstell. in die Rücklage f. Anteile an beherrschen-Unternehmen
	7775	Einstellungen satzungsmäßiger Rücklage Unternehmen
	7780	Einstellungen andere Gewinnrücklagen
	7790	Vorabausschüttung
	7795	Vortrag auf neue Rechnung (GuV)
V	7800	Zur freien Verfügung
V	–7899	
KU R	7900	Buchungssperre

8 Sonstige betriebliche Aufwendungen

Funktionen	Konto	Beschriftung SKR04 2012
		Sonstige betriebliche Aufwendungen
	8000 –8999	

9 Vortrags-, Kapital- und Statistische Konten

Funktionen	Konto	Beschriftung SKR04 2012
		Vortragskonten
KU S	9000	Saldenvorträge Sachkonten
KU F	9001 –9007	Saldenvorträge Sachkonten
KU F	9008	Saldenvorträge Debitoren
KU S	9009	Saldenvorträge Kreditoren
KU F	9060	Offene Posten 1990
KU F	9069	Offene Posten 1999
KU F	9070	Offene Posten 2000
KU F	9071	Offene Posten 2001
KU F	9072	Offene Posten 2002
KU F	9073	Offene Posten 2003
KU F	9074	Offene Posten 2004
KU F	9075	Offene Posten 2005
KU F	9076	Offene Posten 2006
KU F	9077	Offene Posten 2007
KU F	9078	Offene Posten 2008
KU F	9079	Offene Posten 2009
KU F	9080	Offene Posten 2010
KU F	9081	Offene Posten 2011
KU F	9082	Offene Posten 2012

Funktionen		Konto	Beschriftung SKR04 2012
KU	F	9090	Summenvortrag
KU	F	9091	Offene Posten 1991
KU	F	9092	Offene Posten 1992
KU	F	9093	Offene Posten 1993
KU	F	9094	Offene Posten 1994
KU	F	9095	Offene Posten 1995
KU	F	9096	Offene Posten 1996
KU	F	9097	Offene Posten 1997
KU	F	9098	Offene Posten 1998
			Statistische Konten für Betriebswirtschaftliche Auswertungen (BWA)
KU	F	9101	Verkaufstage
KU	F	9102	Anzahl der Barkunden
KU	F	9103	Beschäftigte Personen
KU	F	9104	Unbezahlte Personen
KU	F	9105	Verkaufskräfte
KU	F	9106	Geschäftsraum qm
KU	F	9107	Verkaufsraum qm
KU	F	9116	Anzahl Rechnungen
KU	F	9117	Anzahl Kreditkunden monatlich
KU	F	9118	Anzahl Kreditkunden aufgelaufen
KU	F	9120	Erweiterungsinvestitionen
KU	F	9130 -9131	BWA-Formen mit statistischen Mengeneinheiten; Umrechnungssperre, Funktion 18000
KU		9135	Auftragseingang im Geschäftsjahr
KU		9140	Auftragsbestand
KU	F	9190	Gegenkto. zu Konten 9101–9107, 9116–9118
KU		9199	Gegenkonto zu Konten 9120, 9135–9140
			Statistische Konten für den Kennzifferteil der Bilanz
KU	F	9200	Beschäftigte Personen
KU	F	9201 -9208	BWA-Formen mit statistischen Mengeneinheiten; Umrechnungssperre, Funktion 18000
KU	F	9209	Gegenkonto zu 9200
KU		9210	Produktive Löhne
KU		9219	Gegenkonto zu 9210
			Statistische Konten zur informativen Angabe des gezeichneten Kapitals in anderer Währung
KU	F	9220	Gez. Kapital in DM (Art. 42/3/1 EGHGB)
KU	F	9221	Gez. Kapital in Euro (Art. 42/3/2 EGHGB)
KU	F	9229	Gegenkonto zu Konten 9220–9221
			Passive Rechnungsabgrenzung
KU		9230	Passive RAP Baukostenzuschüsse
KU		9232	Passive RAP Investitionszulagen
KU		9234	Passive RAP Investitionszuschüsse
KU		9239	Gegenkonto zu Konten 9230–9238
KU		9240	Investitionsverbindlichk., Leistungsverbindlichk.
KU		9241	Investitionsverbindlichk., Sachanlagen
KU		9242	Investitionsverbindlichk., immat. VG
KU		9243	Investitionsverbindlichk. Finanzanlagen

9 Vortrags-, Kapital- und Statistische Konten

Funktionen		Konto	Beschriftung SKR04 2012
KU		9244	Gegenkonto zu Konten 9240– 43
KU		9245	Forderungen, Sachanlagenverkäufe
KU		9246	Forderungen Verkäufe, immat. VG
KU		9247	Forderungen Verkäufe, Finanzanlagen
KU		9249	Gegenkonto zu Konten 9245– 47
			Eigenkapitalersetzende Gesellschafterdarlehen
KU		9250	Eigenkapitalersetz. Gesellschafterdarl.
KU		9255	Ungesicherte Gesellschafterdarl., Rtlz. größer 5 J.
KU		9259	Gegenkonto zu 9250 und 9255
			Aufgliederung der Rückstellungen
KU		9260	Kurzfristige Rückstellungen
KU		9262	Mittelfristige Rückstellungen
KU		9264	Langfristige Rückstellung ohne Pensionen
KU		9269	Gegenkonto zu Konten 9260–9268
			Statistische Konten für in der Bilanz auszuweisende Haftungsverhältnisse
KU		9270	Gegenkonto zu Konten 9271–9279
KU		9271	Verbindlichkeiten, Wechselbegebung/-übertragung
KU		9272	Verbindl., Wechselbegeb./-übertrag. verbund. UN
KU		9273	Verbindl., Bürgschaft., Wechsel-/Scheckbürgschaft.
KU		9274	Verbindl., Bürgsch., Wechsel-/Scheckb. verb. UN
KU		9275	Verbindl., Gewährleistungsverträgen
KU		9276	Verbindl., Gewährleistsverträgen verbund. UN
KU		9277	Haftung fremde Verbindlichkeiten
KU		9278	Haftung fremde Verbindlichkeiten. gg. verbund. UN
KU		9279	Verpflichtungen aus Treuhandvermögen
			Statistische Konten für die im Anhang anzugebenden sonstigen finanziellen Verpflichtungen
KU		9280	Gegenkonto zu Konten 9281–9286
KU		9281	Verpflichtungen, Leasing-u. Mietverträgen
KU		9282	Verpflichtungen, Leasing- u. Mietvertr. verbund. UN
KU		9283	Andere Verpflichtungen, § 285 Nr. 3 HGB
KU		9284	And. Verpflicht., § 285 Nr. 3 HGB, verbund. UN
KU		9285	(statistisches Konto für den oberen Grenzwert)
KU		9286	(statistisches Konto für den unteren Grenzwert)
			Statistische Konten für § 4 Abs. 3 EStG
KU		9287	Zinsen, Debitorenbuchung § 4/3 EStG
KU		9288	Mahngebühr, Debitorenbuchung § 4/3 EStG
KU		9289	Gegenkonto zu Konto 9287 und 9288
KU		9290	Statistisches Konto, steuerfreie Auslagen
KU		9291	Gegenkonto zu 9290
KU		9292	Statistisches Konto, Fremdgeld
KU		9293	Gegenkonto zu 9292
KU		9295	Einlagen stiller Gesellschafter
KU		9297	Steuerrechtlicher Ausgleichsposten
KU	F	9300 -9320	BWA-Formen mit statistischen Mengeneinheiten; Umrechnungssperre, Funktion 18000

Funktionen		Konto	Beschriftung SKR04 2012
KU	F	9326 –9343	BWA-Formen mit statistischen Mengeneinheiten; Umrechnungssperre, Funktion 18000
KU	F	9346 –9349	BWA-Formen mit statistischen Mengeneinheiten; Umrechnungssperre, Funktion 18000
KU	F	9357 –9360	BWA-Formen mit statistischen Mengeneinheiten; Umrechnungssperre, Funktion 18000
KU	F	9365 –9367	BWA-Formen mit statistischen Mengeneinheiten; Umrechnungssperre, Funktion 18000
KU	F	9371 –9372	BWA-Formen mit statistischen Mengeneinheiten; Umrechnungssperre, Funktion 18000
KU	F	9390 –9394	BWA-Formen der Branchenlösung
KU	F F	9395 –9399	BWA-Formen mit statistischen Mengeneinheiten; Umrechnungssperre, Funktion 18000
			Privat Teilhafter (für Verrechnung Gesellschafterdarlehen mit Eigenkapitalcharakter Konto 9840–9849)
KU		9400 –9409	Privatentnahmen allgemein
KU		9410 –9419	Privatsteuern
KU		9420 –9429	Sonderausgaben beschränkt abzugsfähig
KU		9430 –9439	Sonderausgaben unbeschränkt abzugsfähig
KU		9440 –9449	Zuwendungen, Spenden
KU		9450 –9459	Außergewöhnliche Belastungen
KU		9460 –9469	Grundstücksaufwand
KU		9470 –9479	Grundstücksertrag
KU		9480 –9489	Unentgeltliche Wertabgaben
KU		9490 –9499	Privateinlagen
			Statistische Konten für die Kapitalkontenentwicklung
KU		9500	Anteil für Konto 2000, Vollhafter
KU		9501	Anteil für Konto 2001, Vollhafter
KU		9502	Anteil für Konto 2002, Vollhafter
KU		9503	Anteil für Konto 2003, Vollhafter
KU		9504	Anteil für Konto 2004, Vollhafter
KU		9505	Anteil für Konto 2005, Vollhafter
KU		9506	Anteil für Konto 2006, Vollhafter
KU		9507	Anteil für Konto 2007, Vollhafter
KU		9508	Anteil für Konto 2008, Vollhafter
KU		9509	Anteil für Konto 2009, Vollhafter
KU		9510	Anteil für Konto 2011, Vollhafter
KU		9511	Anteil für Konto 2011, Vollhafter
KU		9512	Anteil für Konto 2012, Vollhafter

9 Vortrags-, Kapital- und Statistische Konten

Funktionen	Konto	Beschriftung SKR04 2012
KU	9513	Anteil für Konto 2013, Vollhafter
KU	9514	Anteil für Konto 2014, Vollhafter
KU	9515	Anteil für Konto 2015, Vollhafter
KU	9516	Anteil für Konto 2016, Vollhafter
KU	9517	Anteil für Konto 2017, Vollhafter
KU	9518	Anteil für Konto 2018, Vollhafter
KU	9519	Anteil für Konto 2019, Vollhafter
KU	9520	Anteil für Konto 2020, Vollhafter
KU	9521	Anteil für Konto 2021, Vollhafter
KU	9522	Anteil für Konto 2022, Vollhafter
KU	9523	Anteil für Konto 2023, Vollhafter
KU	9524	Anteil für Konto 2024, Vollhafter
KU	9525	Anteil für Konto 2025, Vollhafter
KU	9526	Anteil für Konto 2026, Vollhafter
KU	9527	Anteil für Konto 2027, Vollhafter
KU	9528	Anteil für Konto 2028, Vollhafter
KU	9529	Anteil für Konto 2029, Vollhafter
KU	9530	Anteil für Konto 9810, Vollhafter
KU	9531	Anteil für Konto 9811, Vollhafter
KU	9532	Anteil für Konto 9812, Vollhafter
KU	9533	Anteil für Konto 9813, Vollhafter
KU	9534	Anteil für Konto 9814, Vollhafter
KU	9535	Anteil für Konto 9815, Vollhafter
KU	9536	Anteil für Konto 9816, Vollhafter
KU	9537	Anteil für Konto 9817, Vollhafter
KU	9538	Anteil für Konto 9818, Vollhafter
KU	9539	Anteil für Konto 9819, Vollhafter
KU	9540	Anteil für Konto 0060, Vollhafter
KU	9541	Anteil für Konto 0061, Vollhafter
KU	9542	Anteil für Konto 0062, Vollhafter
KU	9543	Anteil für Konto 0063, Vollhafter
KU	9544	Anteil für Konto 0064, Vollhafter
KU	9545	Anteil für Konto 0065, Vollhafter
KU	9546	Anteil für Konto 0066, Vollhafter
KU	9547	Anteil für Konto 0067, Vollhafter
KU	9548	Anteil für Konto 0068, Vollhafter
KU	9549	Anteil für Konto 0069, Vollhafter
KU	9550	Anteil für Konto 2050, Teilhafter
KU	9551	Anteil für Konto 2051, Teilhafter
KU	9552	Anteil für Konto 2052, Teilhafter
KU	9553	Anteil für Konto 2053, Teilhafter
KU	9554	Anteil für Konto 2054, Teilhafter
KU	9555	Anteil für Konto 2055, Teilhafter
KU	9556	Anteil für Konto 2056, Teilhafter
KU	9557	Anteil für Konto 2057, Teilhafter
KU	9558	Anteil für Konto 2058, Teilhafter
KU	9559	Anteil für Konto 2059, Teilhafter
KU	9560	Anteil für Konto 2060, Teilhafter
KU	9561	Anteil für Konto 2061, Teilhafter
KU	9562	Anteil für Konto 2062, Teilhafter
KU	9563	Anteil für Konto 2063, Teilhafter
KU	9564	Anteil für Konto 2064, Teilhafter
KU	9565	Anteil für Konto 2065, Teilhafter
KU	9566	Anteil für Konto 2066, Teilhafter
KU	9567	Anteil für Konto 2067, Teilhafter

Funktionen	Konto	Beschriftung SKR04 2012
KU	9568	Anteil für Konto 2068, Teilhafter
KU	9569	Anteil für Konto 2069, Teilhafter
KU	9570	Anteil für Konto 2070, Teilhafter
KU	9571	Anteil für Konto 2071, Teilhafter
KU	9572	Anteil für Konto 2072, Teilhafter
KU	9573	Anteil für Konto 2073, Teilhafter
KU	9574	Anteil für Konto 2074, Teilhafter
KU	9575	Anteil für Konto 2075, Teilhafter
KU	9576	Anteil für Konto 2076, Teilhafter
KU	9577	Anteil für Konto 2077, Teilhafter
KU	9578	Anteil für Konto 2078, Teilhafter
KU	9579	Anteil für Konto 2079, Teilhafter
KU	9580	Anteil für Konto 9820, Vollhafter
KU	9581	Anteil für Konto 9821, Vollhafter
KU	9582	Anteil für Konto 9822, Vollhafter
KU	9583	Anteil für Konto 9823, Vollhafter
KU	9584	Anteil für Konto 9824, Vollhafter
KU	9585	Anteil für Konto 9825, Vollhafter
KU	9586	Anteil für Konto 9826, Vollhafter
KU	9587	Anteil für Konto 9827, Vollhafter
KU	9588	Anteil für Konto 9828, Vollhafter
KU	9589	Anteil für Konto 9829, Vollhafter
KU	9590	Anteil für Konto 0080, Teilhafter
KU	9591	Anteil für Konto 0081, Teilhafter
KU	9592	Anteil für Konto 0082, Teilhafter
KU	9593	Anteil für Konto 0083, Teilhafter
KU	9594	Anteil für Konto 0084, Teilhafter
KU	9595	Anteil für Konto 0085, Teilhafter
KU	9596	Anteil für Konto 0086, Teilhafter
KU	9597	Anteil für Konto 0087, Teilhafter
KU	9598	Anteil für Konto 0088, Teilhafter
KU	9599	Anteil für Konto 0089, Teilhafter
KU	9610 –9619	Tätigkeitsvergütung, Vollhafter
KU	9620 –9629	Tantieme, Vollhafter
KU	9630 –9639	Darlehensverzinsung, Vollhafter
KU	9640 –9649	Gebrauchsüberlassung, Vollhafter
KU	9650 –9689	Sonstige Vergütungen, Vollhafter
KU	9690 –9699	Restanteil, Vollhafter
	9700 –9709	Name des Gesellschafter, Teilhafter
KU	9710 –9719	Tätigkeitsvergütung, Teilhafter
KU	9720 –9729	Tantieme, Teilhafter
KU	9730 –9739	Darlehensverzinsung, Teilhafter
KU	9740 –9749	Gebrauchsüberlassung, Teilhafter

9 Vortrags-, Kapital- und Statistische Konten

Funktionen	Konto	Beschriftung SKR04 2012
KU	9750 –9779	Sonstige Vergütungen, Teilhafter
KU	9780	Anteil für Konto 9840, Teilhafter
KU	9781	Anteil für Konto 9841, Teilhafter
KU	9782	Anteil für Konto 9842, Teilhafter
KU	9783	Anteil für Konto 9843, Teilhafter
KU	9784	Anteil für Konto 9844, Teilhafter
KU	9785	Anteil für Konto 9845, Teilhafter
KU	9786	Anteil für Konto 9846, Teilhafter
KU	9787	Anteil für Konto 9847, Teilhafter
KU	9788	Anteil für Konto 9848, Teilhafter
KU	9789	Anteil für Konto 9849, Teilhafter
KU	9790 –9799	Restanteil, Teilhafter
KU	**9800**	**Lösch- und Korrekturschlüssel**
KU	**9801**	**Lösch- und Korrekturschlüssel**
		Kapital Personenhandelsgesellschaft Vollhafter
KU	9810 –9819	Kapitalkonto III
KU	9820 –9829	Verlust-/Vortragskonto
KU	9830 –9839	Verrechnungskonto für Einzahlungsverpflichtungen
		Kapital Personenhandelsgesellschaft Teilhafter
KU	9840 –9849	Gesellschafter-Darlehen
KU	9850 –9859	Verrechnungskonto für Einzahlungsverpflichtungen
		Einzahlungsverpflichtungen im Bereich der Forderungen
KU	9860 –9869	Einzahlungsverpfl. persönl. haft.Gesellschafter
KU	9870 –9879	Einzahlungsverpflichtungen Kommanditisten
		Ausgleichsposten für aktivierte eigene Anteile und Bilanzierungshilfen
KU	9880	Ausgleichsposten f. aktiv. eigene Anteile
KU	9882	Ausgleichsposten f. aktiv. Bilanzierungshilfen
		Nicht durch Vermögenseinlagen gedeckte Entnahmen
KU	9883	Ungedeckte Entnahme persönl. haft. Gesellschafter
KU	9884	Ungedeckte Entnahme Kommanditisten
		Verrechnungskonto für nicht durch Vermögenseinlagen gedeckte Entnahmen
KU	9885	Verrechnungskonto ungedeckte Entnahme persönlich haftender Gesellschafter

Funktionen	Konto	Beschriftung SKR04 2012
KU	9886	Verrechnungskonto ungedeckte Entnahme Kommanditisten
		Steueraufwand der Gesellschafter
KU	9887	Steueraufwand der Gesellschafter
KU	9889	Gegenkonto zu 9887
		Statistische Konten für Gewinnzuschlag
KU	9890	Gewinnzuschlag §§ 6b, 6c, 7g a. F. EStG (H)
KU	9891	Gewinnzuschlag §§ 6b, 6c, 7g EStG a. F. (S) Gegenkonto zu 9890
		Vorsteuer-/Umsatzsteuerkonten zur Korrektur der Forderungen/Verbindlichkeiten (EÜR)
KU	9893	Umsatzsteuer in Forderungen allgemeiner Satz
KU	9894	Umsatzsteuer in Forderungen ermäßigter Satz
KU	9895	Gegenkonto Aufteilung Umsatzsteuer
KU	9896	Vorsteuer in Verbindl. allgemeiner Satz
KU	9897	Vorsteuer in Verbindl. ermäßigter Satz
KU	9899	Gegenkonto 9896–9897, Aufteilung Vorsteuer
		Statistische Konten zu § 4 (4a) EStG
KU	9910	Gegenkto. Minderung Entnahmen § 4,4a EStG
KU	9911	Minderung der Entnahmen § 4, 4a EStG
KU	9912	Erhöhung der Entnahmen § 4, 4a EStG
KU	9913	Gegenkto. Erhöhung Entnahmen § 4,4a EStG
KU	9918	Auswertungen mit Vorjahresvergleich
KU	9919	Auswertungen mit Vorjahresvergleich
		Konten zur Bewertungskorrektur
KU	9960	Bewertungskorrektur zu Forderungen L + L
KU	9961	Bewertungskorrektur zu sonst. Verbindl.
KU	9962	Bewertungskorrektur Guthaben. Kreditinstitut
KU	9963	Bewertungskorr. Verbindlichkeiten Kreditinstitut
KU	9964	Bewertungskorrektur zu Verbindlichk. L + L
KU	9965	Bewertungskorrektur zu sonstigen VermG
		Statistische Konten für den außerhalb der Bilanz zu berücksichtigenden Investitionsabzugsbetrag nach § 7g EStG
KU	9970	Investitionsabzugsbetrag § 7g /1 EStG, (S)
KU	9971	Investitionsabzugsbetrag § 7g /1 EStG, (H) – Gegenkonto zu 9970
KU	9972	Hinzurechnung IAB § 7g Abs. 2 EStG, (H)
KU	9973	Hinzurechnung IAB § 7g Abs. 2 (S) – Gegenkonto zu 9972
KU	9974	Rückgängigmachung IAB § 7g Abs. 3, 4 EStG, Erhöhung IAB im früheren Abzugsjahr (H)
KU	9975	Rückgängigmachung IAB § 7g Abs. 3, 4 EStG, Erhöhung IAB im früheren Abzugsjahr (S) –Gegenkonto zu 9974

9 Vortrags-, Kapital- und Statistische Konten

Funktionen	Konto	Beschriftung SKR04 2012
		Statistische Konten für die Zinsschranke § 4h EStG/§ 8a KStG
KU	9976	Nicht abzugsfähige Zinsaufw., § 4h EStG, (H)
KU	9977	Nicht abzugsfähige Zinsaufw., § 4h EStG, (S) – Gegenkonto zu 9976
KU	9978	Abziehb. Zinsaufw. Vorjahre, § 4h EStG, (S)
KU	9979	Abziehb. Zinsaufw. Vorjahre, § 4h EStG, (H) – Gegenkonto zu 9978
		Statistische Konten für den GuV-Ausweis in „Gutschrift bzw. Belastung auf Verbindlichkeitskonten" bei den Zuordnungstabellen für PersHG nach KapCoRiLiG
KU	9980	Belastung auf Verbindlichkeitskonten
KU	9981	Verrechnungskonto Anteil Belastung Verb.konten
KU	9982	Anteil Gutschrift auf Verbindl.konten
KU	9983	Verrechnungskonto Anteil Gutschrift Verb.konten
		Statistische Konten für die Gewinnkorrektur nach § 60 Abs. 2 EStDV
KU	9984	Gewinnkorrektur § 60 Abs. 2 EStDV – Erhöhung handelsrechtl. Ergebnis (Haben) – Minderunghandelsrechtl. Ergebnis (Soll)
KU	9985	Gegenkonto zu 9984
		Statistische Konten für die Korrekturbuchungen in der Überleitungsrechnung
KU	9986	Ergebnisverteilung auf Fremdkapital
KU	9987	Bilanzberichtigung
KU	9989	Gegenkonto zu 9986-9988
		Personenkonten
	10000 –69999	= Debitoren
	70000 –99999	= Kreditoren

Industriekontenrahmen (IKR)

AKTIVA	
0 Immaterielle Vermögensgegenstände und Sachanlagen	
Kontenklasse	**Bezeichnung**
00	Ausstehende Einlagen
001	ausstehende Einlagen, noch nicht eingeforderte Einlagen
002	ausstehende Einlagen, eingeforderte Einlagen
01	Aufwendungen für die Ingangsetzung und Erweiterung des Geschäftsbetriebes
(02–04) Immaterielle Vermögensgegenstände:	
02	Konzessionen, gewerbliche Schutzrechte und ähnliche Rechte und Werte sowie Lizenzen an solchen Rechten und Werten
021	Konzessionen
022	Gewerbliche Schutzrechte
023	ähnliche Rechte und Werte
024	Lizenzen an Rechten und Werten
03	Geschäfts- und Firmenwert
031	Geschäfts- und Firmenwert
032	Verschmelzungsmehrwert
04	Geleistete Anzahlungen auf immaterielle Vermögensgegenstände
(05–09) Sachanlagen:	
05	Grundstücke, grundstücksgleiche Rechte und Bauten einschließlich der Bauten auf fremden Grundstücken
050	unbebaute Grundstücke
051	bebaute Grundstücke
0511	bebaute Grundstücke mit eigenen Bauten
0519	bebaute Grundstücke mit fremden Bauten
052	grundstücksgleiche Rechte
053	Betriebsgebäude
0531	Betriebsgebäude mit eigenen Grundstücken
0539	Betriebsgebäude auf fremden Grundstücken
054	Verwaltungsgebäude
055	andere Bauten
056	Grundstückseinrichtungen
0561	Grundstückseinrichtungen auf eigenen Grundstücken
0569	Grundstückseinrichtungen auf fremden Grundstücken
057	Gebäudeeinrichtungen
058	frei
059	Wohngebäude
06	frei
07	Technische Anlagen und Maschinen
070	technische Anlagen
071	Maschinen
072	Maschinengebundene Werkzeuge
073	Betriebsvorrichtungen

0 Immaterielle Vermögensgegenstände und Sachanlagen	
Kontenklasse	**Bezeichnung**
08	Andere Anlagen, Betriebs- und Geschäftsausstattung
080	andere Anlagen
081	Werkstätteneinrichtung
082	Werkzeuge, Werksgeräte und Modelle, Prüf- und Messmittel
083	Lager- und Transporteinrichtungen
084	Fuhrpark
0841	PKW
0842	LKW
085	sonstige Betriebsaustattung
086	Büromaschinen, Organisationsmittel und Kommunikationsanlagen
087	Büromöbel und sonstige Geschäftsausstattung
088	Reserveteile für Betriebs- und Geschäftsausstattung
089	geringwertige Vermögensgegenstände der Betriebs- und Geschäftsausstattung
09	Geleistete Anzahlungen und Anlagen im Bau
090	geleistete Anzahlungen auf Sachanlagen
095	Anlagen im Bau
1 Finanzanlagen	
10	frei
11	Anteile an verbundenen Unternehmen
110	Anteile an einem herrschenden oder einem mit
111	Anteile an der Konzernmutter, soweit nicht Konto
112	Anteile an Tochterunternehmen
–117	
118	frei
119	Anteile an sonstigen verbundenen Unternehmen
12	Ausleihungen an verbundene Unternehmen
120	Ausleihungen an verbundene Unternehmen, gesichert, durch Grundpfandrechte oder andere Sicherheiten
125	Ausleihungen an verbundene Unternehmen,
13	Beteiligungen
130	Beteiligungen an assoziierten Unternehmen
135	andere Beteiligungen
14	Ausleihungen an Unternehmen, mit denen ein Beteiligungsverhältnis besteht
140	Ausleihungen an Unternehmen, mit denen ein Beteiligungsverhältnis besteht, gesichert, durch Grundpfandrechte oder andere Sicherheiten
145	Ausleihungen an Unternehmen, mit denen ein Beteiligungsverhältnis besteht, ungesichert
15	Wertpapiere
150	Stammaktien
151	Vorzugsaktien
152	Genussscheine
153	Investmentzertifikate
154	Gewinnobligationen
155	Wandelschuldverschreibungen

1 Finanzanlagen

Kontenklasse	Bezeichnung
156	festverzinsliche Wertpapiere
157	frei
158	Optionsscheine
159	sonstige Wertpapiere
16	Sonstige Ausleihungen (Sonstige Finanzanlagen)
160	Genossenschaftsanteile
161	gesicherte sonstige Ausleihungen
162	frei
163	ungesicherte sonstige Ausleihungen
164	frei
165	Ausleihungen an Mitarbeiter, an Organmitglieder
1651 –1653	Auslagen an Mitarbeiter
1654	Ausl. an Geschäftsführer/Vorstandsmitglieder
1656	Ausl. an Mitarbeiter des Beirats/Aufsichtsrates
1658	Auslagen an Gesellschafter
166 –168	frei
169	übrige sonstige Finanzanlagen

2 Umlaufvermögen und aktive Rechnungsabgrenzung

Kontenklasse	Bezeichnung
(20–23) Vorräte:	
20	Roh-, Hilfs- und Betriebsstoffe
200	Rohstoffe/Fertigungsmaterial
201	Vorprodukte/Fremdbauteile
202	Hilfsstoffe
203	Betriebsstoffe
204 –209	frei
21	Unfertige Erzeugnisse, unfertige Leistungen
210 –217	unfertige Erzeugnisse
218	frei
219	nicht abgerechnete Leistungen (unfertige Leistungen)
22	Fertige Erzeugnisse und Waren
220 –227	fertige Erzeugnisse
228	Waren (Handelsware)
23	Geleistete Anzahlungen auf Vorräte
(24–26) Forderungen und sonstige Vermögensgegenstände:	
24	Forderungen aus Lieferungen und Leistungen
240 –244	Forderungen aus Lieferungen und Leistungen
245	Wechselforderungen aus Lieferungen und Leistungen
246 –248	frei
249	Wertberichtigungen zu Forderungen aus Lieferungen und Leistungen
2491	Einzelwertberichtigungen
2492	Pauschalwertberichtigungen
25	Forderungen gegen verbundene Unternehmen und gegen Unternehmen, mit denen ein Beschäftigungsverhältnis besteht

2 Umlaufvermögen und aktive Rechnungsabgrenzung

Kontenklasse	Bezeichnung
250 –254	Forderungen gegen verbundene Unternehmen
250 –251	Forderungen aus Lieferungen und Leistungen gegen verbundene Unternehmen
252	Wechselforderungen (verbundene Unternehmen)
253	sonstige Forderungen gegen verbundene Unternehmen
254	Wertberichtigungen zu Forderungen gegen verbundene Unternehmen
255 –259	Forderungen gegen Unternehmen mit denen ein Beteiligungsverhältnis besteht
255 –256	Forderungen aus Lieferungen und Leistungen gegen Unternehmen mit denen ein Beschäftigungsverhältnis besteht
257	Wechselforderungen (Beteiligungsverhältnisse)
258	sonstige Forderungen gegen Unternehmen, mit denen ein Beschäftigungsverhältnis besteht
259	Wertberichtungen zu Forderungen bei Beschäftigungsverhältnissen
26	Sonstige Vermögensgegenstände
260	anrechenbare Vorsteuer
2601	anrechenbare VorSt. ermäßigter Satz
2605	anrechenbare VorSt. voller Satz
261	aufzuteilende Vorsteuer
2611	aufzuteilende VorSt. ermäßigter Satz
2615	aufzuteilende VorSt. voller Satz
262	sonstige USt.-Forderungen
2621	Umsatzsteuerforderungen
2622	USt.-Forderungen laufendes Jahr
2623	USt.-Forderungen Vorjahr
2624	USt.-Forderungen frühere Jahre
2625	§ 13 BerlinFG
2626	Kürzung Berlin FG
2627	Kürzung Warenbezüge a.d.WgM-DDR
2628	bezahlte Einfuhrumsatzsteuer
2629	VorSt. im Folgejahr abziehbar
263	sonstige Forderungen an Finanzbehörden
264	Forderungen an Sozialversicherungsträger
265	Forderungen an Mitarbeiter, an Organmitglieder und an Gesellschafter
2651 –2653	Forderungen an Mitarbeiter
2654	Forderungen an Geschäftsführer/ Vorstandsmitglieder
2655	frei
2656	Forderungen an Mitglieder des Beirats/Aufsichtrates
2657	frei
2658	Forderungen an Gesellschafter
266	andere sonstige Forderungen
2661	Ansprüche auf Versicherungs- sowie Schadensersatzleistungen
2662	Kostenvorschüsse (soweit nicht Anzahlungen)
2663	Kautionen und sonstige Sicherheitsleistungen
2664	Darlehen, soweit nicht Finanzanlage

2 Umlaufvermögen und aktive Rechnungsabgrenzung

Kontenklasse			Bezeichnung
		2665 –2667	frei
		2668	Forderungen aus Soll-Salden der Kontengruppe 44
	267		andere sonstige Vermögensgegenstände (z. B. außer Betrieb gesetzte und zur Veräußerung oder Verschrottung bestimmte ehemalige Gegenstände des Sachanlagevermögens)
	268		eingefordertes, noch nicht eingezahltes Kapital und eingeforderte Nachschüsse
		2681	eingefordertes, noch nicht eingezahltes Kapital
		2685	eingeforderte Nachschüsse
	269		Wertberichtigungen zu sonstigen Forderungen und und Vermögensgegenständen
27			Wertpapiere
	270		Anteile an verbundenen Unternehmen
		2701	Anteile an einem herrschenden oder einem mit Mehrheit beteiligten Unternehmen
		2702	Anteile an der Konzernmutter soweit nicht zu Konto 110 gehörig
		2703 –2707	Anteile an Tochterunternehmen
		2708	frei
		2709	Anteile an sonstigen verbundenen Unternehmen
	271		eigene Anteile
	272		Aktien
	273		variabel verzinsliche Wertpapiere
	274		festverzinsliche Wertpapiere
	275		Finanzwechsel
	278		Optionsscheine
	279		sonstige Wertpapiere
28			Flüssige Mittel
	280 –284		Guthaben bei Kreditinstituten
	285		Postgiroguthaben
	286		Schecks
	287		Bundesbank
	288		Kasse
	289		Nebenkasse
29			Aktive Rechnungsabgrenzung
	290		Disagio
	291		Zölle und Verbrauchssteuern
	292		Umsatzsteuer auf erhaltene Anzahlungen
	293		andere aktive Jahresabgrenzungsposten
	294		frei
	295		aktive Steuerabgrenzung
	296 –298		frei
	299		nicht durch Eigenkapital gedeckter Fehlbetrag

PASSIVA

3 Eigenkapital und Rückstellungen

Kontenklasse			Bezeichnung
30			Kapitalkonto/Gezeichnetes Kapital
	300 –301		bei Einzelfirmen und Personengesellschaften:
	300		Kapitalkonto Gesellschafter A
		3001	Eigenkapital
		3002	Privatkonto
	301		Kapitalkonto Gesellschafter B
		3011	Eigenkapital
		3012	Privatkonto
	300 –301		alternativ:
	300		Festkapitalkonto
		3001	Festkapitalkonto Gesellschafter A
		3002	Festkapitalkonto Gesellschafter B
	301		veränderliches Kapitalkonto
		3011	veränderliches Kapitalkonto Gesellschafter A
		3012	veränderliches Kapitalkonto Gesellschafter B
	302		Privatkonto
		3021	Privatkonto Gesellschafter A
		3022	Privatkonto Gesellschafter B
	300 –305		bei Kapitalgesellschaften
	300		Gezeichnetes Kapital
	303		Gesellschafterdarlehen
	305		noch nicht eingeforderte Einlagen
31			Kapitalrücklage
	311		Aufgeld aus der Ausgabe von Anteilen
	312		Aufgeld aus der Ausgabe von Wandelschuldverschreibungen
	313		Zahlung aus der Gewährung eines Vorzuges für Anteile
	314		andere Zuzahlungen von Gesellschaftern in das Eigenkapital
	318		eingeforderte Nachschüsse gemäß § 42 Abs. 2 GmbHG
32			Gewinnrücklagen
	321		gesetzliche Rücklagen
	322		Rücklage für eigene Anteile
		3221	Rücklage für Anteile eines herrschenden oder eines mit Mehrheit beteiligten Unternehmens
		3222	Rücklage für Anteile des Unternehmens selbst
	323		satzungsmäßige Rücklagen
	324		andere Gewinnrücklagen
	325		Eigenkapitalanteil bestimmter Passivposten
		3251	EK-Anteil von Wertaufholungen
		3252	EK-Anteil von Preissteigerungsrücklagen
33			Ergebnisverwendung
	331		Jahresergebnis (Jahresüberschuss/Jahresfehlbetrag) des Vorjahres
	332		Ergebnisvortrag aus früheren Perioden
	333		Entnahmen aus der Kapitalrücklage
	334		Veränderungen der Gewinnrücklagen vor Bilanzergebnis
	335		Bilanzergebnis (Bilanzgewinn/-verlust)
	336		Ergebnisausschüttung
	337		zusätzlicher Aufwand oder Ertrag aufgrund Ergebnisverwendungsbeschluss
	338		Einstellungen in Gewinnrücklagen nach Bilanzergebnis

3 Eigenkapital und Rückstellungen

Kontenklasse			Bezeichnung
	339		Ergebnisvortrag auf neue Rechnung
34			Jahresergebnis (Jahresüberschuss / Jahresfehlbetrag)
35			Sonderposten mit Rücklagenanteil
	350		so genannte steuerfreie Rücklagen
	355		Wertberichtigungen auf Grund steuerlicher Sonderabschreibungen
36			Wertberichtigungen (bei Kapitalgesellschaften als Passivposten der Bilanz nicht mehr zulässig)
	360		Wertberichtigungen zu immateriellen Vermögensgegenständen
	361		Wertberichtigungen zu Grundstücken und Gebäuden
	362		Wertberichtigungen zu technischen Anlagen und Maschinen
	363		Wertberichtigungen zu Betriebs- und Geschäftsausstattung
	364		Wertberichtigungen zu geleisteten Anzahlungen und Anlagen im Bau
	365		Wertberichtigungen zu Finanzanlagen
	366		Wertberichtigungen zu Vorräten
	367		Einzelwertberichtigungen zu Forderungen
	368		Pauschalwertberichtigung zu Forderungen
	369		sonstige Wertberichtigungen
(37–39) Rückstellungen:			
37			Rückstellungen für Pensionen und ähnliche Verpflichtungen
	371		Verpflichtungen für eingetretene Pensionsfälle
	372		Verpflichtungen für unverfallbare Anwartschaften
	373		Verpflichtungen für verfallbare Anwartschaften
	374		Verpflichtungen für ausgeschiedene Mitarbeiter
	375		Pensionsähnliche Verpflichtungen (z. B. Verpflichtungen aus
38			Steuerrückstellungen
	380		Gewerbeertragssteuer
	381		Körperschaftsteuer
	382		Kapitalertragsteuer
	383		ausländische Quellensteuer
	384		andere Steuern vom Einkommen und Ertrag
	385		latente Steuern (passive Steuern)
	386		Gewerbekapitalsteuer
	387		Vermögensteuer
	388		frei
	389		sonstige Steuerrückstellungen
39			Sonstige Rückstellungen
	390		Sonstige Rückstellungen für Personalaufwendungen und die Vergütung an Aufsichtsgremien
	391		sonstige Rückstellungen für Gewährleistung
		3911	Vertragsgarantie
		3911	Vertragsgarantie
		3915	Kulanzgarantie
	392		sonstige Rückstellungen für Rechts- und Beratungskosten
	393		sonstige Rückstellungen für andere ungewisse Verbindlichkeiten

3 Eigenkapital und Rückstellungen

Kontenklasse			Bezeichnung
	394 –396		frei
	397		sonstige Rückstellungen für drohende Verluste aus schwebenden Geschäften
	398		sonstige Rückstellungen für unterlassene Instandhaltung
	399		sonstige Rückstellungen für andere Aufwendungen
4 Verbindlichkeiten und passive Rechnungsabgrenzung			
40			frei
41			Anleihen
	410		Konvertible Anleihen
	415		Anleihen – nicht konvertibel
42			Verbindlichkeiten gegenüber Kreditinstituten
	420		Kredit Bank A
	–424		Kredit Bank Z
	425		Investitionskredit Bank A
	–428		Investitionskredit Bank Z
	429		sonstige Verbindlichkeiten gegenüber Kreditinstituten
43			Erhaltene Anzahlungen auf Bestellungen
44			Verbindlichkeiten aus Lieferungen und Leistungen
	440		Verbindlichkeiten aus Lieferungen und Leistungen/Inland
	445		Verbindlichkeiten aus Lieferungen und Leisterungen/Ausland
45			Wechselverbindlichkeiten (Schuldwechsel)
	450		Wechselverbindlichkeiten gegenüber Dritten
	451		Wechselverbindlichkeiten gegenüber Unternehmen verbundenen
	452		Wechselverbindlichkeiten gegenüber Unternehmen, mit denen ein Beteiligungsverhältnis besteht
46			Verbindlichkeiten gegenüber verbundenen Unternehmen
	460		Verbindlichkeiten aus Lieferungen und Leistungen/Inland (verbundene Unternehmen)
	465		Verbindlichkeiten aus Lieferungen und Leistungen/Ausland (verbundene Unternehmen)
	469		sonstige Verbindlichkeiten
47			Verbindlichkeiten gegenüber Unternehmen, mit denen ein Beschäftigungsverhältnis besteht
	470		Verbindlichkeiten aus Lieferungen und Leistungen/Inland (Beteiligungsverhältnis)
	475		Verbindlichkeiten aus Lieferungen und Leistungen/Ausland (Beteiligungsverhältnis)
	479		sonstige Verbindlichkeiten (Beteiligungsverhältnis)
48			Sonstige Verbindlichkeiten
	480		Umsatzsteuer
		4801	Umsatzsteuer ermäßigter Satz
		4805	Umsatzsteuer voller Satz
	401		Umsatzsteuer nicht fällig
		4811	Umsatzsteuer nicht fällig ermäßigter Satz
		4815	Umsatzsteuer nicht fällig voller Satz
	482		Umsatzsteuervorauszahlung
		4821	Umsatzsteuervorauszahlung 1/11

4 Verbindlichkeiten und passive Rechnungsabgrenzung

Kontenklasse	Bezeichnung
4822	Umsatzsteuer-Abzugsverfahren, UStVA Kennziffer 75
4823	Nachsteuer, UStVA Kennziffer 65
4824	Umsatzsteuer laufendes Jahr
4825	Umsatzsteuer Vorjahr
4826	Umsatzsteuer frühere Jahre
4827	Einfuhr-USt. aufgeschoben
4828	In Rechnung unberechtigt ausgew. Steuer, UStVA Kennziffer 69
4829	frei
483	sonstige Steuerverbindlichkeiten
484	Verbindlichkeiten gegenüber Sozialversicherungsträgern
485	Verbindlichkeiten gegenüber Mitarbeitern, Organmitgliedern und Gesellschaftern
4851 –4853	Verbindlichkeiten gegenüber Mitarbeitern
4854	Verbindlichkeiten gegenüber Geschäftsführern / Vorstandsmitgliedern
4855	frei
4856	Verbindlichkeiten gegenüber Mitgliedern des Beirats/Aufsichtsrats
4858	Verbindlichkeiten gegenüber Gesellschaftern
486	andere sonstige Verbindlichkeiten
4861	Verpflichtungen zu Schadensersatzleistungen
4862	erhaltene Kostenvorschüsse (soweit nicht Anzahlungen)
4863	erhaltene Kautionen
4864 -4867	frei
4868	Verbindlichkeiten aus Haben-Salden der Kontengruppe 24
4869	frei
487	frei
488	frei
489	übrige sonstige Verbindlichkeiten
49	Passive Rechnungsabgrenzung
490	passive Jahresabgrenzung

ERTRÄGE

5 Erträge

Kontenklasse	Bezeichnung
50	Umsatzerlöse
500 –504	frei
505	steuerfreie Umsätze
506	steuerfreie Umsätze
508	Erlöse ermäßigter USt.-Satz
51	Umsatzerlöse für Waren und sonstige Umsatzerlöse
510 –513	Umsatzerlöse für eigene Erzeugnisse und andere eigene Leistungen, voller USt.-Satz
514	andere Umsatzerlöse voller USt.-Satz
(516–518) Erlösberichtigungen:	
516	Skonti
5161	Skonti, ermäßigter USt.-Satz
5165	Skonti voller USt.-Satz
517	Boni
5171	Boni, ermäßigter USt.-Satz
5175	Boni, voller USt.-Satz
518	andere Erlösberichtigungen
5181	andere Erlösberichtigungen, ermäßigter USt-Satz
5185	andere Erlösberichtigungen, voller USt.-Satz
52	Erhöhung oder Verminderung des Bestandes an unfertigen und fertigen Erzeugnissen
521	Bestandsveränderungen an unfertigen Erzeugnissen und nicht abgerechneten Leistungen
522	Bestandsveränderungen an fertigen Erzeugnissen
523	frei
524	frei
525	zusätzliche Abschreibungen auf Erzeugnisse bis Untergrenze erwarteter Wertschwankungen
526	steuerliche Sonderabschreibungen auf Erzeugnisse
53	Andere aktivierte Eigenleistungen
530	selbsterstellte Anlagen
539	sonstige andere aktivierte Eigenleistungen
54	Sonstige betriebliche Erträge
540 5401	Nebenerlöse
5402	Nebenerlöse aus Vermietung und Verpachtung
5403	frei
5404	Nebenerlöse aus Werksküche und Kantine
5405	Nebenerlöse aus anderen Sozialeinrichtungen
5406	Nebenerlöse aus Abgabe von Energien und Abfällen soweit nicht Umsatzerlöse
5407	Nebenerlöse aus anderen Nebenbetrieben
5408	frei
5409	frei
5401	sonstige Nebenerlöse
541	sonstige Erlöse
5411	sonstige Erlöse aus Provisionen
5412	sonstige Erlöse aus Veräußerung von Patenten
542	Eigenverbrauch (umsatzsteuerpflichtige Lieferungen und Leistungen ohne Entgelt)
5421	Entnahme von Gegenständen gem. 2a, ermäßigter USt.-Satz
5422	Entnahme von Gegenständen gem. 2a, voller USt.-Satz
5423	Entnahme von sonstigen Leistungen gem. 2b, ermäßigter USt.-Satz
5424	Entnahme von sonstigen Leistungen gem.2b, voller USt.-Satz
5425	Eigenverbrauch gem. 2c, ermäßigter USt.-Satz
5426	Eigenverbrauch gem. 2c, voller USt.-Satz
5427	unentgeltliche Leistungen gem. Nr. 3, ermäßigter USt.-Satz
5428	unentgeltliche Leistungen gem. Nr. 3, voller USt.-Satz
543	andere sonstige betriebliche Erträge
5431	empfangene Schadensersatzleistungen
5432	Schuldenerlass
5433	Steuerbelastungen an Organgesellschaften

5 Erträge

Kontenklasse	Bezeichnung
5434	Investitionszulagen
544	Erträge aus Werterhöhungen von Gegenständen des Anlagevermögens (Zuschreibungen)
545	Erträge aus Werterhöhungen von Gegenständen des Umlaufvermögens außer Vorräten und Wertpapieren (Zuschreibungen)
5451	Erträge aus der Auflösung oder Herabsetzung der Einzelwertberichtigungen
5452	Erträge aus der Auflösung oder Herabsetzung der Pauschalwertberichtigung
5453	frei
5454	Erträge aus Kursgewinnen bei Forderungen (und Verbindlichkeiten) in Fremdwährung und bei Valutabeständen
546	Erträge aus dem Abgang von Vermögensgegenständen
5461	Erträge aus immateriellen Vermögensgegenständen
5462	Erträge aus Sachanlagen
5463	Erträge aus Umlaufvermögen (soweit nicht unter anderen Erlösen)
547	Erträge aus der Auflösung von Sonderposten mit Rücklageanteil
548	Erträge aus der Herabsetzung von Rückstellungen
5481	Erträge aus der Auflösung von (nicht verbrauchten) Rückstellungen
5489	Ausgleichsposten für (über andere Aufwendungen) verbrauchte Rückstellungen (z. B. bei Aufwendungen für Gewährleistung)
549	periodenfremde Erträge (soweit nicht bei den betroffenen Ertragsarten zu erfassen)
5491	Rückerstattungen von betrieblichen Steuern
5492	Rückerstattungen von Steuern vom Einkommen und Ertrag
5493	Rückerstattungen von sonstigen Steuern
5494	andere Aufwandsrückerstattung
5495	Zahlungseingänge auf abgeschriebene Forderungen
5496	andere periodenfremde Erträge
55	Erträge aus Beteiligungen
(550 – 554) Erträge aus Beteiligungen an verbundenen Unternehmen: Unternehmen:	
550	Erträge aus Beteiligungen an verbundenen Unternehmen, mit denen Verträge über Gewinngemeinschaft, Gewinnabführung oder Teilgewinnabführung bestehen
551	Erträge aus Beteiligungen an anderen verbundenen Unternehmen
552	Erträge aus Zuschreibungen zu Anteilen an verbundenen Unternehmen
553	Erträge aus dem Abgang von Anteilen an verbundenen Unternehmen
554	frei

5 Erträge

Kontenklasse	Bezeichnung
(555–559) Erträge aus Beteiligungen an nicht verbundenen Unternehmen	
555	Erträge aus Beteiligungen an nicht verbundenen Unternehmen, mit denen Verträge über Gewinngemeinschaft, Gewinnabführung oder Teilgewinnabführung bestehen
556	Erträge aus anderen Beteiligungen
557	Erträge aus Zuschreibungen zu Anteilen an nicht verbundenen Unternehmen
558	Erträge aus dem Abgang von Anteilen an nicht verbundenen Unternehmen
559	frei
56	Erträge aus anderen Wertpapieren und Ausleihungen des Finanzanlagevermögens
560	Erträge von verbundenen Unternehmen aus anderen Wertpapieren und Ausleihungen des Anlagevermögens
5601	Zinsen und ähnliche Erträge
5602	Erträge aus Zuschreibungen zu anderen Wertpapieren
5603	Erträge aus dem Abgang von anderen Wertpapieren
565	Erträge von nicht verbundenen Unternehmen aus anderen Wertpapieren und Ausleihungen des Anlagevermögens
57	Sonstige Zinsen und ähnliche Erträge
570	sonstige Zinsen und ähnliche Erträge von verbundenen Unternehmen (einschl. Erträgen aus Wertpapieren des Umlaufvermögens)
571	Bankzinsen
572	frei
573	Diskonterträge
574	frei
575	Bürgschaftsprovision
576	Zinsen für Forderungen
577	Aufzinsungserträge
578	Erträge aus Wertpapieren des Umlaufvermögens (soweit von nicht verbundenen Unternehmen)
5781	Zinsen und Dividenden aus Wertpapieren des UV
5782	zinsähnliche Erträge aus Wertpapieren des UV
5783	Erträge aus Zuschreibungen zu Wertpapieren des UV
5784	Erträge aus dem Abgang von Wertpapieren des UV
579	übrige sonstige Zinsen und ähnliche Erträge
58	Außerordentliche Erträge
59	Erträge aus Verlustübernahme (bei Tochtergesellschaft; Ausweis in GuV vor der Pos. 20 Jahresüberschuss/-fehlbetrag)

AUFWENDUNGEN

6 Betriebliche Aufwendungen

Kontenklasse	Bezeichnung
60	Aufwendungen für Roh-, Hilfs- und Betriebsstoffe und für bezogene Waren
600	Rohstoffe/Fertigungsmaterial
601	Vorprodukte/Fremdbauteile
602	Hilfsstoffe

Kontenklasse		Bezeichnung
603		Betriebsstoffe/Verbrauchswerkzeuge
604		Verpackungsmaterial
605		Energie
606		Reparaturmaterial und Fremdinstandhaltung (sofern nicht unter 616, weil die Fremdinstandhaltung überwiegt)
607		sonstiges Material
	6071	Putz- und Pflegematerial
	6072	Berufskleidung
	6073	Lebensmittel und Kantinenware
	6074	anderes sonstiges Material
608		Aufwendungen für Waren
609		Sonderabschreibungen für Roh-, Hilfs- und Betriebsstoffe und auf bezogene Waren
	6092	zusätzliche Abschreibungen auf Material und Waren bis Untergrenze erwarteter Wertschwankungen
	6093	steuerliche Sonderabschreibungen auf Material und Waren
61		Aufwendungen für bezogene Leistungen
610		Fremdleistungen für Erzeugnisse und andere Umsatzleistungen
611		Fremdleistungen für die Auftragsgewinnung (bei Auftragsfertigung – soweit einzelnen Aufträgen zurechenbar)
612		Entwicklungs-, Versuchs- und Konstruktionsarbeiten durch Dritte
613		weitere Fremdleistungen
	6131	Fremdleistungen für Garantiearbeiten
	6132	Leiharbeitskräfte für Leistungserstellung
614		Frachten und Fremdlager (incl. Vers. u. anderer Nebenkosten)
	6141	Frachten und Fremdlager für Eingangsware, soweit nicht direkt zurechenbar
	6142	Frachten und Fremdlager für Ausgangsware
615		Vertriebsprovisionen
616		Fremdinstandhaltung und Reparaturmaterial
617		sonstige Aufwendungen für bezogene Leistungen
(618–619) Aufwandsberichtigungen (soweit nicht den Aufwandsarten direkt zurechenbar):		
618		Skonti
	6181	Skonti ermäßigter USt.-Satz
	6185	Skonti voller USt.-Satz
619		Boni und andere Aufwandsberichtigungen
	6191	Boni ermäßigter USt.-Satz
	6195	Boni voller USt.-Satz
	6197	andere Aufwandsberichtigungen
	–6199	
(62 – 64) Personalaufwand:		
62		Löhne
620		Löhne für geleistete Arbeitszeit einschl. tariflicher, vertraglicher oder arbeitsbedingter Zulagen
621		Löhne für andere Zeiten (Urlaub, Feiertag,
622		sonstige tarifliche oder vertragliche Aufwendungen für Lohnempfänger
623		freiwillige Zuwendungen

6 Betriebliche Aufwendungen

Kontenklasse		Bezeichnung
624		frei
625		Sachbezüge
626		Vergütung an gewerbl. Auszubildende
627		frei
–628		
629		sonstige Aufwendungen mit Lohncharakter
63		Gehälter
630		Gehälter einschl. tariflicher, vertraglicher oder arbeitsbedingter Zulagen
631		frei
632		sonstige tarifliche oder vertragliche Aufwendungen
633		freiwillige Zuwendungen
634		frei
635		Sachbezüge
636		Vergütung an techn./kaufm. Auszubildende
637		frei
–638		
639		sonstige Aufwendungen mit Gehaltscharakter
64		Soziale Abgaben und Aufwendungen für Altersversorgung und für Unterstützung
(640–643) Soziale Abgaben:		
640		Arbeitgeberanteil zur Sozialversicherung (Lohnbereich)
641		Arbeitgeberanteil zur Sozialversicherung (Gehaltsbereich)
642		Beiträge zur Berufsgenossenschaft
643		sonstige soziale Abgaben
	6431	Beiträge zum Pensionssicherungsverein (PSV)
	6439	übrige sonstige soziale Abgaben
(644–648) Aufwendungen für Altersversorgung:		
644		gezahlte Betriebsrenten (einschl.
645		Veränderungen der Pensionsrückstellungen
646		Aufwendungen für Direktversicherungen
646		Aufwendungen für Direktversicherungen
647		Zuweisungen an Pensions- und Unterstützungskassen
648		sonstige Aufwendungen für Altersversorgung
(649) Aufwendungen für Unterstützung:		
649		Beihilfen und Unterstützungsleistungen
65		Abschreibungen
(651–656) Abschreibungen auf Anlagevermögen:		
650		Abschreibungen auf aktivierte Aufwendungen für die Ingangsetzung und Erweiterung des Geschäftsbetriebs
651		Abschreibungen auf immaterielle Vermögensgegenstände des Anlagevermögens
	6511	Abschreibungen auf Rechte
	6512	Abschreibungen auf Geschäfts- oder Firmenwert
	6513	Abschreibungen auf Anzahlungen
652		Abschreibungen auf Grundstücke und Gebäude
653		Abschreibungen auf technische Anlagen und
654		Abschreibungen auf andere Anlagen, Betriebs- und Geschäftsausstattung
	6541	Abschreibungen auf andere Anlagen und
	–6543	Betriebsausstattung

6 Betriebliche Aufwendungen	
Kontenklasse	**Bezeichnung**
6544	Abschreibungen auf Fuhrpark
6545	frei
6546 –6548	Abschreibungen auf Geschäftsausstattung
6549	Abschreibungen auf geringwertige Wirtschaftsgüter
655	außerplanmäßige Abschreibungen auf Sachanlagen
656	steuerrechtliche Sonderabschreibungen auf Sachanlagen
(657–659) Abschreibungen auf Umlaufvermögen:	
657	unübliche Abschreibungen auf Vorräte
658	unübliche Abschreibungen auf Forderungen und sonstige Vermögensgegenstände
659	frei
(66–70) Sonstige betriebliche Aufwendungen:	
66	Sonstige Personalaufwendungen
660	Aufwendungen für Personaleinstellung
661	Aufwendungen für übernommene Fahrtkosten
662	Aufwendungen für Werkarzt und Arbeitssicherheit
663	Personenbezogene Versicherungen
664	Aufwendungen für Fort- und Weiterbildung
665	Aufwendungen für Dienstjubiläum
666	Aufwendungen für Belegschaftsveranstaltungen
667	frei (evtl. Aufwendungen für Werksküche und
668	Ausgleichsabgabe nach dem Schwerbehindertengesetz
669	übrige sonstige Personalaufwendungen
67	Aufwendungen für die Inanspruchnahme von Rechten und Diensten
670	Mieten, Pachten, Erbbauzinsen
671	Leasing
6711	Leasing, Sachmittel
6712	Leasing EDV
672	Lizenzen und Konzessionen
673	Gebühren
675	Bankspesen/Kosten des Geldverkehrs u. d. Kapitalbeschaffung
676	Provisionen
677	Prüfung, Beratung, Rechtsschutz
678	Aufwendungen für Aufsichtsrat bzw. Beirat oder dgl.
679	frei
68	Aufwendungen für Kommunikation (Dokumentation, Information, Reisen, Werbung)
680	Büromaterial und Drucksachen
6821	Porto
6822	Telefon
6823	Fax und Internet
685	Reisekosten
6851	Tagegeld und Übernachtung
6852	Fahrt- und Flugkosten
6853	Erstattung für private PKW-Benutzung und Parkgebühren
686	Gästebewirtung und Repräsentation
6861	Bewirtung mit amtlichen Vordruck
6862	Bewirtung ohne amtlichen Vordruck
6863	Repräsentation

6 Betriebliche Aufwendungen	
Kontenklasse	**Bezeichnung**
6869	Spenden
687	Werbung
6871	abzugfähige Werbegeschenke
6872	nicht abzugsfähige Werbegeschenke
69	Aufwendungen für Beiträge und Sonstiges sowie Wertkorrekturen und periodenfremde
690	Versicherungsbeiträge, diverse
691	Kfz-Versicherungsbeiträge
692	Beiträge zu Wirtschaftverbänden und Berufsvertretungen
693	andere sonstige betriebliche Aufwendungen
6931	Verluste aus Schadensfällen
6932	Forderungsverzicht
695	Verluste aus Wertminderungen von Gegenständen des Umlaufvermögens (außer Vorräten und Wertpapieren)
6951	Abschreibungen auf Forderungen wegen Uneinbringlichkeit
6952	Einzelwertberichtigungen
6953	Pauschalwertberichtigungen
6954	Kursverluste bei Forderungen (u. Verbindlichkeiten) in Fremdwährung und bei Valutabeständen
6955	zusätzliche Abschreibungen auf Forderungen in
6955	Fremdwährung und bei Valutabeständen
696	Verluste aus dem Abgang von Vermögensgegenständen
6961	Verluste aus dem Abgang von immateriellen Vermögensgegenständen
6962	Verluste aus dem Abgang von Sachanlagen
6963	Verluste aus dem Abgang von Umlaufvermögen (außer Vorräten und Wertpapieren)
697	Einstellungen in den Sonderposten mit Rücklagenanteil
6971	Bildung unversteuerter Steuerrücklagen
6977	steuerliche Sonderabschreibungen auf Umlaufvermögen
698	Zuführungen zu Rückstellungen soweit nicht unter anderen Aufwendungen erfassbar
6981	Zuführungen zu Rückstellungen für Gewährleistungen
6982	Zuführungen zu Rückstellungen für Wechselobligo
6983	Zuführungen zu Rückstellungen aus sonstigem Grund
699	periodenfremde Aufwendungen
7 Weitere Aufwendungen	
70	Betriebliche Steuern
700	Gewerbekapitalsteuer
701	Vermögensteuer
702	Grundsteuer
703	Kraftsteuer
704	frei
705	Wechselsteuer
706	Gesellschaftssteuer
707	Ausfuhrzölle
708	Verbrauchsteuern

7 Weitere Aufwendungen

Kontenklasse	Bezeichnung
709	sonstige betriebliche Steuern
71	frei
72	frei
73	frei
74	Abschreibungen auf Finanzanlagen und auf Wertpapiere des Umlaufvermögens und Verluste aus entsprechenden Abgängen
740	Abschreibungen auf Finanzanlagen
7401	frei
7402	Abschreibungen auf den beizulegenden Wert
7403	steuerliche Sonderabschreibungen
741	frei
742	Abschreibungen auf Wertpapiere des Umlaufvermögens
7421	Abschreibungen auf den Tageswert
7422	zusätzliche Abschreibungen bis Untergrenze
7423	steuerliche Sonderabschreibungen
743 –744	frei
745	Verluste aus dem Abgang von Finanzanlagen
746	Verluste aus dem Abgang von Wertpapieren des Umlaufvermögens
747 –748	frei
749	Aufwendungen aus Verlustübernahme
75	Zinsen und ähnliche Aufwendungen
750	Zinsen und ähnliche Aufwendungen an verbundene Unternehmen
751	Bankzinsen
7511	Zinsen für Dauerkredite
7512	Zinsen für andere Kredite
752	Kredit- und Überziehungsprovisionen
753	Diskontaufwand
754	Abschreibungen auf Disagio
755	Bürgschaftsprovisionen
756	Zinsen für Verbindlichkeiten
757	Abzinsungsbeträge
758	frei
759	sonstige Zinsen und ähnliche Aufwendungen
76	Außerordentliche Aufwendungen
77	Steuern von Einkommen und Ertra
770	Gewerbeertragsteuer
771	Körperschaftsteuer
772	Kapitalertragsteuer
773	ausländische Quellensteuer
774	frei
78	sonstige Steuern
79	Aufwendungen aus Gewinnabführungsvertrag (bei Tochtergesellschaft, Ausweis in GuV vor der Pos. 20 Jahresüberschussfehlbetrag)

8 Ergebnisrechnungen

Kontenklasse	Bezeichnung
80	Eröffnung/Abschluss
800	Eröffnungsbilanzkonto
801	Schlussbilanzkonto
802	GuV-Konto Gesamtkostenverfahren
803	GuV-Konto Umsatzkostenverfahren
(81– 84) Konten der Kostenbereiche für die GuV im Umsatzkostenverfahren:	
81	Herstellungskosten, Umsatzkostenverfahren
810	Fertigungsmaterial
811	Fertigungsfremdleistungen
812	Fertigungslöhne und -gehälter
813	Sondereinzelkosten der Fertigung
814	Primärgemeinkosten des Materialbereichs
815	Primärgemeinkosten des Fertigungsbereichs
816	Sekundärgemeinkosten des Materialbereichs (anteilige Gemeinkosten des Verwaltungs- und Sozialbereichs)
817	Sekundärgemeinkosten des Fertigungsbereichs
818	Minderung der Erzeugnisbestände
82	Vertriebskosten, Umsatzkostenverfahren
83	Allgemeine Verwaltungskosten, Umsatzkostenverfahren
84	Sonstige betriebliche Aufwendungen, Umsatzkostenverfahren
(85–87) Konten der kurzfristigen Erfolgsrechnung für innerjährliche Rechnungsperioden (Monat, Quartal oder Halbjahr)	
85	Korrekturen zu den Erträgen der Kontenklasse 5
850 –851	Umsatzerlöse
852	Bestandsveränderungen
853	andere aktivierte Eigenleistungen
854	sonstige betriebliche Erträge
855	Erträge aus Beteiligungen
856	Erträge aus anderen Wertpapieren und des Finanzvermögens
857	sonstige Zinsen und ähnliche Erträge
858	außerordentliche Erträge
859	frei
86	Korrekturen zu den Aufwendungen der Kontenklasse 6
860	Aufwendungen für Roh-, Hilfs- und Betriebsstoffe und für bezogene Waren
861	Aufwendungen für bezogene Leistungen
862	Löhne
863	Gehälter
864	soziale Abgaben und Aufwendungen für Altersversorgung und für Unterstützung
865	Abschreibungen
866	sonstige Personalaufwendungen
867	Aufwendungen für die Inanspruchnahme von Rechten und Diensten
868	Aufwendungen für Kommunikation (Dokumentation, Informatik, Reise, Werbung)

8 Ergebnisrechnungen	
Kontenklasse	**Bezeichnung**
869	Aufwendungen für Beiträge und Sonstiges sowie Wertkorrekturen und periodenfremde Aufwendungen
87	Korrekturen zu den Aufwendungen der Kontenklasse 7
870	betriebliche Steuern
871 –873	frei
874	Abschreibungen auf Finanzanlagen und auf Wertpapiere des Umlaufvermögens und Verluste aus entsprechenden Abgängen
875	Zinsen und ähnliche Aufwendungen
876	außerordentliche Aufwendungen
877	Steuern von Einkommen und Ertrag
878	sonstige Steuern
879	frei
88	Gewinn- und Verlustrechnung (GuV) für die kurzfristige Erfolgsrechung (KER)
880	Gesamtkostenverfahren
881	Umsatzkostenverfahren
89	Innerjährige Rechnungsabgrenzung (alternativ zu 298 bzw. 498)
890	aktive Rechnungsabgrenzung
895	passive Rechnungsabgrenzung

Die Kontengruppen 85–87 erfassen die Gegenbuchungen zur KER auf Konto 880. Gleichzeitig erhalten sie die Abgrenzungsbeträge dieser periodenbereinigten Aufwendungen und Erträge zu den Salden der Kontenklasse 5–7. Die Gegenbuchung der Abgrenzungsbeträge erfolgt auf entsprechenden Konten der innerjährigen Rechnungsabgrenzung z. B. 298 bzw. 498 oder 890 bzw. 895.

KOSTEN UND LEISTUNGSRECHNUNG (KLR)	
9 Kosten und Leistungsrechnung (KLR)	
90	Unternehmensbezogene Abgrenzungen (betriebsfremde Aufwendungen und Erträge)
91	Kostenrechnerische Korrekturen
92	Kostenarten und Leistungsarten
93	Kostenstellen
94	Kostenträger
95	Fertige Erzeugnisse
96	Interne Lieferungen und Leistungen sowie deren Kosten
97	Umsatzkosten
98	Umsatzleistungen
99	Ergebnisausweise

In der Praxis wird die KLR gewöhnlich tabellarisch durchgeführt. Es wird auf die dreibändigen BDI-Empfehlungen zur Kosten- und Leistungsrechnung hingewiesen (Vertrieb: Heider-Verlag).

Der ungekürzte und erläuterte Industriekontenrahmen ist im Heider-Verlag, 51465 Bergisch Gladbach, Pfaffrather Straße 102–116, Tel.: 02202/9 54 01, Fax: 02202/2 15 31 erschienen.

Stichwortverzeichnis

C

D

E

H

I

J

K

L